减污降碳协同治理技术评估与对策研究

赵 卫　朱新胜　李 明　杨 悦　等 著
王 昊　肖 颖　白丰桦　梁芳源

中国环境出版集团·北京

图书在版编目（CIP）数据

减污降碳协同治理技术评估与对策研究/赵卫等著.
—北京：中国环境出版集团，2023.11
　　ISBN 978-7-5111-5679-2

Ⅰ.①减… Ⅱ.①赵… Ⅲ.①生态环境—环境保护政策—研究—中国 Ⅳ.①X-012

中国国家版本馆CIP数据核字（2023）第219144号

京审字（2023）G第2594号

出 版 人	武德凯
责任编辑	曹　玮
封面设计	宋　瑞

出版发行　中国环境出版集团
　　　　　（100062　北京市东城区广渠门内大街16号）
　　网　　址：http://www.cesp.com.cn
　　电子邮箱：bjgl@cesp.com.cn
　　联系电话：010-67112765（编辑管理部）
　　发行热线：010-67125803，010-67113405（传真）

印　　刷	北京鑫益晖印刷有限公司
经　　销	各地新华书店
版　　次	2023年11月第1版
印　　次	2023年11月第1次印刷
开　　本	787×1092　1/16
印　　张	17.25
字　　数	350千字
定　　价	138.00元

【版权所有。未经许可请勿翻印、转载，侵权必究。】
如有缺页、破损、倒装等印装质量问题，请寄回本集团更换。

中国环境出版集团郑重承诺：
中国环境出版集团合作的印刷单位、材料单位均具有中国环境标志产品认证。

前 言

实现碳达峰碳中和,是以习近平同志为核心的党中央经过深思熟虑作出的重大战略决策,事关中华民族永续发展和构建人类命运共同体。2020 年 9 月 22 日,习近平主席在第七十五届联合国大会一般性辩论上向国际社会作出庄严承诺:"中国将提高国家自主贡献力度,采取更加有力的政策和措施,二氧化碳排放力争于 2030 年前达到峰值,努力争取 2060 年前实现碳中和。"2021 年 9 月 22 日,《中共中央 国务院关于完整准确全面贯彻新发展理念做好碳达峰碳中和工作的意见》(中发〔2021〕36 号)印发实施,并与《2030 年前碳达峰行动方案》(国发〔2021〕23 号)共同构成贯穿碳达峰碳中和两个阶段的顶层设计,明确了碳达峰碳中和工作的时间表、路线图、施工图。

实现减污降碳协同增效,是持续深入打好污染防治攻坚战、促进经济社会发展全面绿色转型的总抓手。2020 年 12 月,习近平总书记在中央经济工作会议上部署碳达峰碳中和工作时强调,要继续打好污染防治攻坚战,实现减污降碳协同效应。为深入贯彻落实党中央、国务院关于碳达峰碳中和的决策部署,2022 年 6 月,生态环境部、国家发展改革委、工业和信息化部、住房和城乡建设部、交通运输部、农业农村部、国家能源局联合印发《减污降碳协同增效实施方案》(环综合〔2022〕42 号)。在此背景下,开展减污降碳协同治理技术评估,研究提出相应的对策建议,具有重要的科学意义和应用价值。

围绕《减污降碳协同增效实施方案》提出的突出重点领域(推进工业领域协同增效、推进生态建设协同增效)、优化环境治理(推进土壤污染治理协同控制)、加强组织实施等任务部署,本书作者对完成的减污降碳协同治理技术评估与对策研究相关成果进行了总结，共分为四篇。第一篇为生态系统碳汇评估与监管，在生态系统碳汇研究现状分析总结、全国生态系统碳汇及其保护成效评估等基础上，结合生态环境部门工作职责，研究提出了建立实施生态系统碳汇网格化监管体系的主要步骤和对策措施，为持续巩固提升碳汇能力、实现减污降碳协同增效等提供科技支撑。第二篇为焦化行业减污降碳协同治理，在焦化行业烟气、污水等治理现状分析基础上，设计了用于治理焦炉机侧烟尘无组织排放的雾化抑尘设备，制备了绿色、环保、可降解的阻垢剂，提出了焦化行业减污降碳技术路线。第三篇为土壤污染治理协同控制，分析了我国污染土壤修复技术应用现状，构建了污染土壤典型修复技术的碳排放因子库，并基于生命周期对典型污染土壤修复技术的排放量进行了比较和估算，为加强污染地块修复过程的碳排放估算及减排提供科技支撑。第四篇为长三角地区碳达峰行动，通过静态面板门限模型（the static panel threshold model）和 STIRPAT 扩展模型相结合，构建了门限-STIRPAT 扩展模型，对 2020—2050 年长三角地区碳排放达峰情况进行了情景预测，并分析了长三角地区碳源/碳汇的时空演变特征，提出了长三角地区碳达峰的对策建议，为长三角地区率先实现碳达峰提供决策依据。

　　本书是作者在减污降碳协同治理技术评估与对策研究方面的成果集结。本书各篇执笔人如下：第一篇由赵卫、王昊、肖颖、白丰桦、梁芳源执笔；第二篇由朱新胜、张可桂、姚晨雨、王丹丹、云晶晶、皋厦、范佳辉等执笔；第三篇由李明、丁达等执笔；第四篇由杨悦、刘冬、徐梦佳、孙杰、张文慧、洪蕾等执笔。全书结构和内容由赵卫、朱新胜、李明、杨悦拟定，赵卫、梁芳源、肖颖、王昊、白丰桦完成统稿和定稿。

　　虽然本书作者做了大量的调查和研究工作，但书中难免存在一些不足，有待于我们今后在该领域继续研究和不断探索。

作　者

2023 年 7 月

目 录

第一篇 生态系统碳汇评估与监管

第1章 生态系统碳汇及其评估监管概况 / 3
1.1 生态系统碳汇 / 3
1.2 生态系统碳汇评估 / 5
1.3 生态系统碳汇监管 / 25

第2章 生态系统碳汇网格化监管体系研究 / 30
2.1 以网格化监管为目标的全国生态系统碳汇及其保护成效评估 / 30
2.2 生态系统碳汇认证条件和认证标准 / 40
2.3 生态系统碳汇保护空间管控要求 / 46
2.4 生态系统碳汇台账编制 / 63
2.5 生态系统碳汇监管和考核 / 66
2.6 生态系统碳汇网格化监管体系 / 77

第二篇 焦化行业减污降碳协同治理

第3章 焦炉无组织烟气智能尾喷抑尘 / 83
3.1 焦炉烟气治理现状 / 83
3.2 技术路线 / 85
3.3 关键技术 / 86

3.4　干雾抑尘小试研究　/　91

3.5　干雾抑尘工业化应用中试研究　/　98

3.6　干雾抑尘研究结论　/　102

第4章　焦化行业浓盐水膜分离绿色阻垢剂研发　/　103

4.1　焦化行业浓盐水回用存在的问题　/　103

4.2　阻垢剂作用机理　/　106

4.3　阻垢剂研发技术路线和关键技术　/　108

4.4　阻垢剂研发　/　110

4.5　阻垢剂工业化应用　/　116

4.6　阻垢剂研究结论　/　119

第5章　焦化行业减污降碳技术路线研究　/　120

5.1　A市主要环境问题　/　120

5.2　A市焦化行业挥发性有机物排放清单　/　121

5.3　A市焦化行业温室气体排放　/　136

5.4　降碳减污对策研究及效果估算　/　150

第三篇　土壤污染治理协同控制

第6章　我国污染土壤修复技术应用现状分析　/　159

6.1　土壤污染现状及修复行业技术应用特点　/　159

6.2　国家土壤污染治理与修复技术应用试点项目调研分析　/　162

6.3　长三角地区污染地块现状及管理和修复治理情况分析　/　166

第7章　污染土壤典型修复技术的碳排放分析及减排途径　/　172

7.1　修复技术碳排放来源、环节及影响因素分析　/　172

7.2　污染土壤典型修复技术的碳排放因子库初步构建　/　178

7.3　基于生命周期的典型污染土壤修复技术碳排放量分析　/　188

7.4　基于生命周期的污染地下水修复技术环境影响及减排分析　/　203

7.5 加强污染地块修复过程中碳排放分析的建议 / 215

第四篇 长三角地区碳达峰行动

第 8 章 区域碳排放测算研究 / 221
   8.1 碳排放测算方法研究 / 221
   8.2 碳排放与主要影响因素的关系研究 / 222
   8.3 碳排放峰值预测研究 / 224

第 9 章 长三角地区碳排放模型构建与情景设定 / 230
   9.1 门限-STIRPAT 模型的理论基础 / 231
   9.2 模型变量说明和数据来源 / 232
   9.3 碳排放达峰的组合情景设计 / 234
   9.4 碳排放达峰情景预测结果 / 234
   9.5 碳排放达峰情景预测分析 / 237
   9.6 碳排放达峰情景预测结论与建议 / 238

第 10 章 长三角地区碳源/碳汇的时空演变特征及碳达峰对策建议 / 240
   10.1 长三角地区的碳汇时序特征 / 240
   10.2 长三角地区的碳源核算及特征 / 241
   10.3 长三角地区的净碳排放强度 / 242
   10.4 碳源/碳汇计算的不确定分析 / 244
   10.5 长三角地区碳排放的因素分析 / 245
   10.6 长三角地区碳达峰路径选择与对策研究 / 246

参考文献 / 251

第一篇

生态系统碳汇评估与监管

第1章
生态系统碳汇及其评估监管概况

> **内容摘要**
>
> 根据国内外生态系统碳汇研究现状及进展,本章分析和总结了生态系统碳汇概念及其评估核算方法,剖析了各类生态系统碳汇评估核算方法的主要原理、适用范围及其优缺点。结合我国生态系统碳汇相关研究成果,分析了我国生态系统碳汇功能现状,识别了当前我国生态系统碳汇监管面临的主要问题,研究提出了加强生态系统监管的对策建议。

1.1 生态系统碳汇

20世纪80年代以前,人们普遍认为整个生态系统中CO_2的光合固定作用、植物的呼吸作用和土壤有机质的分解大致是平衡的,即除土地利用变化导致的CO_2释放外,生态系统本身生理生态过程的变化对大气CO_2浓度没有影响。随着化石燃料燃烧、森林砍伐、草地破坏等加剧,学者们发现大气中CO_2的积累量和海洋对CO_2的吸收量小于化石燃料和土地利用变化释放的CO_2总量,故称为"碳失汇"。碳汇的概念在1997年京都气候大会后被广泛认知,目前学术界认同较多的"碳汇"概念有两种。一种是当生态系统固定的碳量大于排放的碳量时,该系统就称为大气CO_2的汇,简称碳汇(carbon sink),反之则称为碳源(carbon source)(方精云等,2007);另一种是《联合国气候变化框架公约》(UNFCCC)观点,即将温室气体"源"定义为向大气中释放温室气体、气溶胶或其前体物的过程、活动或机制,同时定义了"库"的概念(李姝等,2015;杨富亿等,2012;张兵等,2011;王文,2010)。如果一定时段内流入"库"的数量比流出的多,且是从大气中净吸收的碳,则为"汇";反之则为"源"(李玉强等,2005;Houghton et al.,1995)。

陆地生态系统碳收支是指在一定时间内，特定区域植被与大气之间碳交换的净通量，即生态系统的生物碳固定（输入）与碳排放（输出）的平衡状况。当陆地生态系统碳固定量大于碳排放量时，陆地生态系统表现为大气的碳汇；相反，则表现为大气的碳源（于贵瑞等，2006）。随着大气中 CO_2 浓度升高、全球气候变化异常，评估生态系统碳汇能力显得尤为重要（刘宪锋等，2013）。

（1）森林生态系统

森林生态系统碳汇是指森林通过光合作用吸收大气中 CO_2 并将其固定在植被或土壤中，从而减少 CO_2 在大气中的浓度，在全球大气碳平衡中的作用极为显著（潘勇军等，2013；龚维等，2009）。

森林生态系统的碳库可分为植被、植物残体和土壤三部分，可以用碳储量描述，即植物通过长期光合作用将 CO_2 转化为存储于植物体内的有机碳含量（马学威等，2019）。植被碳储量即生物量，表示所有生物体组分的质量，一般指活体植物的质量（方精云等，2001；周玉蓉等，2000）。与生物量相区别的是植物残体量，或称死生物量，包括枯枝落叶、倒木、枯立木、树桩和死根，将生物量和植物残体量转化为碳密度要用到碳质量分数（Thomas et al.，2012）。土壤碳储量既与空间尺度有关，还受取样深度的影响，一般用单位体积原状土壤所含的碳总干重表示。

（2）草地生态系统

草地生态系统在植物固定 CO_2 的同时，通过草原土壤呼吸、动植物呼吸等排放 CO_2，当 CO_2 固定量大于排放量时，草原生态系统为碳汇，反之则为碳源（张英俊等，2013）。草地生态系统对碳储存具有重要的贡献，其中影响草地生态系统和大气之间碳循环的主要是植被、腐殖质（枯草）、草地土壤中碳的储存与释放，将这三类加总即草地的碳吸存量（刘佳，2010）。草地生态系统的碳储量主要包括植被碳储量和土壤有机碳储量，植被碳储量又包括地上生物碳储量和地下生物碳储量（陈晓鹏等，2011）。

（3）湿地生态系统

拥有完整生态系统结构并能发挥其生态功能的自然湿地具有很强的固碳功能，通过植被光合作用将大气中的 CO_2 转化为有机物并进入湿地中，降低大气中 CO_2 的浓度（董成仁等，2015；孟伟庆等，2011）。

湿地生态系统碳储量一部分储存于植物体内，包括地上部分植物体、地下根和枯枝落叶，另一部分储存在土壤中（张莉等，2013）。湿地生态系统在植物生长、促淤造陆等过程中会积累大量的无机碳与有机碳，体现了湿地的"碳汇"功能。其中，滨海湿地较为特殊，其固定的碳可分为内源碳和外源碳。内源碳的产生和沉积位置相同，如湿地植物通过光合作用从大气或海洋中固定 CO_2，转移到植物组织中，植被凋落物和植物根系在厌氧的土壤中缓慢分解，进而形成储存在沉积物中的碳；外源碳的产生和沉积位置不同，由于湿地常受到海浪、潮汐和海岸洋流的扰动，通常会从邻近的生态系统中捕获沉积物和有机质，使之沉积到当地的碳库中（张广帅等，2021）。

（4）农田生态系统

农田生态系统的农作物生产过程既是碳源，也是碳汇。碳源主要包括农作物生产过程中化肥、农药、电力、柴油等投入物生产形成的碳排放，农田土壤呼吸碳排放及作物秸秆焚烧的碳排放。碳汇主要包括作物自身生长碳吸收、农田土壤固碳和秸秆还田的固碳效应（佘玮等，2016）。

（5）小结

研究初期，学者对碳汇的定义关注较多的是生态系统吸收、储存 CO_2 的能力。随着全球气候变化加剧，各国学者的关注点逐渐由 CO_2 向 CO_2、CH_4 等多种温室气体转移。截至目前，陆地生态系统碳汇的研究对象主要包括森林、草地、湿地、农田等生态系统，各陆地生态系统表现为碳源还是碳汇，取决于不同研究结论。总体上，陆地生态系统中绿色植物通过光合作用吸收 CO_2，形成生态系统碳汇，是减少 CO_2 排放、实现碳达峰碳中和的重要途径。

1.2 生态系统碳汇评估

1.2.1 陆地生态系统

陆地生态系统固碳被认为是经济可行和环境友好的减缓大气 CO_2 浓度升高的重要途径之一。近年来，国内相关学者在陆地碳循环领域做了大量尝试与探索，形成了大量森林资料详查、大气 CO_2 浓度观测、遥感等基础数据，同时借助大气反演模型、基于过程分析的生态系统碳循环模型和遥感、GIS 等高新技术手段，分析了中国陆地生态系统碳源/碳汇的大小、空间格局，估算了中国陆地生态系统碳平衡的不确定性（朴世龙等，2010）。

目前，估算陆地生态系统碳储量的方法主要是基于地面观测、遥感数据、大气浓度观测数据的大气反演模型和生态系统模型，其中基于遥感数据的生态系统模型是估算碳汇的主要方法。陆地生态系统碳汇能力估算方法主要有 3 种，即基于国家层面的森林清查资料的清查方法、利用大气 CO_2 浓度变化反演陆地碳汇的大气反演算法和基于过程的生态系统模型估算陆地碳汇的过程模型方法。近几年，针对森林、草地、湿地、农田等生态系统的碳汇评估逐渐趋于成熟，但不同陆地生态系统碳汇、碳储量的估算方法也不尽相同。

1.2.2 森林生态系统

1.2.2.1 碳储量估算方法

森林生态系统植被碳储量由乔木层、灌草层、枯落物层和土壤层碳储量组成（周玉荣等，2000）。碳储量估算是精确估算森林生态系统碳储量的基础。目前，乔木层碳储量测定常用方法有测树学方法、气体交换方法、样方法和模型估算方法等，灌草、枯落物层常用样方法测定（Brown et al.，2005）。土壤有机碳储量测定主要有土壤类型法、生命地带及生态系统类型法、GIS 估算法和相关关系统计法，各类方法的主要差别在于土壤剖面的划分聚类（金峰等，2001）。大部分土壤有机碳储量估算首先是计算单个土壤剖面或土体的碳储量，即土壤有机碳密度；经过不同土壤、植被或生命地带等类型土壤剖面碳密度的聚合，采用一定的加权平均计算土壤亚类、植被亚类、生态系统亚类的有机碳密度；根据亚类的分布面积，可统计本亚类的土壤有机碳储量（黄从德，2008）。

（1）植被碳储量估算方法

1）测树学方法

测树学方法估算森林生态系统乔木层碳储量，包括两部分：一是生物量的测定；二是在生物量测定的基础上，推算森林净初级生产力。根据森林生物量的估算方法，可分为蓄积推算法和碳储存密度法。

①蓄积推算法：某森林类型的总蓄积量乘以生物量转换系数，再乘以生物量中的碳含量。计算公式为

$$C = V \times E \times C_c \tag{1-1}$$

式中，V——某森林类型的木材总蓄积量，m^3；

E——蓄积量-生物量转换系数，t/m^3；

C_c——生物量中的碳含量（由于获取各种森林类型的碳含量较困难，通常森林植被碳含量取 45.00%或 50.00%）。

②碳储存密度法：某森林类型单位面积生物量的实测数据，乘以该森林类型的分布面积，再乘以生物量中的碳含量，即可获得该类森林的碳储量。计算公式为

$$C = B_i \times A_i \times C_c \tag{1-2}$$

式中，B_i——某森林类型的单位面积生物量，t/hm^2；

A_i——某森林类型的分布面积，hm^2；

C_c——生物量中的碳含量[同式（1-1）]。

该方法采用实测数据来估算森林碳储量，虽然能够反映系统的碳现存量，但是这种静态的指标对于研究碳源、碳汇的时空变化以及生态系统对全球气候变化的响应等时间动态时估算效果不佳。

2）气体交换方法

气体交换方法主要分为红外测定法和涡度相关法（于贵瑞，2003）。红外测定法是利用红外 CO_2 测定仪（IRGA），结合其他微气象学技术，通过测定森林群落的光合作用和呼吸作用中 CO_2 交换量计算森林的生物生产力，可直接测定森林群落的总初级生产力（GPP）和净初级生产力（NPP），得出测树学方法无法反映的短期森林生物生产力，但红外测定法需要昂贵的测定设备和条件，而且只能测定点上的 CO_2 交换量，在由点到面的外推过程中必须考虑误差因素。

3）样方法

林下灌木层、草本层和枯落物层碳储量的测定一般采用样方法，即在样地内选取若干一定面积的样方，称量样方内鲜样的总重，选取有代表性的样品称重、烘干，测定碳含量，测算各层碳储量（Brown et al.，2005）。

4）模型估算方法

基于与环境因子相关联的生产力模型，估算森林生态系统的碳储量模型主要有经验回归模型和过程模型两类（田大伦，2005）。其中，经验回归模型旨在建立气候因子与植被的相关关系。对于稳定的森林生态系统，其生产力与碳储量的关系较为显著、碳储量在植被和土壤中的分配比例较稳定，学者们利用这种关系建立了经验回归模型，如 Holdridge 模型、MLAMI 模型等。由于经验回归模型过于简单，难免会造成碳储量估算的误差。过程模型主要是描述水、碳和营养元素在植被不同部分之间及在土壤和大气之间的流量和动态运动，即模拟生物的生理过程和物理过程。由于过程模型更趋于生态系统结构和功能变化，能更精确地反映森林生态系统时空变化，成为目前生态学研究的热点，如 FBM（frankfurt biosphere model）、TEM（terrestrial ecosystem model）等。

（2）土壤碳储量估算方法

1）土壤类型法

土壤类型法也称土壤分类学方法，主要利用土壤剖面数据和区域或国家尺度土壤图上的森林面积，计算各分类单元的土壤有机碳储量（周国模等，2006；邵月红等，2006）。

2）生命地带及生态系统类型法

生命地带及生态系统类型法是利用植被类型、生命带类型的土壤有机碳密度与该类型分布面积，计算土壤有机碳储量。用生命带类型的聚合来描述土壤碳特征、估算碳储量，可以了解不同的生命带土壤有机碳库蓄积总量。生命带类型包含多种土壤类型，分布范围更加广泛，更能反映气候因素、植被分布对土壤有机碳储量的影响（邵月红等，2006）。

3）GIS 估算法

GIS 估算法是用地理信息系统软件将一定比例的土壤图数字化，建立以土属为单位的空间数据库，再计算各土壤土属每个土层的有机质质量分数。该方法首先选取某土属内所有土种的典型土壤剖面，按照土壤发生层分别收集土壤有机质质量分数、土层厚度和土壤容重等数据，计算每个土层的土壤有机质平均质量分数、土层平均深度及其平均土壤容重，并建立土壤有机质的属性数据库；然后利用软件的空间分析功能，计算各类土壤的有机碳储量（周国模等，2006；甘海华，2003）。

4）相关关系统计法

有机碳储量的地理格局和母质、土壤理化性质、地形、植被和气候等土壤形成因子之间存在相关关系。相关关系统计法是通过分析有机碳的蓄积量与采样点的各种环境变量、气候变量和土壤属性之间的相关关系，建立一定的数学统计关系，在有限数据基础上计算土壤有机碳储量（于贵瑞，2003）。建立土壤有机碳储量与降水、温度、土壤厚度、质地、海拔高度、容重之间的相关关系是普遍采用的一种方式，但是各区域的主要控制因素不同，相关性表现不一，因此所确定的统计关系需要得到检验和验证后方可应用。土壤有机碳储量的计算是非常困难和复杂的，许多方面存在不确定因素，主要包括：缺乏连续、可靠、完整、统一的土壤剖面实测数据；土壤碳氮含量、质地、容重等土壤理化性质存在相当大的空间变异性，以及气候、地形、母岩、植被和土地利用的综合影响；土壤内部碳循环过程难以观测；土壤采样方法的设计以及土壤碳储量的计算方法不统一。

1.2.2.2 碳汇估算方法

目前，国内外应用较为广泛的森林生态系统碳汇估算方法主要有样地清查法、涡度相关法和模型模拟法。

（1）样地清查法

样地清查法是指通过设立典型样地，准确测定森林生态系统中植被、枯落物或土壤等碳库碳储量，并可通过连续观测来获知一定时期内碳储量变化情况的推算方法。样地清查法主要分为平均生物量法、平均换算因子法和换算因子连续函数法。这 3 种方法具有相同的数学推理方法基础，即在推算生物量的基础上再乘以一个换算系数后求得碳储量，换算系数通常为 0.44~0.55（Fang et al.，2007；赵敏等，2004a；方精云，2000）。也有部分研究者将样地清查法分为生物量法、蓄积量法和生物量清单法，这些方法与上述 3 种方法相比尽管名称、定义解释及计算步骤有所不同，但是其原理并没有本质区别（曹吉鑫等，2009）。

1）平均生物量法：生物量是指一个有机体或群落在一定时间内积累的有机质总量，森林生物量通常以单位面积单位时间积累的干物质量或能量来表示（冯仲科等，2005）。平均生物量法是指基于野外实测样地的平均生物量与森林面积，求取森林生物量的方法（赵敏等，2004b）。该方法在国际生物学计划（IBP）期间被广泛使用（Brown et al.，1982；Woodwell et al.，1978）。其优点主要包括直观明确、操作简便、节约成本等。

2）平均换算因子法：利用生物量换算因子的平均值乘以该森林类型的总蓄积量，可得到该类型森林的总生物量。该方法可利用森林清单资料的蓄积量，推算生物量和碳储量，使区域尺度的森林生物量、碳储量推算精度得到了提高（方精云，2000）。因此，部分研究者应用该方法估算了国家尺度的森林生物量及碳储量。研究表明，森林类型的林分生物量与木材材积比值并非不变的，其随着林龄、立地、个体密度、林分状况等变化而变化。

3）换算因子连续函数法：为克服平均换算因子法将换算因子作为常数换算所带来的不足，研究者提出了换算因子连续函数法。该方法是将单一不变的平均换算因子改为分龄级的换算因子，能够更加准确地推算大尺度的森林生物量及碳储量（Alexeyev et al.，1995；Turner et al.，1995）。

（2）涡度相关法

涡度相关法是目前测定地-气交换最好的方法之一，也是世界上 CO_2 和水热通量测定的标准方法，越来越广泛地应用于估算陆地生态系统中物质和能量的交换。据全球通量研究网络（Fluxnet）统计，截至 2005 年 8 月，全世界有 300 多个涡度通量塔在连续工作（郭海强等，2007；Zhu et al.，2006）。在近地边界层内，因为地表摩擦的强烈影响，风向、风速在短时间内呈不规则变化，这种不规则的气流流动形式称为湍流（turbulent flow），湍流可以被理解为流体的速度、物理属性等在时间与空间上的脉动现象；而通量（flux）是一种物理学用语，指单位时间内通过一定面积输送的动量、热量和物质等物理量的数量，特别是把单位时间内通过单位面积界面所输送的物理量称为通量密度（flux density），但是通常情况下把通量密度简称通量（陈泮勤等，2004）。

(3) 模型模拟法

模型模拟法是通过数学模型估算森林生态系统的生产力和碳储量的方法(杨洪晓等,2005)。在研究过程中,模型模拟法产生了多种模型,根据建模思路可分为3类:MIAMI模型等经验模型,CENTURY模型、BIOME-BGC模型及TEM模型等过程模型,TRIP-LEX模型、CASTANEA模型等经验过程模型。模型模拟法适于推算理想条件下区域生物量及碳储量的变化情况,但是由于数据缺乏或理想条件下的参数设定存在明显缺陷。随着遥感(RS)、地理信息系统(GIS)及全球定位系统(GPS)[①]等新技术的发展和应用,为弥补这一缺陷提供了很好的解决方法。模型模拟法应用较多的遥感数据有植被指数(VI)、叶面积指数(LAI)和植被吸收的光合有效辐射分量(FPAR)等(陈泮勤等,2004)。与常规地面观测不同,应用遥感等新技术在大尺度上观测地面指标时具有明显的优势。目前,大尺度碳通量的过程(机制)模型比较成功的有GLO-PEM(the global production efficiency model)、简单的生物圈模型SiB2(simple biosphere model,version 2)、CASA(carnegie-ames-stanford approach)模型等(于贵瑞等,2006)。尽管如此,应用遥感等新技术的模型模拟法仍需进一步完善。

不同气候地带、不同国家的学者对森林生态系统碳储量、固碳能力和固碳速率的估算方式也不尽相同(表1-1)。

表1-1 全球不同区域或国家森林生态系统碳储量、固碳能力和固碳速率

区域/国家		时期	森林面积/10^6 hm²	碳储量/Pg	固碳能力/(Tg/a)	固碳速率/[t/(hm²·a)]	估算方法
寒带	俄罗斯	1990—2010年	809.09	209.00~323.00	463.0	0.80	森林清查数据、长期观测数据、统计过程模型、联合国政府间气候变化专门委员会(IPCC)指南及相关类型碳排放计算方法(以下简称IPCC指南方法)、森林碳收支方法
	加拿大	1990—2010年	310.13	50.40	10.0~31.0	0.04	森林清查数据、长期观测数据、统计过程模型、IPCC指南方法

---

① 并称"3S"技术。全书同。

区域/国家		时期	森林面积/ 10^6 hm²	碳储量/ Pg	固碳能力/ (Tg/a)	固碳速率/ [t/(hm²·a)]	估算方法
寒带	芬兰	1990年	23.37	1.73	7.1	0.08[a] (0.22)[b]	森林清查数据、土壤碳动态模型
	挪威	1990年	9.57	0.48	2.9	0.08[a] (0.22)[b]	森林清查数据、土壤碳动态模型
	瑞典	1990年	28.02	2.25	14.6	0.09[a] (0.43)[b]	森林清查数据、土壤碳动态模型
温带	美国	1990—2013年	304.02	42.90~43.10	162.0~244.0	0.94	森林清查数据、长期观测数据、统计过程模型、IPCC指南方法、森林碳收支方法、For-carbon2模型、土地利用变化模型
	英国	2010—2020年	2.85	0.81	2.4~3.4	0.32[a] (0.71)[b]	森林清查数据、土壤碳动态模型
	比利时	1990年	0.62	0.06	0.6	0.24[a] (0.74)[b]	森林清查数据、土壤碳动态模型
	丹麦	1990年	0.45	0.05	0.7	0.34[a] (1.08)[b]	森林清查数据、土壤碳动态模型
	爱尔兰	1990年	0.43	0.01	0.6	0.30[a] (1.13)[b]	森林清查数据、土壤碳动态模型
	荷兰	1990年	0.33	0.04	0.9	1.07[a] (1.52)[b]	森林清查数据、土壤碳动态模型
	奥地利	1990年	3.88	0.63	4.8	0.61[a] (0.61)[b]	森林清查数据、土壤碳动态模型
	法国	1990年	13.50	1.17	11.9	0.33[a] (0.55)[b]	森林清查数据、土壤碳动态模型
	德国	1990年	10.73	1.72	18.4	0.84[a] (0.88)[b]	森林清查数据、土壤碳动态模型
	瑞士	1990年	1.19	0.26	0.8	0.43[a] (0.27)[b]	森林清查数据、土壤碳动态模型
	希腊	1990年	6.12	0.12	0.1	0.01[a] (0.01)[b]	森林清查数据、土壤碳动态模型
	葡萄牙	1990年	3.10	0.15	0.4	0.05[a] (0.08)[b]	森林清查数据、土壤碳动态模型
	西班牙	1990年	25.60	0.41	5.5	0.00[a] (0.22)[b]	森林清查数据、土壤碳动态模型

区域/国家		时期	森林面积/ 10^6 hm²	碳储量/ Pg	固碳能力/ (Tg/a)	固碳速率/ [t/(hm²·a)]	估算方法
温带	意大利	1990—2007年	8.55	0.56	16.2	0.31[a] (0.70)[b]	森林清查数据、土壤碳动态模型、遥感数据、样地数据、异速生长方程
	乌克兰	1990—2010年	9.70	1.70	17.0	—	IPCC指南方法
	中国	2000—2010年	149.19~207.00	24.20	182.0	1.22	森林清查数据、长期观测数据、统计过程模型、IPCC指南方法
	日本	2000—2007年	23.64	6.19	22.0~37.0	1.59	森林清查数据、生物量扩展因子方法、长期观测数据、统计过程模型
	韩国	2000—2007年	6.21~6.50	—	18.0	2.86	森林清查数据、生物量扩展因子方法、长期观测数据、统计过程模型
	澳大利亚	1990—2010年	149.30	16.10~51.00	51.0	0.34	森林清查数据、长期观测数据、统计过程模型、IPCC指南方法、森林碳收支方法
	新西兰	2000—2010年	8.27	0.90~2.20	9.0	1.05	森林清查数据、长期观测数据、统计过程模型、IPCC指南方法
	其他温带国家	2000—2007年	—	—	3.0	0.18	森林清查数据、长期观测数据、统计过程模型
热带	亚洲热带地区	1990—2007年	310.00	84.00~97.00	711.0	2.38	森林清查数据、长期观测数据、统计过程模型、森林碳收支方法
	非洲热带地区	1990—2007年	527.00	115.00	753.0	1.08	森林清查数据、长期观测数据、统计过程模型、森林碳收支方法
	美洲热带地区	1990—2007年	918.00	229.00	1 276.0	1.30	森林清查数据、长期观测数据、统计过程模型、森林碳收支方法

注：a、b分别表示土壤和植被的指标。

1.2.3 草地生态系统

1.2.3.1 植被碳储量估算方法

（1）生物量估算法

国外土壤碳储量研究起步较早。我国草地生态系统碳储量研究已有 30 年以上，经历了两次土壤普查。随着"3S"技术的迅速发展，我国学者将其应用于碳储量研究和估算，从区域和国家等不同尺度对草地生态系统生物量及碳储量进行了估算（岳曼等，2008）。目前，国内外草地生态系统植物碳储量估算通常利用生物量乘以植物碳含量（国际通用指数为 0.45）的换算方法，其中生物量主要有以下两种估算方法。

一是利用全球植被类型平均生物量和对应的面积进行估算（朴世龙等，2004）。方精云等（2010）通过对生物量碳库的大量研究分析发现，中国草地生物量碳密度平均值为 300.2 g/m^2，范围为 215.8~348.1 g/m^2；采用目前使用最广泛的草地面积数据，中国草地植被碳储量为 1.0 Pg。Ni（2002）对中国草地生态系统碳储量的研究结果表明，中国草地生态系统碳储量为 44.09 Pg，而且与世界草地碳储存、分布特征基本一致，土壤中的碳储量是植被碳储量的 13.5 倍。

二是利用实测数据建立生物量遥感估测模型，或利用草地普查资料数据直接估算（朴世龙等，2004）。早期区域生物量估算研究多使用生物量密度和面积的方法，现阶段"3S"技术被大量应用于植被生物量估算。由于遥感图像光谱信息具有良好的时效性和综合性特点，并且与草地生物量之间存在较好的相关性。因此，利用遥感信息估算较大时空尺度的生物量比传统方法更具优势。

（2）区域尺度生物量估测模型法

区域尺度植被生物量估测的模型可分为两类：一是统计模型。该模型多为描述性的，不涉及过程机理问题，较易实现；利用草地清查资料数据直接估算生物量的关键是参数间的统计分析（方精云等，2010）。二是综合模型。该模型是在植被、气象、遥感等信息的基础上，利用实测调查资料建立生物量与遥感参数之间的回归模型（朴世龙等，2004）。但是无论采用哪种方法，实测生物量数据，尤其是地下生物量数据资料的缺乏，是草地生物量及碳储量估算存在较大差异的直接原因。在国家或全球尺度上利用平均碳密度和地上、地下比例推算生物量仍然是较好的方法，但在区域水平上可能产生较大误差，因此大量的实地观测数据有助于准确评价草地生态系统碳储量及其在全球碳循环中的作用（马文红等，2006）。

1.2.3.2 土壤碳储量估算方法

根据不同的研究角度、区域尺度等，研究者将土壤碳储量估算方法分为直接估算法和间接估算法，直接估算法又分为基于土壤类型的估算法和基于生态系统类型的估算法。基于土壤类型的估算法是依据土壤类型的空间分布及各土壤类型的平均碳储量来进行估算，基于生态系统类型的估算法则是依据生命地带的分布来进行估算。

如表 1-2 所示，根据土壤自身的物理结构特点，可将土壤有机碳估算方法分为两类。一类是土壤剖面估算法。根据其数据来源和精确性，可分为分层中间点计算法、主因子计算法和有限数据推算法。另一类是水平空间估算法，可分为土壤类型法、生命地带及生态系统类型法、相关关系统计法、公式模型法、GIS 估算法等（张林，2007；刘学东等，2016）。

表 1-2　不同土壤有机碳储量研究方法对比

类型	研究方法	估算原理	优点或适用范围	缺点
土壤剖面估算法	分层中间点计算法	以土层中间点土壤剖面数据进行计算，再汇总各土层计算结果，得到总土壤有机碳储量	可以比较真实地反映土壤有机碳储量	需要大量实测土壤数据作为支持；限制了在大范围区域的应用
	主因子计算法	通过计算土壤土层有机碳密度，然后再对各土层求和，得到各单元内土壤有机碳密度	仅考虑影响土壤有机碳的主要因素，是目前应用最多的方法。把整个面积单元作为计算的对象	没有直接考虑土壤单个剖面的有机碳储量
	有限数据推算法	通过土壤有机碳含量与其他因素之间关系，用统计方法来计算	适用于数据极少的区域	需要大量时间完成估算，所以降低了统计所造成的估算误差，目前应用较少
水平空间估算法	土壤类型法	通过土壤剖面数据，再根据分类层级聚合	适用于区域国家或更大尺度面积的土壤有机碳储量的估算	需要准确的土壤分类以及土壤容重等数据，较难获得
	生命地带及生态系统类型法	按照生命地带及生态系统类型土壤有机碳密度与分布面积计算	较小的地带区域和生态系统内，具有较大的应用价值	生态类型与土壤面积难以精确统计，与土壤类型之间相互对应不足
	相关关系统计法	利用环境、气候和土壤属性的相关关系，建立数学统计关系	可以分析土壤有机质与形成影响因素之间的相关关系	不能解释有机碳储量积累或释放机理及形成影响因素，应用范围小
	公式模型法	通过各种土壤碳循环模型估算	具有较好的系统性和整体性	所需数据必须来自实测值，很难将所有的因子包括在内，存在较大的误差
	GIS 估算法	使用 GIS 软件将土壤图数字化，建立属性数据库来实现	适用于模拟大尺度上的土壤碳储量	土壤有机质质量分数、土层厚度和容重等数据获取较难

1.2.4 湿地生态系统

1.2.4.1 碳汇估算方法

湿地生态系统有机碳主要存储于湿地植被和土壤中。一般湿地植被生长繁茂时，土壤呼吸相对较小，湿地有机碳汇的增量即植被生物增加量换算成干物质计算出的有机碳增量（吕铭志等，2013）。依据 Whittaker 和 Schlesinge 提出的碳汇估算方法，学术界对不同的湿地系统进行相关研究（单永娟等，2015）。计算公式如下：

$$WTOCS = 1\,000A_1 \cdot P \cdot C + 1\,000A_2 \cdot D \tag{1-3}$$

式中，WTOCS——湿地有机碳储量，t；

A_1——湿地植被覆盖面积，m^2；

A_2——湿地生态系统面积，m^2；

P——湿地单位面积平均生物量（干重），kg/m^2；

C——生物量（干重）的碳储量系数，一般取 0.45；

D——湿地平均土壤碳密度，kg/m^2。

生态系统净生产力法是目前生态系统碳汇研究常用的方法，采用植被总初级生产力减去土壤微生物（自养）呼吸和植物（异养）呼吸消耗的量，再减去生态系统输出的碳，估算生态系统碳汇。湿地生态系统净生产力为

$$NEP = GPP - (R_a + R_h) - E \tag{1-4}$$

式中，NEP——生态系统净生产力，$g/(m^2 \cdot a)$；

GPP——总初级生产力，$g/(m^2 \cdot a)$；

R_a——自养呼吸消耗，$g/(m^2 \cdot a)$；

R_h——异养呼吸消耗，$g/(m^2 \cdot a)$；

E——生态系统输出的碳，$g/(m^2 \cdot a)$。

湿地是个开放的系统，其生态系统的碳平衡为

$$ESS = (P + I) - (R + E) \tag{1-5}$$

式中，P——植物初级生产力，$g/(m^2 \cdot a)$；

I——外界输入的碳，$g/(m^2 \cdot a)$；

R——土壤呼吸，包括 R_a 和 R_h，$g/(m^2 \cdot a)$。

在一定程度上，生态系统净生产力可代表湿地生态系统碳汇（Twilley et al.，1992）。Sandilyan 等（2012）和康文星等（2008）根据该估算方法分别测定了湿地植物净初级生产力和土壤呼吸释放的碳，研究了全球湿地和我国广州市红树林湿地的碳汇能力。

1.2.4.2 碳储量估算方法

（1）植被碳储量估算方法

1）异速生长方程法

湿地生物量碳储量是通过测定植被生物量来实现的，即在生物量的基础上乘以植被含碳系数。在早期研究中植被含碳系数通常选择 0.45，目前国际上多采用 0.5。异速生长方程法是测定湿地生物量最常用的方法。该方法以生物量清查为基础，对样本的地上和地下生物量进行实测；根据树木胸径、株高、盖度等一系列便于测量的外部生长特征值，建立与树木各器官生物量的回归方程。该方法能快速估算大尺度区域的湿地生物量，同时不会造成大面积植被破坏。目前研究者建立了多种红树植物的异速生长方程，如正红树（Ong et al.，2004）、秋茄（Khan et al.，2007）、红茄冬（Kirue et al.，2007）等，实现了对不同树种湿地上和地下根部生物量的估算。但天然湿地中植物种类繁多，不仅树种间的异速生长方程不同，而且地理位置不同也会造成种内方程的差异。由于对不同树种建立各自的异速方程耗时、费力，Komiyama 等（2005）建立了湿地生物量测定的通用方程。该方程忽略了树种差异，只与林分密度相关，尤其对大尺度的湿地生物量测定有很大的帮助。

2）遥感反演法

目前，遥感技术已在湿地研究中得到广泛应用，在湿地分类和分区划界、湿地动态变化监测及制图、湿地密度和面积分布测定等方面取得了一些成果，并将雷达遥感和基于 TM 影像遥感应用于湿地生物量测定（Kuenzer et al.，2011；Giri et al.，2011；Seto，2007）。其中，雷达可以获取全面立体的植被生物量信息。Proisy 等（2007）使用合成孔径雷达数据对澳大利亚地区的红树植被生物量进行研究；Simard 等（2006）使用激光雷达估计了美国大沼泽公园红树林湿地的树高和生物量；黎夏等（2006）运用雷达遥感对我国湿地的生物量也进行了估算。但由于费用等原因，雷达遥感并未在湿地生物量估算中大范围应用。而基于 TM 影像的遥感，应用纹理特征值结合波段值或植被指数估测植被生物量，可获得较高的估算精度。

（2）土壤碳储量估算方法

1）直接测量法

直接测量法是土壤碳储量研究的基础方法。该方法根据实地土壤剖面取样，直接测定各土层的有机碳含量，然后采用加权的方法计算整个土壤剖面的有机碳含量，结合湿地面积得出整个湿地的土壤碳储量（张莉等，2013）。大尺度土壤碳储量研究方法是在直接测量法的基础上，根据不同土壤类型或生态类型估算区域土壤碳储量。

2）土壤类型法

土壤类型法是以大量实测的剖面数据和对土壤类型准确划分为前提，但是只考虑土壤类型的因素。在实际应用中，由于实测数据的缺乏和对植被、土地利用方式、人类活动等影响因素的忽略，会在很大程度上影响估算精度。生态类型法弥补了土壤类型法的不足，考虑了温度、降水等气候因素对土壤有机碳储量的影响，因此在土壤碳储量的估算中得到广泛应用。总体上，目前湿地土壤碳储量的估算研究多采用直接测量法，结合不同生态类型计算整个研究区的土壤碳储量（张莉等，2013）。

1.2.5 农田生态系统

1.2.5.1 碳收支直接观测法

（1）涡度相关法

通过感应器测定植被上方的三维风速、温度、湿度和 CO_2 浓度的脉动，根据雷诺原理，计算 CO_2 的垂直通量。涡度相关法的优点在于可连续、直接地测定净生态系统碳交换量（NEE），对农田不会产生损害，是一种非破坏性的观测方法，可以用来测定较大尺度的下垫面通量。但是涡度相关法原理复杂、灵敏度低、操作繁琐，观测时需要平坦的下垫面、大气边界层内湍流剧烈且湍流间歇期不宜过长，在观测时受限于一些环境条件。因此，目前这种方法尚未得到大范围的推广使用。李俊等（2006）利用涡度相关法对华北平原冬小麦/夏玉米轮作田的碳通量进行了连续 2 年的观测，这种长时间、连续性的观测方法既可以获得研究区在不同生产季节 NEE 的变化情况，同时可以观测到 NEE 的昼夜变化，弥补了对休闲农田碳源/碳汇研究的缺乏。

（2）静态箱-气相色谱法

将由化学性质稳定的材料制成的特殊箱子罩在所要测量的样本地上，每隔一段时间抽取 1 次箱中的气体，然后利用气相色谱仪测定温室气体的浓度，并求出目标气体浓度随时间的变化率。该方法容易受箱内外温差及箱内气体均匀程度的限制，具有原理简单、操作简单、移动方便、灵敏度高等优点，且静态箱-气相色谱法不受夜间大气层稳定、湍流减弱的影响，夜间观测值相较于涡度相关法更为精确。冯浩等（2017）、刘晶晶等（2017）分别运用该方法分析了覆膜方式及灌溉方式对关中平原农田生态系统净碳汇的影响，二者研究结论一致。利用该方法选取三江平原水田和旱田两种类型，研究其 NEE 季节变化情况，结果表明两种类型的农田生长季均表现为碳汇，非生长季则为碳源，并定量表示了农田碳源与碳汇的时间变化规律。目前，静态箱-气相色谱法广泛应用于农田生态系统碳收支研究（朱燕茹等，2019）。

1.2.5.2 碳源/碳汇数学模型

根据模型特点，农田生态系统碳循环模型可以分为基础研发阶段、模型开发阶段和综合应用阶段3个阶段，如表1-3所示。

表1-3 农田生态系统碳循环模型发展三阶段

时间	发展阶段	模型特点	代表性模型
20世纪六七十年代	基础研发阶段	模型简单地描述作物生长，难以直接表达土壤水等环境因子对碳循环的影响	OBM、ELCROS、CE-RES、SOYGROW等模型
20世纪八十年代	模型开发阶段	不同模型耦合构成系统模型，综合考虑了不同环境因子和人类活动，能用实验校正，不同模型的标准和假设不同，模拟效果存在差异	SUCROS和WOFOST等模型
20世纪九十年代至今	综合应用阶段	模型逐渐向多作物和完整的生长发育过程发展，能对不同的环境变化作出相应响应，可以描述人为管理和自然环境等对碳循环的影响	DDSSAT和APSIM等模型

除运用观测仪器直接观测NEE、确定区域碳源/碳汇量外，目前依据多年农业生产投入与产出等统计数据，如化肥使用量、农作物播种面积、单位面积产量等，建立适宜的数学模型来估算区域碳吸收量和碳排放量，也是国内外学者研究农田生态系统碳源/碳汇常用的方法之一，如赵荣钦等（2007）、王梁等（2016）、赵杰（2014）对不同区域农田生态系统碳源/碳汇的时空变化规律研究。

在农田生态系统碳源/碳汇定量研究中，通常将碳排放量的估算公式定义为造成碳排放的各种农业投入使用和生产过程中的碳排放量之和，不同类型的碳排放量则为其生产或使用中的使用量与相应的转化系数的乘积，即

$$E_t = \sum_1^i E_i A_i \tag{1-6}$$

式中，E_t——整个农田生态系统农作物全生育期碳排放的总量；

E_i——农业生产中第i种农业生产投入的碳排放量；

A_i——第i种投入所对应的碳排放系数（一般碳排放系数的确定主要依据IPCC的规定来选取）。

估算农田生态系统碳吸收量时一般以农作物全生育期的相关指标为主要依据，如农作物产量、碳吸收率及经济系数等。农田生态系统碳吸收量为各类农作物全生育期碳吸收量之和，即

$$C_t = \sum_1^i C_d = \sum_1^i C_f D_w = \sum_1^i C_f Y_w / H_i \tag{1-7}$$

式中，C_t——整个农田生态系统全生育期碳吸收总量；

i——农作物的种类；

C_d——第 i 类农作物全生育期对碳的吸收量；

C_f——第 i 类农作物的碳吸收率；

D_w——第 i 类农作物的生物产量；

Y_w——第 i 类农作物的经济产量；

H_i——第 i 类经济作物的经济系数。

农作物碳吸收率 C_f 和经济系数 H_i 主要是参考学者的研究经验（李金全等，2016；赵荣钦等，2007；Lal，2002），如表 1-4 所示。

表 1-4 中国主要农作物的经济系数和碳吸收率

农作物	经济系数	碳吸收率
玉米	0.400	0.471
高粱	0.350	0.450
水稻	0.450	0.414
小麦	0.400	0.485
谷子	0.400	0.450
薯类	0.700	0.423
大豆	0.350	0.450
其他粮食作物	0.400	0.450
甜菜	0.700	0.407
烟草	0.550	0.450
棉花	0.100	0.450
蔬菜	0.300	0.450
油菜	0.250	0.450
花生	0.430	0.450

1.2.5.3 农田生态系统碳汇估算方法

农田生态系统碳汇主要来自作物吸收大气中 CO_2 形成的净初级生产力（NPP）以及农田土壤固碳（郭睿，2011）。农田生态系统碳循环主要是在作物 NPP 与土壤有机碳之间的转化过程。根据赵荣钦（2004）、韩冰等（2008）、黄耀等（2008）研究案例，农田生态系统碳汇估算一般包括作物有机碳储量估算和土壤有机碳储量估算，如表 1-5 所示。

表 1-5　农田生态统碳汇估算方法及应用

名称	方法
作物有机碳储量估算	以作物产量统计数据及作物相关参数进行估算
土壤有机碳储量估算	通过土壤固碳速率估算农田土壤碳汇
	在数据缺乏的情况下，可以通过土壤碳汇系数法来估算农田土壤碳汇
Agr-C 模型	通过计算作物通过光合作用产生 NPP 及模拟土壤碳动态的方法，是 Crop-C 模型与 Soil-C 模型的结合

1.2.6　小结

综合国内外大量碳汇研究案例，对不同生态系统碳汇研究方法的方法内容、优缺点、适用范围等进行分类汇总（表 1-6）。通过比较发现，平均生物量法、平均换算因子法、GIS 估算法、模型估算法、涡度相关法、静态箱-气相色谱法等方法在碳储量、碳汇研究中较为常用。不同方法的适用情况有所不同，受到一定条件的制约。在实际研究中，可采用多种方法平行操作，对结果进行比较分析。

表 1-6　不同生态系统碳汇研究方法对比

方法名称		研究方法		适用范围
		方法内容	优缺点	
测树学方法	蓄积推算法	利用某一森林类型的总蓄积量乘以生物量转换因子	采用实测数据来估算的森林碳储量，能够反映系统的碳现存量，但是这种静态的指标对于研究碳源/碳汇的时空变化以及系统对全球气候变化的响应等时间动态估算效果不佳	适用于森林生态系统植被碳储量估算
	碳储存密度法	森林生态系统植被碳储密度的实测数据，再乘以该类型森林的分布面积，即可获得该类森林的碳储量		
气体交换方法	红外测定法	采用红外 CO_2 测定仪（IRGA）结合其他微气象学技术，通过测定森林群落的光合作用和呼吸作用的 CO_2 交换量计算森林的生物生产力	可计算测树学法无法反映的短期森林生物生产力，但需要昂贵的测定设备和条件，而且只能测定点上的 CO_2 交换量，在由点到面的外推过程中必须考虑误差因素	适用于森林生态系统植被碳储量估算

方法名称		研究方法		适用范围
		方法内容	优缺点	
气体交换方法	涡度相关法	通过感应器测定植被上方的三维风速、温度、湿度和CO_2浓度的脉动,根据雷诺原理,计算CO_2的垂直通量	优点在于其可连续、直接地测定NEE,对生态系统不会产生损害,是一种非破坏性的观测方法,可以用来测定较大尺度的下垫面通量;但是涡度相关法原理复杂、灵敏度低、操作繁琐,观测时需要平坦的下垫面、大气边界层内湍流剧烈且湍流间歇期不宜过长,在观测时受限于一些环境条件	适用于森林、草地、湿地、农田生态系统植被碳储量估算
模型估算方法	统计模型法	利用草地清查资料数据与参数间的统计分析直接估算生物量	模型多为描述性的,不涉及过程机理问题,较易实现	适用于草地生态系统植被碳储量估算
	经验回归模型法	建立气候因子与植被之间的相关关系	经验回归模型过于简单,难免会造成碳储量估算上的误差	适用于森林生态系统植被碳储量估算
	过程模型法	描述水、碳和营养元素在植被不同部分之间及在土壤和大气之间的流量和动态运动,即模拟生物的生理过程和物理过程	更趋于真实生态系统的结构和功能变化,更能精确地反映森林生态系统的时空变化	适用于森林生态系统植被碳储量估算
	综合模型法	在植被、气象和遥感等信息的基础上,利用实测调查资料建立生物量与遥感参数之间的回归模型	实测生物量数据的缺乏是草地生物量以及碳储量估算存在较大差异的直接原因	适用于草地生态系统植被碳储量估算
生命带类型法		按照植被类型、生命带类型土壤有机碳密度与该类型分布面积计算土壤有机碳储量。用生命带类型的聚合来描述土壤碳特征、估算碳储量,可以了解不同的生命带土壤有机碳库蓄积总量	能反映气候因素、植被分布对土壤有机碳储量的影响	适用于森林土壤碳储量估算
GIS估算法		首先选取某土属内所有土种的典型土壤剖面,按照土壤发生层分别收集土壤有机质质量分数、土层厚度和容重等数据,计算出每个土层的土壤有机质平均质量分数和土层平均深度及其平均容重,并建立土壤有机质的属性数据库,然后利用软件的空间分析功能计算出各类土壤的有机碳储量	可模拟大尺度上的土壤碳储量;土壤有机质质量分数、土层厚度和容重等数据获取较难	适用于土壤碳储量估算
相关关系统计法		通过分析有机碳的蓄积量与采样点的各种环境变量、气候变量和土壤属性之间的相关关系,建立一定的数学统计关系,在有限数据基础上计算有机碳的蓄积量	各区域的主要控制因素不同,相关性表现不一,因此所确定的统计关系需要得到检验和验证后方可应用	适用于森林土壤碳汇估算

方法名称		研究方法		适用范围
		方法内容	优缺点	
样地清查法	平均生物量法	基于野外实测样地的平均生物量与该类型森林面积来求取森林生物量的方法	直观明确，操作简便，节约成本	适用于森林植被、土壤碳汇估算
	平均换算因子法	利用生物量换算因子的平均值乘以森林类型的总蓄积量，得到该类型森林的总生物量	可利用森林清单资料中的蓄积量推算生物量和碳储量。特别是使区域尺度的森林生物量、碳储量的推算精度得到了改善	适用于森林植被、土壤碳汇估算
	换算因子连续函数法	将单一不变的平均换算因子改为分龄级的换算因子	利用该法能够更加准确地推算大尺度的森林生物量及碳储量	适用于森林植被、土壤碳汇估算
静态箱-气相色谱法		将由化学性质稳定的材料制成的特殊箱子罩在所要测量的样本地上，每隔一段时间抽取1次箱中的气体，然后利用气相色谱仪测定温室气体的浓度，并求出目标气体浓度随时间的变化率	操作简单，成本低，方便快捷，可重复操作，可进行连续观测。适用于测定来自土壤、水体和小型植物群落的微量气体成分排放通量。改变被测表面空气的自然湍流状态；封闭箱子后，影响箱子内温度和湿度，在结果上会产生一定误差	适用于森林、草地植被碳汇估算
分层中间点及算法		以土层中间点土壤剖面数据进行计算，再汇总各土层计算结果，得到总土壤有机碳储量	比较真实地反映土壤有机碳储量；需要大量实测土壤数据作为支持；限制了在大范围区域的应用	适用于森林、草地土壤碳储量估算
主因子计算法		通过计算土壤土层有机碳密度，然后再对各土层求和，得到各单元内土壤有机碳密度	仅考虑影响土壤有机碳的主要因素，是目前最常用的方法；没有直接考虑土壤单个剖面的有机碳储量	适用于森林、草地土壤碳储量估算
有限数据推算法		通过土壤有机碳含量与其他因素之间关系，用统计方法来计算	适合数据极少的区域；需要大量时间完成估算，所以降低了统计所造成的估算误差	适用于森林、草地土壤碳储量估算
土壤类型法		通过土壤剖面数据，再根据分类层级聚合	适用于区域国家或更大尺度面积的土壤有机碳储量的估算；需要准确的土壤分类数据及土壤容重等数据，获取较难	适用于森林、草地土壤碳储量估算
生命地带及生态系统类型法		按照生命地带及生态系统类型土壤有机碳密度与分布面积计算	在较小的地带区域和生态系统内，具有较大的应用价值；生态类型与土壤面积难以精确统计，与土壤类型之间也相互对应不足	适用于森林、草地土壤碳储量估算

方法名称	研究方法		适用范围
	方法内容	优缺点	
相关关系法	利用环境、气候和土壤属性的相关关系，建立数学统计关系	便于分析土壤有机质与形成影响因素之间的相关关系；不能解释有机碳储量积累或释放机理，形成影响因素，应用范围小	适用于森林、草地土壤碳储量估算
公式模型法	通过各种土壤碳循环模型估算	具有较好的系统性和整体性；所需数据必须来自实测值，很难将所有的因子包括在内，存在较大的误差	适用于森林、草地土壤碳储量估算
湿地有机碳储量估算法	湿地有机碳汇的增量即植被生物增加量换算成干物质计算出的有机碳增量	计算简易，但结果误差较大	适用于湿地生态系统碳汇量估算
异速生长方程法	以生物量清查为基础，对样本的地上部分和地下部分生物量进行实测。在此基础上，根据树木的胸径、株高、盖度等一系列便于测量的外部生长特征值建立与树木各器官生物量的回归方程	能快速地估算大尺度区域的湿地生物量，同时不会造成大面积的植被破坏	适用于湿地生态系统植被碳储量估算
遥感反演法	利用雷达遥感和基于 TM 影像遥感获取全面立体的植被生物量信息	由于费用等原因，雷达遥感并未在湿地生物量估算中大范围应用	适用于湿地生态系统植被碳储量估算
直接测量法	根据实地土壤剖面取样，直接测定各土层的有机碳含量，然后采用加权的方法计算整个土壤剖面的有机碳含量，再用面积求出整个湿地的土壤碳储量	是土壤碳储量研究中基础的方法	适用于湿地生态系统土壤碳储量估算
大尺度土壤碳储量研究法	在直接测量法的基础上，根据不同土壤类型或者生态类型估算区域土壤碳储量	在实际应用中，由于实测数据的缺乏和对植被、土地利用方式及人类活动等影响因素的忽略，会在很大程度上影响估算精度	适用于湿地生态系统土壤碳储量估算
农田生态系统碳源/碳汇中的数学模型	依据多年农业生产投入与产出等统计数据，建立适宜的数学模型估算该地区的碳吸收量及碳排放量	模型逐渐向多作物和完整的生长发育过程发展，能对不同的环境变化作出相应响应，可以描述人为管理和自然环境等对碳循环的影响	适用于农田生态系统碳汇量估算
作物有机碳储量估算	以作物产量统计数据及作物相关参数进行估算	计算简易，但结果误差较大	适用于农田生态系统碳汇量估算
Agr-C 模型法	Crop-C 模型与 Soil-C 模型的结合，通过计算作物通过光合作用产生 NPP 及模拟土壤碳动态的方法	比较真实地反映土壤有机碳储量	适用于农田生态系统碳汇量估算

鉴于生态系统碳汇估算的复杂性和不确定性，按照乔木层、灌草层、凋落物层、土壤层分别估算的方法构建生态系统碳汇评估和核算技术体系。对森林生态系统碳储量的估算采用对乔木层、灌草层、凋落物层、土壤层分别估算后加和的方法；对草地、湿地生态系统碳储量的估算采用对灌草层、土壤层分别估算后加和。凋落物层调查方法参考灌草层的方法，与灌草层同步调查和估算。

针对全国、省（自治区、直辖市）等大区域尺度乔木层碳储量，选择过程模型法描述水、碳和营养元素在植被不同部分之间以及在土壤和大气之间的流量和动态运动，即通过模拟生物的生理和物理过程来估算乔木层碳储量；针对市域及以下等小区域尺度乔木层碳储量，选择测树学方法进行估算，结合森林资源清查结果，充分考虑森林类型分布面积与蓄积密度、林龄、起源等情况，布设样地，对样地内乔木进行每木检尺，并记录地形、地貌、经营管理措施等因子。样地内乔木单株生物量通过测量的胸径和树高结合异速生长方程求得。按大、中、小径级选择3~5株样木，采集样地内优势乔木树种各器官（叶、枝、干、根）样品各300 g，用于有机碳含量分析。将分析测定乔木层各器官的有机碳含量分别乘以各自的单位面积生物量，对其求和即乔木层碳密度。

针对全国、省（自治区、直辖市）等大区域尺度灌草层碳储量，选择模型估算法、异速生长方程法等进行估算。模型估算法利用实测调查资料，建立生物量与遥感参数的回归模型，计算植被碳储量；异速生长方程法通过将植被外部生长特征值与生物量建立回归方程，计算植被碳储量。针对市域及以下等小区域尺度灌草层碳储量，选择涡度相关法、样地清查法、静态箱-气相色谱法等进行估算，均基于野外样地实测，可显著提升结果准确度。

降水、气温等是影响生态系统土壤层碳储量含量和分布的主要因素，土壤层可分为干土壤层与湿土壤层。针对全国、省（自治区、直辖市）等大区域尺度干土壤层碳储量，选择土壤类型法、GIS 估算法等进行估算。土壤类型法通过土壤剖面数据和分类层级聚合，估算土壤碳储量；GIS 估算法通过建立土壤有机质的属性数据库，利用软件的空间分析功能，计算各类土壤的有机碳储量。针对市域及以下等小区域尺度干土壤层碳储量，选择主因子计算法、生命地带及生态系统类型法等进行估算，通过计算土壤土层有机碳密度分布面积计算土壤碳储量。针对市域及以下等小区域尺度湿土壤层碳储量，选择直接测量法进行估算，根据实地土壤剖面取样，直接测定各土层的有机碳含量，然后采用加权的方法计算整个土壤剖面的有机碳含量，再用面积得出整个湿地的土壤碳储量。针对全国、省（自治区、直辖市）等大区域尺度湿土壤层，在直接测量法的基础上，根据不同土壤类型或者生态类型估算区域土壤碳储量。

1.3 生态系统碳汇监管

我国拥有面积广阔的森林、草原、湿地、海洋等生态系统,加之近年来实施的生态保护修复工程,我国生态系统碳汇功能与潜力巨大,这对于如期实现 2060 年前碳中和目标、保障我国未来发展的碳排放权益等具有重要意义。但是当前我国生态系统碳汇功能仍然存在底数不清、局部退化、保护修复成效仍需增强、监管力度不足等问题。为此,在全面调研我国各类生态系统碳汇功能现状的基础上,提出了统一评估核算、构建空间格局、提升固碳效益、强化监管执法方面的建议,以推动生态系统碳汇精准保护、科学保护、依法保护和协同保护,提升生态系统碳汇能力。

1.3.1 生态系统碳汇现状

(1)生态系统碳汇功能总体呈增加趋势

2003—2013 年,我国陆地生态系统碳汇总量增加 170.61 亿 t,年均增加 17.06 亿 t,年均增长 2.29%。各类生态系统碳汇功能总体上也呈增加趋势。一是森林生态系统碳汇功能呈明显增加趋势。我国森林总生物量碳库由 1977—1981 年的 49.72 亿 t 增至 2004—2008 年的 68.68 亿 t,净增 18.96 亿 t,年均增加 0.70 亿 t。二是我国天然草地总面积近 4.0 亿 hm^2,年固碳量约为 6 亿 t。其中,青藏高原天然草地生态系统碳汇功能呈显著增加趋势,是全球重要的碳汇之一。三是湿地生态系统总体表现为碳汇,且固碳功能不断增强。我国各种类型沼泽湿地总固碳能力达 491 万 t/a。四是农田生态系统碳汇功能显著增强。研究发现,长江中下游、西南地区农田生态系统逐渐由碳源(-130 万 t/a、-340 万 t/a)转变为碳汇(370 万 t/a、170 万 t/a)。

(2)不同生态系统碳汇功能存在显著差异

我国生态系统碳汇功能具有显著的类型差异。2013 年我国陆地生态系统碳储量中,森林生态系统的贡献率最高,达 63.70%;其次是湿地生态系统,为 27.44%;草原、农田和荒漠生态系统分别为 6.82%、1.07% 和 0.97%。天然草地是我国陆地面积最大的绿色植被和生物资源,但其碳储量低于森林生态系统的碳储量。泥炭沼泽湿地是陆地生态系统中碳积累速率最快的生态系统之一,其吸收碳的能力远超过森林生态系统。另有研究发现红树林湿地在固碳速率和固碳潜力方面要高于泥炭沼泽和苔藓泥炭沼泽。

我国生态系统碳汇功能具有显著的地域差异。我国陆地生态圈的巨大碳汇主要源于我国重要林区,尤其是西南林区。在空间分布上,我国陆地生态系统碳汇主要分布于东南、西南地区,县域碳汇呈西部＞东北＞南部＞中部的"西高东低"格局;碳汇空间分布中心向西南移动,分布范围也呈收缩态势,西南地区对整体碳汇空间格局的影响作用不断加强。

(3) 生态系统碳汇功能仍有巨大提升空间

近年来,我国实施的一系列生态保护修复工程具有显著的固碳效益。天然林保护、退牧还草、三北防护林四期、京津风沙源治理、退耕还林、长江珠江防护林二期6个国家重大生态工程区面积占全国土地的16%,但其形成的碳汇量约占我国当前陆地生态系统碳汇量的50%。2000—2010年,6个国家重大生态工程区内生态系统碳储量增加了14.8亿t,年均碳汇强度为1.278亿t。

生态保护修复工程的实施及其固碳效益仍有巨大潜力。有关研究表明,我国森林覆盖率的潜力可达28%～29%,目前可用于造林的土地约3 000万 hm^2,加之退耕还林、退耕还草的土地,约4 000万 hm^2 土地可以用来扩大森林和草地面积,我国生态系统碳汇功能仍有巨大的提升空间。

1.3.2 生态系统碳汇监管面临的主要问题

(1) 生态系统碳汇功能底数不清

全国及各地生态系统碳汇功能有多少、符合碳中和要求的有多少、实现碳中和目标需要增加多少等底数依然不清,无法满足碳达峰碳中和相关决策部署与考核监督的需求。究其原因,当前生态系统碳汇功能评估核算仍然存在较大的不确定性。一是概念边界不统一。近年来,生态系统碳汇功能相关研究越来越多,涉及碳储量、固碳量、碳密度、固碳速率、固碳释氧功能等概念,仍然缺少符合碳中和要求的碳汇概念。二是数据来源不统一。生态系统碳汇功能评估核算的数据源主要有调查数据、观测数据、遥感影像等,其数据精确度、分辨率、代表性、更新频率等存在明显差异。三是评估方法不统一。目前生态系统碳汇功能评估核算已形成样地清查法、模型模拟法、遥感估算法等方法。但是各种方法在适用范围、研究精度等方面存在很大差别,不同方法对同一生态系统碳汇功能的评估结果也不一致。此外,与森林生态系统相比,草地、湿地等陆地生态系统尤其是海洋生态系统碳汇功能的研究基础较为薄弱。

(2) 局部地区生态系统碳汇功能退化

局部地区生态系统碳汇功能呈下降趋势。其中,城市扩张及其引起的生态系统演变是造成局部地区生态系统碳汇功能下降的主要原因。据统计,1980—1990年、1990—2000年和2000—2010年珠三角城市群因城市扩张导致该区域碳储量分别减少14万t、53万t

和 201 万 t；在哈尔滨市快速城市化发展的 30 年，新增的城市用地主要来自湿地与耕地，导致湿地、耕地碳储量分别减少 70 万 t 和 30 万 t。

部分类型生态系统碳汇功能呈退化趋势。土壤呼吸速率随温度升高而加快，并导致草地生态系统碳源/碳汇效应发生变化。相关观测和研究发现，青海海北高寒矮嵩草草甸、昆仑山系风火山地区高寒草甸、内蒙古羊草草原和大针茅草原等草地生态系统已表现为碳源。研究发现，草地退化、土地利用方式改变等造成的青藏高原土壤碳库流失 30.2 亿 t；三江平原泥炭沼泽湿地开垦后有机碳减少 471 万 t，现有泥炭库有机碳比 20 世纪 80 年代减少 35% 左右。

（3）生态保护修复成效仍需增强

一是科学性不足。"三北"工程、退耕还林等生态保护修复工程尚未充分体现适地适树的原则，且缺乏分类指导的造林标准，导致育苗质量差、造林树种单一、病虫害严重。二是持续性不足。由于后期管护经费匮乏，基层林业职能加速萎缩，农民管护积极性不高，传统放牧、蚕食林地、荒山被垦、偷盗林木等边治理边破坏的现象时有发生，生态保护修复工程的固碳效益巩固面临困难。三是协同性不足。退耕还林工程、天保工程等生态保护修复工程启动后，"三北"工程政策、投资等被淡化，对"三北"工程形成强烈冲击，削弱了建设者的工作热情。

（4）生态系统碳汇功能监管力度不足

生态系统碳汇功能对生态保护修复及监管的导向作用依然缺失。长期以来，土地沙化、水土流失、生物多样性降低等生态问题是我国生态保护修复的主要导向，生态功能区划、主体功能区规划、生态保护红线划定、"三区三线"划定等国土空间区划尚未将生态系统碳汇功能纳入分区的直接依据。其中，《全国主体功能区规划》主要依据水源涵养、水土保持、防风固沙和生物多样性维护 4 类主导生态功能，《全国生态功能区划（修编版）》主要依据水源涵养、生物多样性保护、土壤保持、防风固沙、洪水调蓄等 5 类主导生态调节功能。

生态保护修复成效评估体系尚不健全。自生态保护修复工程实施以来，国家及相关部门、地方、单位组织开展了生态保护修复成效的相关监测评估。由于资金、人员等投入的不足，生态监测站点建设尚未形成完整体系和长效机制，生态保护修复成效评估缺少统一的技术体系和完整的基础数据，难以对生态保护修复进行系统监管和科学评估，制约了生态保护修复工程的固碳成效。

1.3.3 生态系统碳汇监管的对策建议

（1）统一生态系统碳汇评估核算

一是建立生态系统碳汇相关标准体系。按照碳达峰碳中和重大战略决策要求和 IPCC 相关工作要求，明确符合碳达峰碳中和要求的生态系统碳汇，制定生态系统碳汇认证标准和认证办法。二是统一生态系统碳汇相关技术规范。加快建立森林、草原、湿地、海洋、荒漠、冻土、耕地、城市绿地等生态系统碳汇功能监测、评估和核算技术体系，推动生态系统碳汇功能相关参数纳入生态状况调查评估、生态环境遥感监测评估、森林资源清查及草地、湿地等相关自然资源调查，实现对生态系统碳汇功能可监测、可核算、可认证的统一评估与核算。

（2）构建生态系统碳汇保护空间格局

一是制定生态系统碳汇保护空间划定技术标准。综合考虑森林、草原、湿地、海洋、荒漠、冻土、农田、城市绿地等生态系统的生产生活功能与生态功能，确定生态系统碳汇保护空间划定技术要求。二是划定生态系统碳汇保护空间。统筹自然保护地、生态保护红线等生态功能重要区域和国土空间规划，划定生态系统碳汇保护的核心空间和一般空间，强化国土空间规划和用途管控。三是建立生态系统碳汇保护空间管控制度。按照满足我国发展的碳排放权益、拓展未来发展的碳排放空间等要求，明确生态系统碳汇保护核心空间和一般空间的管控要求。

（3）提高生态保护修复固碳效益

一是加大生态保护修复力度。面向我国二氧化碳排放力争于 2030 年前达到峰值、努力争取 2060 年前实现碳中和的目标需求，着力提升生态系统碳汇功能在国土空间规划和用途管控、生态保护修复、生态保护修复成效评估、生态监管等工作中的优先序，统筹生态系统碳汇保护修复与国土空间修复、山水林田湖草沙系统治理等相关工程，推动实施生态系统碳汇保护修复工程，提升生态系统碳汇增量。二是健全生态保护修复机制。协同推进生态系统碳汇能力提升和全国碳市场建设，鼓励推动生态系统碳汇交易，探索完善生态系统碳汇价值实现机制，建立包括生态系统碳汇在内的生态综合补偿机制，强化生态系统碳汇保护修复的后期维护。

（4）强化生态系统碳汇监管执法

一是制定生态系统碳汇监督考核办法。研究确定国家生态系统碳汇能力提升目标并分解落实，制定以空间管控和质量提升为目标的生态系统碳汇监督和考核办法，压实生态系统碳汇提升的工作职责和目标任务。协同推动二氧化碳排放强度、总量双控与生态系统碳汇能力提升，确立并严守碳达峰碳中和的"三条红线"，确保如期实现碳达峰碳中和目标。二是建立生态系统碳汇监管执法平台。分级开展生态系统碳汇认证和生态系统碳汇能力评估核算，加快建立国家、省级、市级、县级生态系统碳汇认证和管理信息平台。协同温室气体排放清单和生态环境执法监管平台，稳步推进碳达峰碳中和监管执法，严格生态系统碳汇保护空间管控，积极推进生态系统碳汇保护修复，有效发挥森林、草原、湿地、海洋、土壤、冻土的固碳作用。

第 2 章
生态系统碳汇网格化监管体系研究

> **内容摘要**
>
> 以网格化监管为目标，首先以国土斑块为空间单元、以年度为时间单元，对 2000—2018 年我国生态系统碳汇进行了评估核算，分析了我国生态系统碳汇变化趋势和地域差异；以国家重点生态功能区和国家级自然保护区为重点，对我国生态系统碳汇保护成效进行了评估。全国 60% 以上的生态系统碳汇高值区域和退化区域尚未纳入国家重点生态功能区和国家级自然保护区，尚未得到严格保护。其次，结合生态系统碳汇认证、生态空间管控现状及相关监督、考核要求，提出了生态系统碳汇认证条件、认证标准和生态系统碳汇保护空间管控要求，明确了生态系统碳汇台账编制技术流程，确定了生态系统碳汇监督和考核要求。结合生态环境部门工作职责，研究提出了建立实施生态系统碳汇网格化监管体系的主要步骤和对策措施。

2.1 以网格化监管为目标的全国生态系统碳汇及其保护成效评估

2.1.1 研究方法

生态系统碳汇是指绿色植物通过光合作用吸收大气中的二氧化碳，并固定在植物体或土壤中。其中，植物光合作用是各类生态系统碳汇的共同机理。以绿色植物每年通过光合作用吸收、固定的二氧化碳量为核心，可以实现不同类型生态系统碳汇评估核算的统一，避免各类自然资源调查监测时间、周期等不一致导致对陆地生态系统碳汇总量的评估核算滞后；同时，可以体现气候、土壤、地形地貌、植被类型等因素对植物生长、发育的影响，反映生态系统碳汇能力及其类型差异、地域差异。

目前，生态系统碳汇评估核算研究之间的主要区别在于植物生物量的数据来源，包括调查监测、模型模拟、遥感等数据。其中，遥感数据具有大面积同步观测、更新周期短、可比性强等优势，适于国家尺度、长时间序列的生态系统碳汇评估核算。鉴于此，本研究的技术路线如图 2-1 所示，利用以 500 m×500 m 斑块为基本单元的植物净初级生产力遥感数据、生物量与碳储量转换因子关系、植物枯损模型、生物量-碳转换模型、ArcGIS 数据处理功能，对各斑块的生态系统碳汇进行评估核算和汇总，从而形成长时间序列的全国生态系统碳汇"一张图"（图 2-2）。

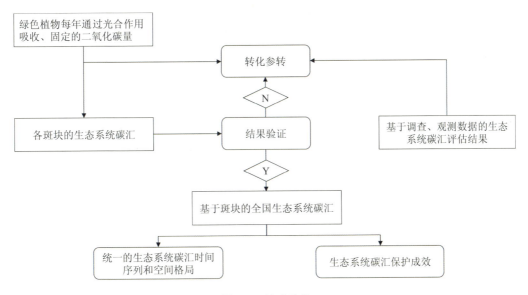

图 2-1　技术路线

本研究中，碳汇能力由生态系统碳汇年度总量，即绿色植物每年通过光合作用吸收、固定的二氧化碳量来表征，是对生态系统碳汇的直接度量，可用于碳达峰碳中和状态的科学判断，特别是二氧化碳吸收量的精准衡量。这是本研究与碳储量、基于碳储量的碳汇、固碳增汇功能等相关研究的主要区别。

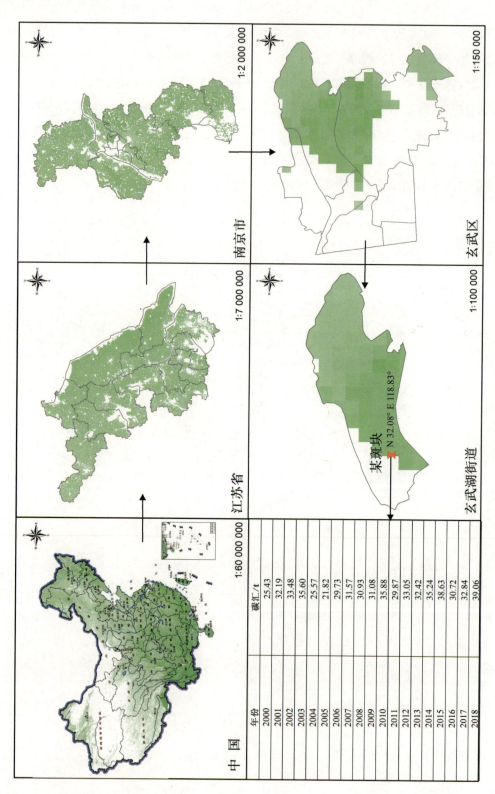

图 2-2 长时间序列的全国生态系统碳汇 "一张图"

2.1.2 生态系统碳汇时空变化

2.1.2.1 生态系统碳汇时间序列

（1）全国生态系统碳汇稳步增加

与 2000 年相比，2018 年全国生态系统碳汇总量由 6.73 亿 t/a 增至 8.06 亿 t/a，增幅为 19.82%，多年平均值为 7.15 亿 t/a（图 2-3）。全国单位面积碳汇[①]由 2000 年的 98.47 t/km^2 增至 2018 年的 117.89 t/km^2，增幅为 19.72%，2000—2018 年平均值为 118.74 t/km^2。生态系统碳汇面积由 683.19 万 km^2 增至 683.72 万 km^2，增幅为 0.08%。

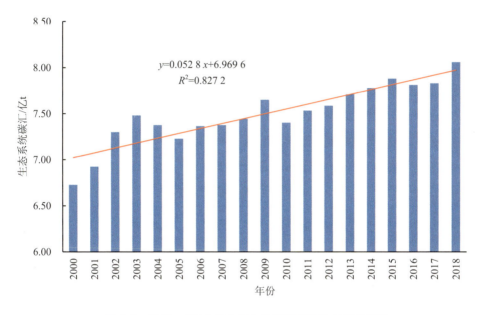

图 2-3　2000—2018 年全国生态系统碳汇总量变化趋势

（2）生态系统碳汇高值区域不断扩大

与 2000 年相比，2018 年我国生态系统碳汇高值区域由 209.37 万 km^2 增至 283.98 万 km^2，增幅为 35.64%，2000—2018 年平均值为 245.70 万 km^2；生态系统碳汇高值区域占全国生态系统碳汇总面积的比例由 30.65% 增至 41.54%，最大值为 43.00%，多年平均值为 40.78%（图 2-4）。

---

① 单位面积碳汇是指单位生态系统碳汇面积每年吸收固定的二氧化碳量，由生态系统碳汇总量与生态系统碳汇面积的商来表征，全书同。

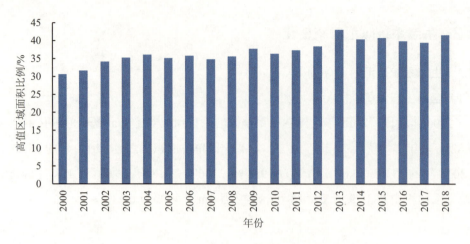

图 2-4　2000—2018 年全国生态系统碳汇高值区域面积比例

（3）部分生态系统碳汇呈退化趋势

与 2000 年相比，2018 年全国生态系统碳汇退化的斑块数量共计 352.26 万块，面积约 88.06 万 km^2，占全国生态系统碳汇总面积的 12.88%。生态系统碳汇退化在全国分布较为广泛，华南、西南等长江以南地区及新疆等地的生态系统碳汇退化比例相对较高（图 2-5）。

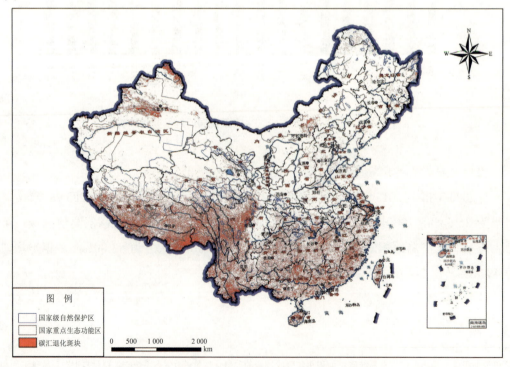

图 2-5　2000—2018 年全国生态系统碳汇退化分布

2.1.2.2 生态系统碳汇空间差异

（1）生态系统碳汇分布呈显著的地域差异

从生态系统碳汇多年平均值来看，生态系统碳汇总量前10位的省（自治区）由大到小依次为云南、四川、广西、内蒙古、黑龙江、广东、西藏、贵州、湖南、江西，生态系统碳汇总量均超过0.25亿t/a；但是上海市、天津市生态系统碳汇总量不足0.01亿t/a。

从单位面积碳汇多年平均值来看，云南、广东、海南、广西、福建、贵州、浙江、江西、湖南、重庆、湖北等15个省（自治区、直辖市）均高于全国单位面积碳汇平均水平（118.74 t/km²），但是宁夏、新疆、青海的单位面积碳汇不足50 t/km²（图2-6）。

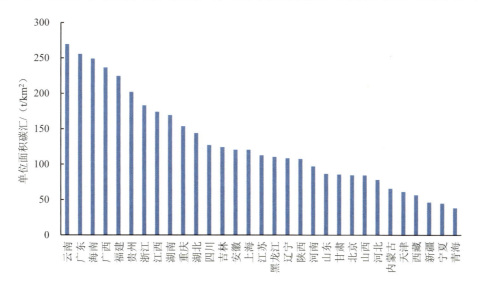

图2-6　2000—2018年各省（自治区、直辖市）单位面积碳汇多年平均值

从生态系统碳汇高值区域比例来看，贵州、福建、广西、海南、云南、广东、浙江、江西、湖南、重庆、湖北等16个省（自治区、直辖市）均高于全国生态系统碳汇高值区域比例平均水平（40.78%）。其中，贵州、福建、广西、海南、云南、广东6个省（自治区）生态系统碳汇高值区域比例超过95%（图2-7）。

（2）生态系统碳汇分布呈显著的聚集趋势

如图2-8所示，我国生态系统碳汇高值区域主要分布在华南、西南、东南沿海地区及大小兴安岭地区。其中，云南、广西、四川、贵州、广东、黑龙江、内蒙古7省（自治区）的生态系统碳汇高值区域面积占全国生态系统碳汇高值区域总面积的53.78%，对应的生态系统碳汇总量占全国生态系统碳汇总量的57.48%。

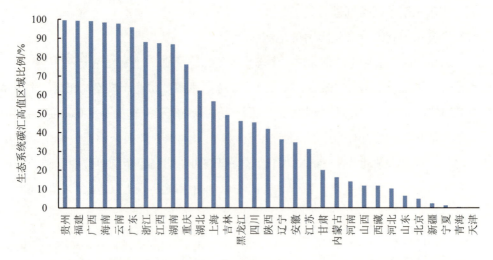

图 2-7　2000—2018 年各省（自治区、直辖市）生态系统碳汇高值区域比例多年平均值

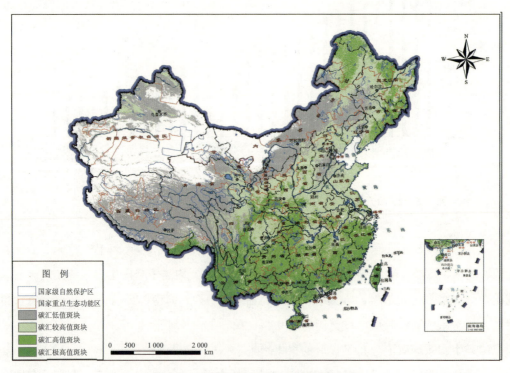

图 2-8　我国生态系统碳汇高值区域分布

如图 2-9 所示，从单位面积碳汇分布来看，我国单位面积碳汇较高的斑块集中分布于西南、华南地区。其中，云南、广东、海南、广西是单位面积碳汇最高的 4 个省（自治区），其单位面积碳汇均超过 230 t/km^2；贵州省单位面积碳汇也超过 200 t/km^2。

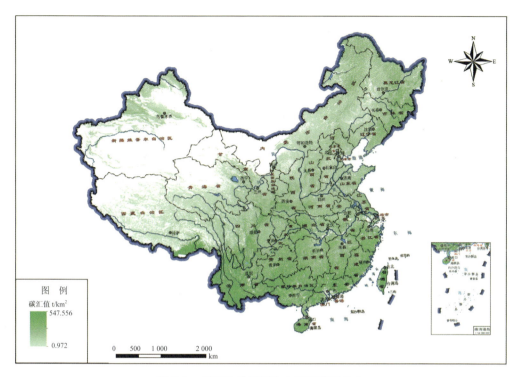

图 2-9　我国单位面积生态系统碳汇分布

2.1.3　生态系统碳汇保护成效

2.1.3.1　国家重点生态功能区

根据《全国主体功能区规划》，2010 年全国共划定 25 个国家重点生态功能区，涉及 436 个县级行政区，总面积 3 858 797 km²。选择 25 个国家重点生态功能区，评估国家重点生态功能区生态系统碳汇保护成效。

（1）国家重点生态功能区是生态系统碳汇分布的重点区域

2018 年，全国 25 个国家重点生态功能区分布有 93.77 万 km² 的生态系统碳汇高值区域，占国家重点生态功能区生态系统碳汇总面积的 37.51%，占全国生态系统碳汇高值区域总面积的 33.02%。

桂黔滇喀斯特石漠化防治、南岭山地森林及生物多样性、三峡库区水土保持、武陵山区生物多样性与水土保持、海南岛中部山区热带雨林、秦巴生物多样性 6 个国家重点生态功能区的生态系统碳汇高值区域与其生态系统碳汇总面积的比例分别为 99.69%、99.45%、98.87%、98.18%、96.47%、93.67%，均超过 90%。

（2）国家重点生态功能区生态系统碳汇总体上呈增加趋势

与 2010 年相比，2018 年国家重点生态功能区生态系统碳汇总量由 2.44 亿 t/a 增至 2.62 亿 t/a，单位面积碳汇由 97.69 t/km^2 增至 104.92 t/km^2。

除藏东南高原边缘森林、川滇森林及生物多样性、若尔盖草原湿地、三江源草原草甸湿地、塔里木河荒漠化防治 5 个国家重点生态功能区外，其他 20 个国家重点生态功能区生态系统碳汇均呈上升趋势。其中，阴山北麓草原、黄土高原丘陵沟壑水土保持、浑善达克沙漠化防治、呼伦贝尔草原草甸 4 个国家重点生态功能区单位面积碳汇增加最明显，增幅分别为 48.72%、29.72%、22.98%、20.13%。

2.1.3.2 自然保护区

选择 2018 年前建立的 463 个国家级自然保护区，评估自然保护区生态系统碳汇保护成效。

（1）自然保护区是生态系统碳汇分布的重要区域

2018 年，全国 463 个国家级自然保护区分布有 10.24 万 km^2 的生态系统碳汇高值区域，占 463 个国家级自然保护区生态系统碳汇总面积的 17.85%，占全国生态系统碳汇高值区域总面积的 3.61%。463 个国家级自然保护区分类组成见表 2-1。

表 2-1　463 个国家级自然保护区分类组成

类	自然生态系统类					野生生物类		自然遗迹类
类型	森林生态系统类型	草原草甸生态系统类型	海洋和海岸生态系统类型	荒漠生态系统类型	内陆湿地和水域生态系统类型	野生动物类型	野生植物类型	
数量/个	213	4	17	13	55	122	19	20

其中，森林生态系统类型、野生植物类型国家级自然保护区生态系统碳汇高值区域面积与其生态系统碳汇总面积的比例分别为 48.25%、48.14%，高于同期全国生态系统碳汇高值区域面积占全国生态系统碳汇总面积的比例（41.54%）；对应的生态系统碳汇与其生态系统碳汇总量的比例分别为 79.10%、85.12%，高于同期全国生态系统碳汇高值区域碳汇量占全国生态系统碳汇总量的比例（71.16%）。

（2）各类自然保护区生态系统碳汇均呈增加趋势

与 2010 年相比，2018 年我国自然生态系统类、野生生物类、自然遗迹类国家级自然保护区生态系统碳汇总量分别增加 5.10%、5.93%、10.63%，单位面积碳汇分别增加 5.13%、6.10%、10.69%，生态系统碳汇高值区域面积分别增加 10.53%、6.00%、17.63%。其中，荒漠生态系统类型、自然遗迹类国家级自然保护区生态系统碳汇总量增加最显著，增幅分别为 11.57%、10.63%，超过同期全国生态系统碳汇总量增幅；草原草甸生态系统类型国家级自然保护区生态系统碳汇总量增幅最小，仅为 2.57%。

2.1.4 生态系统碳汇保护空缺

通过全国生态系统碳汇高值区域、退化区域与国家重点生态功能区、国家级自然保护区的叠加分析，识别我国生态系统碳汇保护空缺。

根据 2000—2018 年以斑块为基本单元的全国生态系统碳汇时间序列，我国生态系统碳汇高值区域、退化区域面积分别为 245.70 万 km^2、88.06 万 km^2。

扣除重叠部分，我国尚未纳入国家重点生态功能区和国家级自然保护区的生态系统碳汇高值区域、退化区域面积分别为 156.86 万 km^2、54.44 万 km^2，分别占全国生态系统碳汇高值区域、退化区域总面积的 63.84%、61.82%。综上，全国 60% 以上的生态系统碳汇高值区域和退化区域尚未得到严格保护。

2.1.5 主要结论

本研究以绿色植物通过光合作用吸收、固定二氧化碳形成的生态系统碳汇为主线，以国土空间斑块为基本单元，对全国生态系统碳汇进行评估核算。一是确保全国生态系统碳汇评估核算结果在时间上、空间上的连续性，满足碳达峰碳中和监督考核与生态环境分区管控的需求；二是避免不同类型生态系统及其主管部门对于生态系统碳汇监管的争议，利于生态环境部门实施统一监管；三是避免各地对于经济社会发展需求和生态系统碳汇监管的争议，利于确保全国碳达峰碳中和目标实现。

本研究的主要结论包括：

1）我国生态系统碳汇呈较稳定的增加趋势。与 2000 年相比，2018 年全国生态系统碳汇总量增加 19.82%，生态系统碳汇面积增加 0.08%，单位面积碳汇增加 19.73%，生态系统碳汇高值区域增加 35.63%；生态系统碳汇退化区域占全国生态系统碳汇总面积的 12.88%。

2）我国生态系统碳汇分布具有显著的地域差异和聚集趋势。其中，生态系统碳汇高值区域主要分布在华南、西南、东南沿海地区及大小兴安岭地区；华南、西南等长江以南地区及新疆等地的生态系统碳汇退化比例相对较高。

3）国家重点生态功能区和自然保护区是持续巩固提升碳汇能力的重点区域。2018 年，国家重点生态功能区、国家级自然保护区内分布的生态系统碳汇高值区域分别占全国生态系统碳汇高值区域总面积的 33.02%、3.61%。2010—2018 年国家重点生态功能区及各类国家级自然保护区生态系统碳汇呈增加趋势。

4）全国 60%以上的生态系统碳汇高值区域和退化区域尚未纳入国家重点生态功能区和国家级自然保护区，尚未得到严格保护。其中，全国尚未纳入国家重点生态功能区和国家级自然保护区的生态系统碳汇高值区域比例、退化区域比例分别为 63.84%、61.82%。

2.2 生态系统碳汇认证条件和认证标准

2.2.1 生态系统碳汇认证现状

（1）碳汇定义

《林业碳汇计量监测术语》（LY/T 3253—2021）发布于 2021 年 6 月 30 日，2022 年 1 月 1 日正式实施。该标准由国家林业和草原局调查规划设计院、国家林业和草原局生态修复司负责起草，提供了 180 个碳汇相关术语解释，选词范围覆盖林业碳汇计量和监测主要内容的术语，纳入林业碳汇计量和监测的框架词、关键词和有歧义的词汇，为林业碳汇计量监测、清单编制人员和决策者提供参考。其中，该标准对森林碳汇的定义为森林植物群落通过光合作用吸收大气中的二氧化碳将其固定在森林植被和土壤中的所有过程、活动和机制。

《造林项目碳汇计量监测指南》（LY/T 2253—2014）发布于 2014 年 8 月 21 日，2014 年 12 月 1 日正式实施。该标准由中国林业科学研究院森林生态环境与保护研究所、大自然保护协会等单位负责起草，规定了造林项目碳汇计量监测的基线和碳计量方法、监测程序等技术内容和要求。其中，该标准对碳汇的定义为从大气中清除二氧化碳的过程、活动或机制。

《区域陆地碳汇评估技术指南》（T/CMSA 0027—2022）发布于 2022 年 4 月 18 日，2022 年 4 月 18 日正式实施。该标准由中国科学院地理科学与资源研究所、中国农业科学院农业环境与可持续发展研究所等单位起草，中国气象服务协会发布。这是国内首个区域碳汇团体标准，制定了与国际接轨并适合我国国情的区域陆地碳汇计量技术体系，明确了区域陆地碳汇评估的原则、方法、数据来源和评估质量评价等内容，填补了当前我国区域陆地碳汇评估标准的空白，是提高我国应对气候变化的能力、服务我国碳达峰和碳中和战略目标的关键技术手段。本标准适用于省（自治区、直辖市）、市（地区、州、盟）、县（自治县、市）、乡（民族乡、镇）等行政单元，或者国家公园、自然保护区、森林公园、湿地公园、风景名胜区等兴趣区的区域陆地碳汇评估。该标准对陆地生态系统碳汇的定义为陆地生态系统在一定时间内通过光合作用所储存的大气二氧化碳总量，一般用净生态系统生产力进行测度。

《城市森林碳汇计量监测技术规程》（DB31/T 1234—2020）发布于 2020 年 7 月 6 日，2020 年 12 月 1 日正式实施。该标准由上海市园林科学规划研究院、上海同际碳咨询服务有限公司、上海市林业总站起草，由上海市市场监督管理局发布。该标准规定了城市碳汇计量监测的碳库确定与选择、计量监测的技术方法与相关要求，适用于开展城市森林的碳汇计量监测工作，用于计量监测城市森林的碳储量、碳储量变化量及林地转化造成的碳变化量。其中，该标准对森林碳汇的定义为森林植物群落通过光合作用吸收大气中的二氧化碳将其固定在森林植被和土壤中的所有过程、活动和机制。

《林业碳汇计量与监测技术规程》（DB44/T 1917—2016）发布于 2016 年 9 月 30 日，2017 年 1 月 1 日正式实施。该标准由广东省林业科学研究院、广东省林业厅、广东省林业调查规划院起草，由广东省质量技术监督局发布。该标准规定了林业碳汇计量监测的基本原则、基线和碳汇计量方法、碳汇监测程序与方法等技术要求，适用于林业碳汇的计量与监测。其中，该标准对森林碳汇的定义为通过实施造林再造林和森林经营、植被恢复、减少毁林等活动，吸收并固定大气中的二氧化碳并与碳汇交易相结合的过程、活动或机制。

《造林项目碳汇计量监测指南》（LY/T 2253—2014）将碳汇定义为从大气中清除二氧化碳的过程、活动或机制；《区域陆地碳汇评估技术指南》（T/CMSA 0027—2022）将陆地生态系统碳汇定义为陆地生态系统在一定时间内通过光合作用所储存的大气二氧化碳总量；《林业碳汇计量监测术语》（LY/T 3253—2021）、《城市森林碳汇计量监测技术规程》（DB31/T 1234—2020）将森林碳汇定义为森林植物群落通过光合作用吸收大气中的二氧化碳将其固定在森林植被和土壤中的所有过程、活动和机制；《林业碳汇计量与监测技术规程》（DB44/T 1917—2016）将森林碳汇定义为通过实施造林再造林和森林经营、植被恢复、减少毁林等活动，吸收并固定大气中的二氧化碳并与碳汇交易相结合的过程、活动或机制。根据现有各类碳汇认证的文件，碳汇核心定义主要为以绿色植物通过光合作用吸收、固定二氧化碳的过程、活动或机制。

（2）认证标准

2021 年 12 月 31 日，我国第一个林业碳汇国家标准《林业碳汇项目审定和核证指南》（GB/T 41198—2021）发布并正式实施。该标准由国家林业和草原局归口上报及执行，主管部门为国家林业和草原局。该标准确定了审定和核证林业碳汇项目的基本原则，提供了林业碳汇项目审定和核证的程序、内容和方法等方面的指导和建议。该标准适用于中国温室气体自愿减排市场林业碳汇项目的审定和核证。其他碳减排机制或市场下的林业碳汇项目审定和核证可参照使用。

2022年2月,生态环境部南京环境科学研究所有机中心联合南京农业大学,基于10余年来分布在全国的500个试验点的1600余条土壤碳、1100余条甲烷和1200余条氧化亚氮(N_2O)的观测数据,成功构建了旱田N_2O排放模型、稻田N_2O和CH_4排放模型及土壤有机碳模型,实现了准确评价农产品生产过程中的净温室气体排放量。在此基础上,完成了我国首部《零碳负碳农产品温室气体排放评价技术规范》,编制了《零碳负碳农产品认证实施规则》,并在国家市场监督管理总局成功备案,积极开展零碳农产品认证。目前,已经在全国颁发了近20张零碳农产品认证证书,认证结果得到了盒马新零售商等相关方的广泛采信,获得了学习强国、《新华日报》、央广网等媒体的广泛关注报道。

《碳汇造林项目监测报告编制指南》(LY/T 2744—2016)与《碳汇造林项目设计文件编制指南》(LY/T 2743—2016)均由国家林业局批准发布,2017年1月1日正式实施,分别规定了编制碳汇造林项目监测报告、碳汇造林项目设计文件的内容和格式。

(3)核算方法

《区域陆地碳汇评估技术指南》(T/CMSA 0027—2022)明确了区域陆地碳汇评估的原则、方法、数据来源和评估质量评价等内容。该标准评估方法主要如下:

区域陆地碳汇是评估区域内所有陆地生态系统净生态系统生产力(NEP)之和。评估指标包括总初级生产力(GPP)、净初级生产力(NPP)、植物自养呼吸(R_a)、土壤异养呼吸(R_h)、生态系统总呼吸(R_e)和净生态系统生产力(NEP),计算公式为

$$NEP = NPP - R_h \tag{2-1}$$

$$NPP = GPP - R_a \tag{2-2}$$

$$NEP = GPP - R_a - R_h \tag{2-3}$$

式中,NEP——净生态系统生产力,g/($m^2·a$);

GPP——总初级生产力,g/($m^2·a$);

NPP——净初级生产力,g/($m^2·a$);

R_a——植物自养呼吸,g/($m^2·a$);

R_h——土壤异养呼吸,g/($m^2·a$)。

《林业碳汇计量监测体系建设规范 第2部分:森林碳汇监测方法》(DB37/T 4203.2—2020)规定了林业碳汇计量监测体系建设中森林碳汇调查监测方法和数据统计等内容,适用于省级、县级和项目级3个尺度的森林碳汇基础数据的调查监测。该标准主要以立

木蓄积量作为森林碳汇监测指标。

《林业碳汇计量监测体系建设规范 第3部分：森林碳储量计算》（DB37/T 4203.3—2020）规定了林业碳汇计量监测体系中森林碳储量计算的术语和意义、森林碳库生物量计算、森林碳库碳储量计算和竹林、经济林、灌木林碳储量等内容，适用于林业碳汇计量监测工作中森林生物量和碳储量的计算。该标准主要以地上立木蓄积量、地下生物量总量的和作为森林碳储量的监测指标。

《城市森林碳汇计量监测技术规程》（DB31/T 1234—2020）主要以地上生物量、地下生物量、枯落物、枯死木和土壤碳储量作为城市森林碳汇。

《林业碳汇计量检测体系建设技术规范》（DB23/T 2475—2019）由东北林业大学、黑龙江省林业监测规划院等单位起草，由黑龙江省市场监督管理局发布。该标准规定了林业碳汇计量的原则、监测范围、监测期、监测内容、体系建设和建设成果，适用于林业碳汇计量监测体系建设。该标准以地上生物量、地下生物量、枯落物和土壤有机碳5个碳库为计量监测碳库。

《林业碳汇计量与监测技术规程》（DB44/T 1917—2016）采用生物量扩展因子法计算项目期内不同时间基线情景下散生木的地上生物量和地下生物量碳库中的碳储量作为碳汇计量。

根据《林业碳汇计量监测体系建设规范 第2部分：森林碳汇监测方法》（DB37/T 4203.2—2020）、《林业碳汇计量监测体系建设规范 第3部分：森林碳储量计算》（DB37/T 4203.3—2020）、《城市森林碳汇计量监测技术规程》（DB31/T 1234—2020）、《林业碳汇计量检测体系建设技术规范》（DB23/T 2475—2019）、《林业碳汇计量与监测技术规程》（DB44/T 1917—2016）等标准文件，碳汇的核心方法以核算林木蓄积量、计量地上地下的生物量为主。

目前，我国生态系统碳汇认证相关标准文件多处在起草阶段（《中国森林认证 森林碳汇》《陆地生态系统碳汇核算指南》），且以森林生态系统碳汇为主，生态系统类型较为单一，无法体现生态系统碳汇的类型差异。多数标准以碳储量作为碳汇核算的指标，认证、核算过程以样方法为主，易受人为因素影响。

2.2.2 生态系统碳汇认证条件

目前生态系统碳汇可分为管理碳汇和交易碳汇。
（1）管理碳汇
管理碳汇是指尚未参与碳排放权交易但其碳汇能力客观存在的生态系统碳汇，如草地、湿地、农田等生态系统碳汇。植物光合作用是各类生态系统碳汇的共同机理,绿色植物通过光合作用吸收大气中的二氧化碳并固定在植物体或土壤中即可认定为生态系统碳汇。

(2) 交易碳汇

交易碳汇是指可参与碳排放权交易的生态系统碳汇,目前以森林生态系统碳汇为主。IPCC《土地利用、土地利用变化和林业方面的优良做法指南》规定陆地包含 5 个碳库,分别为地上部生物量、地下部生物量、枯死木、枯落物及土壤有机质碳库,同时 IPCC(2006)建议以收获为目的的林地需要增加木质林产品碳库。目前,国家核证自愿减排量(CCER)林业碳汇项目方法学共有 4 个,各方法学中碳库的选择如表 2-2 所示。

表 2-2　CCER 林业碳汇项目方法学碳库选择情况

方法学	地上生物量	地下生物量	枯落物	枯死木	土壤有机质	木质林产品
碳汇造林项目方法学	Y	Y	O	O	O	O
竹子造林碳汇项目方法学	Y	Y	O	N	O	O
森林经营碳汇项目方法学	Y	Y	O	O	N	O
竹林经营碳汇项目方法学	Y	Y	N	N	O	O

注:Y 表示必选碳库;N 表示不需包含碳库;O 表示可选择碳库,是否选择需要根据具体项目情况决定。

采用 4 种 CCER 林业碳汇项目方法学任意一种认定方法,并通过审定机构对完成林业碳汇项目设计文件(PDD)及相关证明材料文件审定后的碳汇即可被认定为生态系统碳汇。

2.2.3　生态系统碳汇认证标准

(1) 区域碳汇量

区域碳汇量为尚未参与碳排放权交易但其碳汇能力客观存在的生态系统碳汇量。因各类生态系统碳汇量呈动态变化,与年降水量、增温等气候条件、生态系统面积变化等因素紧密相关,即可采用区域多年平均碳汇量(单位面积多年碳汇平均量)进行核算,忽略自然原因导致生态系统碳汇量变化的影响。

目前生态系统碳汇评估核算研究的主要区别在于植物生物量的数据来源,包括调查监测、模型模拟、遥感等数据。其中,遥感数据具有大面积同步观测、更新周期短、可比性强等优势,适于国家尺度、长时间序列的生态系统碳汇评估核算。鉴于此,利用以 500 m×500 m 斑块为基本单元的植物净初级生产力遥感数据、生物量与碳储量转换因子关系、植物枯损模型、生物量-碳转换模型、ArcGIS 数据处理功能，对各斑块的生态系统碳汇进行评估核算和汇总。

碳汇能力由生态系统碳汇年度总量，即绿色植物每年通过光合作用吸收、固定的二氧化碳量来表征，是对生态系统碳汇的直接度量，可用于碳达峰碳中和状态的科学判断特别是二氧化碳吸收量的精准衡量。

（2）交易碳汇量

1）碳库选择。在森林保护项目情景中无以木材为目的的采伐情况，在基线情景中木质林产品碳库远大于项目情景，木质林产品碳库为必选碳库。森林保护碳汇项目开展前后碳库变化如表 2-3 所示。

表 2-3　森林保护碳汇项目开展前后碳库变化量

碳库	基线情景	项目情景	是否选择
地上生物量	有（采伐更新）	有	是
地下生物量	有	有	否
枯落物	有	有	是
枯死木	有（采伐剩余物）	有（自然状态）	是
土壤有机质	有	有	否
木质林产品	有	无	是

通过对比分析，森林保护碳汇项目碳库包括地上生物量、枯死木、枯落物及木质林产品碳库。

2）基线碳储量计算。基线情景下碳储量的计量是项目碳汇量计算的基础。根据已选碳库可知，需要计算采伐过程中产生的枯死木的排放量、枯落物碳储量、木质林产品生产及使用过程中氧化引起的排放量、采伐后林木更新引起的碳储量变化量。林木碳储量是利用生物量含碳率将林木生物量转化为碳含量。根据数据的可获得性，选择蓄积法、生物量扩展因子法来计算基线碳储量（刘欢等，2018）。计算公式如下：

$$C_{HB\_BSL} = V_{EX\_BSL} \times BEF \times WD \times CF \tag{2-4}$$

$$C_{EX\_BSL} = V_{EX\_BSL} \times WD \times CF \tag{2-5}$$

式中，C_{HB_BSL}——平均单位面积采伐林木碳储量，t/hm^2；

V_{EX_BSL}——平均单位面积商品材采伐量，m^3/hm^2；

CF——生物质含碳率，%；

BEF——树种生物量扩展因子；

$C_{\text{EX\_BSL}}$——平均单位面积商品材采伐量碳储量，t/hm²；

WD——基本木材密度，t/m³。

3）项目情景碳储量。项目情景为实施森林保护活动下的土地利用和管理情景。根据已选碳库分别计算各碳库碳储量并求和计算项目情景碳储量。森林保护活动的目的为维持森林原生长状态，减少以收获木材为目的的采伐排放。根据我国森林经营现状，项目情景规定为无任何采伐活动或以改善林分卫生状况为目的的定株采伐。当无采伐活动发生时，项目情景木质林产品碳库碳储量为0；当项目情景为定株采伐时，其采伐排放量远小于森林增加的碳储量，保守估算项目情景下木质林产品碳库碳储量为0。项目情景下枯死木碳库为林木生长过程中自然衰老、枯死的全部死生物量，采用缺省值因子法及碳储量变化法计量其碳储量，计算公式为

$$C_{\text{DW\_PRJ}} = C_{\text{TREE}} \times \text{DF}_{\text{DW}} \tag{2-6}$$

$$\Delta C_{\text{DW\_PRJ}} = \sum \frac{C_{\text{DW\_PRJ},t_2} - C_{\text{DW\_PRJ},t_1}}{t_2 - t_1} \tag{2-7}$$

式中，$C_{\text{DW\_PRJ}}$——项目情景中枯死木碳储量，t；

C_{TREE}——项目情景中林木碳储量，t；

DF_{DW}——项目区森林中枯死木碳储量与活立木碳储量的比值；

$\Delta C_{\text{DW\_PRJ}}$——t_1和t_2年间枯死木碳储量年变化量，t。

4）项目净碳储量。项目净碳储量为项目碳储量增量与基线碳储量增量的差值。假定项目计入期为t，在计入期$t_1 \sim t$期间，项目净碳储量为$C_{\text{净}}$，则

$$C_{\text{净}} = \Delta C_{\text{项目}} - \Delta C_{\text{基线}} \tag{2-8}$$

2.3 生态系统碳汇保护空间管控要求

2.3.1 生态系统碳汇保护空间分类

在生态环境分区管治的基础上，综合考虑生态系统碳汇功能与生物生产功能、其他生态功能的重叠关系，建立生态系统碳汇保护空间划定技术体系；按照维护我国发展碳排放权益、拓展未来发展碳排放空间的需求，综合考虑自然保护地、生态保护红线等生态功能重要区域和国土空间规划，划定生态系统碳汇核心管控区、一般管控区、后备区。

核心管控区是我国生态系统碳汇的高值区域，承担着巩固和提升碳汇的任务。核心

管控区包括禁止开发区域、自然保护地和生态保护红线。其中，禁止开发区域是《全国主体功能区规划》中确定的禁止开发区域，主要包括国家级自然保护区、世界文化自然遗产、国家森林公园、国家地质公园等；自然保护地是《关于建立以国家公园为主体的自然保护地体系的指导意见》中确定的自然保护地体系，主要包括国家公园、自然保护区、自然公园等；生态保护红线是《关于划定并严守生态保护红线的若干意见》中确定的生态保护红线。

一般管控区是生态系统碳汇的相对高值区域，以生态系统碳汇功能为主。一般管控区包括除核心管控区外的生态空间和生态系统碳汇高值区域。核心管控区外的生态空间是《全国主体功能区规划》中确定的限制开发区域（重点生态功能区）。

后备区是生态系统碳汇功能和生物生产功能交汇、重叠的区域，也是提升生态系统碳汇能力的重点区域。后备区包括农业空间和城市绿地。

2.3.2 核心管控区的管控要求

2.3.2.1 禁止开发区域

国家禁止开发区域是指有代表性的自然生态系统、珍稀濒危野生动植物物种的天然集中分布地、有特殊价值的自然遗迹所在地和文化遗址等，需要在国土空间开发中禁止进行工业化、城镇化开发的重点生态功能区。国家禁止开发区域要依据法律法规规定和相关规划实施强制性保护，严格控制人为因素对自然生态和文化自然遗产原真性、完整性的干扰，严禁不符合主体功能定位的各类开发活动，引导人口逐步有序转移，实现污染物"零排放"，提高环境质量。

（1）国家级自然保护区

国家级自然保护区是指经国务院批准设立，在国内外有典型意义、在科学上有重大国际影响或有特殊科学研究价值的自然保护区。要依据《中华人民共和国自然保护区条例》《全国主体功能区规划》确定的原则和自然保护区规划进行管理。

——按核心区、缓冲区和实验区分类管理。核心区，严禁任何生产建设活动；缓冲区，除必要的科学实验活动外，严禁其他任何生产建设活动；实验区，除必要的科学实验以及符合自然保护区规划的旅游、种植业和畜牧业等活动外，严禁其他生产建设活动。

——按核心区、缓冲区、实验区的顺序，逐步转移自然保护区的人口。绝大多数自然保护区核心区应逐步实现无人居住，缓冲区和实验区也应较大幅减少人口。

——根据自然保护区的实际情况，实行异地转移和就地转移两种转移方式，一部分人口转移到自然保护区以外，另一部分人口就地转为自然保护区管护人员。

——在不影响自然保护区主体功能的前提下，对范围较大、目前核心区人口较多的，可以保持适量的人口规模和适度的农牧业活动，同时通过生活补助等途径，确保人民生活水平稳步提高。

——交通、通信、电网等基础设施要慎重建设，能避则避，必须穿越的，要符合自然保护区规划，并进行保护区影响专题评价。新建公路、铁路和其他基础设施不得穿越自然保护区核心区，尽量避免穿越缓冲区。

（2）世界文化自然遗产

世界文化自然遗产是指根据联合国教科文组织《保护世界文化和自然遗产公约》，列入《世界遗产名录》的我国文化自然遗产。要依据《保护世界文化和自然遗产公约》《实施世界遗产公约操作指南》《全国主体功能区规划》确定的原则和文化自然遗产规划进行管理。

——加强对遗产原真性的保护,保持遗产在艺术、历史、社会和科学方面的特殊价值。加强对遗产完整性的保护，保持遗产未被人扰动过的原始状态。

（3）国家级风景名胜区

国家级风景名胜区是指经国务院批准设立，具有重要的观赏、文化或科学价值，景观独特，国内外著名，规模较大的风景名胜区。要依据《风景名胜区条例》《全国主体功能区规划》确定的原则和风景名胜区规划进行管理。

——严格保护风景名胜区内一切景物和自然环境，不得破坏或随意改变。

——严格控制人工景观建设。

——禁止在风景名胜区从事与风景名胜资源无关的生产建设活动。

——建设旅游设施及其他基础设施等必须符合风景名胜区规划,逐步拆除违反规划建设的设施。

——根据资源状况和环境容量对旅游规模进行有效控制，不得对景物、水体、植被及其他野生动植物资源等造成损害。

（4）国家森林公园

国家森林公园是指具有国家重要森林风景资源，自然人文景观独特，观赏、游憩、教育价值高的森林公园。要依据《中华人民共和国森林法》《中华人民共和国森林法实施条例》《中华人民共和国野生植物保护条例》《森林公园管理办法》《全国主体功能区规划》确定的原则和森林公园规划进行管理。

——除必要的保护设施和附属设施外，禁止从事与资源保护无关的任何生产建设活动。

——在森林公园内以及可能对森林公园造成影响的周边地区，禁止进行采石、取土、开矿、放牧以及非抚育和更新性采伐等活动。

——建设旅游设施及其他基础设施等必须符合森林公园规划，逐步拆除违反规划建设的设施。

——根据资源状况和环境容量对旅游规模进行有效控制，不得对森林及其他野生动植物资源等造成损害。

——不得随意占用、征用和转让林地。

（5）国家地质公园

国家地质公园是指以具有国家级特殊地质科学意义、较高的美学观赏价值的地质遗迹为主体，并融合其他自然景观与人文景观而构成的一种独特的自然区域。要依据《世界地质公园网络工作指南》《全国主体功能区规划》确定的原则和地质公园规划进行管理。

——除必要的保护设施和附属设施外，禁止其他生产建设活动。

——在地质公园及可能对地质公园造成影响的周边地区，禁止进行采石、取土、开矿、放牧、砍伐以及其他对保护对象有损害的活动。

——未经管理机构批准，不得在地质公园范围内采集标本和化石。

2.3.2.2 自然保护地

按照自然生态系统原真性、整体性、系统性及其内在规律，依据管理目标与效能并借鉴国际经验，将自然保护地按生态价值和保护强度高低依次分为国家公园、自然保护区、自然公园3类。

国家公园是指以保护具有国家代表性的自然生态系统为主要目的，实现自然资源科学保护和合理利用的特定陆域或海域，是我国自然生态系统中最重要、自然景观最独特、自然遗产最精华、生物多样性最富集的部分，保护范围大，生态过程完整，具有全球价值、国家象征，国民认同度高。

自然保护区是指保护典型的自然生态系统、珍稀濒危野生动植物种的天然集中分布区、有特殊意义的自然遗迹的区域。具有较大面积，确保主要保护对象安全，维持和恢复珍稀濒危野生动植物种群数量及赖以生存的栖息环境。

自然公园是指保护重要的自然生态系统、自然遗迹和自然景观，具有生态、观赏、文化和科学价值，可持续利用的区域。确保森林、海洋、湿地、水域、冰川、草原、生物等珍贵自然资源，以及所承载的景观、地质地貌和文化多样性得到有效保护。自然公园包括森林公园、地质公园、海洋公园、湿地公园等各类自然公园。

（1）国家公园

国家公园应当根据功能定位进行合理分区，划为核心保护区和一般控制区，实行分区管控。国家公园范围内自然生态系统保存完整、代表性强，核心资源集中分布，或者生态脆弱需要休养生息的区域应当划为核心保护区。国家公园核心保护区以外的区域划为一般控制区。

国家公园核心保护区原则上禁止人为活动。国家公园管理机构在确保主要保护对象和生态环境不受损害的情况下，可以按照有关法律法规政策，开展或者允许开展下列活动：

——管护巡护、调查监测、防灾减灾、应急救援等活动及必要的设施修筑，以及因有害生物防治、外来物种入侵等开展的生态修复、病虫害动植物清理等活动；

——暂时不能搬迁的原住居民，可以在不扩大现有规模的前提下，开展生活必要的种植、放牧、采集、捕捞、养殖等生产活动，修缮生产生活设施；

——国家特殊战略、国防和军队建设、军事行动等需要修筑设施、开展调查和勘查等相关活动；

——国务院批准的其他活动。

国家公园一般控制区禁止开发性、生产性建设活动，国家公园管理机构在确保生态功能不造成破坏的情况下，可以按照有关法律法规政策，开展或者允许开展下列有限人为活动：

——核心保护区允许开展的活动；

——因国家重大能源资源安全需要开展的战略性能源资源勘查，公益性自然资源调查和地质勘查；

——自然资源、生态环境监测和执法，包括水文水资源监测及涉水违法事件的查处等，灾害防治和应急抢险活动；

——经依法批准进行的非破坏性科学研究观测、标本采集；

——经依法批准的考古调查发掘和文物保护活动；

——不破坏生态功能的生态旅游和相关的必要公共设施建设；

——必须且无法避让、符合县级以上国土空间规划的线性基础设施建设、防洪和供水设施建设与运行维护；

——重要生态修复工程，在严格落实草畜平衡制度要求的前提下开展适度放牧，以及在集体和个人所有的人工商品林内开展必要的经营；

——法律、行政法规规定的其他活动。

国家公园管理机构应当按照依法、自愿、有偿的原则，探索通过租赁、合作、设立保护地役权等方式对国家公园内集体所有土地及其附属资源实施管理，在确保维护产权人权益的前提下，探索通过赎买、置换等方式将集体所有商品林或其他集体资产转为全民所有自然资源资产，实现统一保护。

国家公园管理机构应当组织对国家公园内自然资源、人文资源和经济社会状况等开展调查监测和统计分析，形成本底资源数据库。

国家林业和草原局（国家公园管理局）会同国务院有关部门建立自然资源统一调查监测评价体系，掌握国家公园内自然资源、生态状况、人类活动等现状及动态变化情况，定期将变化点位推送国家公园管理机构进行核实。

国家公园内退化自然生态系统修复、生态廊道连通、重要栖息地恢复等生态修复活动应当坚持自然恢复为主，确有必要开展人工修复活动的，应当经科学论证。

国家公园管理机构应当建立巡护巡查制度，组织专业巡护队伍，开展日常巡查工作，及时掌握人类活动和资源动态变化情况。国家公园管理机构应当加强国家公园科研能力建设，组织开展生态保护和修复、文化传承、生态旅游、风险管控和生态监测等科学技术的研究、推广和应用。国家公园管理机构应当配合所在地县级以上地方人民政府清理规范国家公园区域内不符合管控要求的矿业权、水电开发等项目，落实矛盾冲突处置方案，通过分类处置方式有序退出。国家公园管理机构应当依法履行森林草原防火、防灾减灾、安全生产责任，建立防灾减灾和应急保障机制，组建专业队伍，制定突发事件应急预案，预防和应对各类自然灾害。国家公园管理机构应当会同国家公园所在地县级以上地方人民政府防控国家公园内野生动物致害，依法对受法律法规保护的野生动物造成的人员伤亡、农作物或其他财产损失开展野生动物致害补偿。

（2）自然保护区

国家级自然保护区，由其所在地的省、自治区、直辖市人民政府有关自然保护区行政主管部门或者国务院有关自然保护区行政主管部门管理。地方级自然保护区，由其所在地的县级以上地方人民政府有关自然保护区行政主管部门管理。

有关自然保护区行政主管部门应当在自然保护区内设立专门的管理机构，配备专业技术人员，负责自然保护区的具体管理工作。

自然保护区管理机构的主要职责是：

——贯彻执行国家有关自然保护的法律、法规和方针、政策；

——制定自然保护区的各项管理制度，统一管理自然保护区；

——调查自然资源并建立档案，组织环境监测，保护自然保护区内的自然环境和自然资源；

——组织或者协助有关部门开展自然保护区的科学研究工作；

——进行自然保护的宣传教育；

——在不影响保护自然保护区的自然环境和自然资源的前提下，组织开展参观、旅游等活动。

管理自然保护区所需经费，由自然保护区所在地的县级以上地方人民政府安排。国家对国家级自然保护区的管理，给予适当的资金补助。自然保护区所在地的公安机关，可以根据需要在自然保护区设置公安派出机构，维护自然保护区内的治安秩序。在自然保护区内的单位、居民和经批准进入自然保护区的人员，必须遵守自然保护区的各项管理制度，接受自然保护区管理机构的管理。禁止在自然保护区内进行砍伐、放牧、狩猎、捕捞、采药、开垦、烧荒、开矿、采石、挖沙等活动；但是法律、行政法规另有规定的除外。

禁止任何人进入自然保护区的核心区。因科学研究的需要，必须进入核心区从事科学研究观测、调查活动的，应当事先向自然保护区管理机构提交申请和活动计划，并经自然保护区管理机构批准；其中，进入国家级自然保护区核心区的，应当经省、自治区、直辖市人民政府有关自然保护区行政主管部门批准。自然保护区核心区内原有居民确有必要迁出的，由自然保护区所在地的地方人民政府予以妥善安置。

禁止在自然保护区的缓冲区开展旅游和生产经营活动。因教学科研的目的，需要进入自然保护区的缓冲区从事非破坏性的科学研究、教学实习和标本采集活动的，应当事先向自然保护区管理机构提交申请和活动计划，经自然保护区管理机构批准。从事前款活动的单位和个人，应当将其活动成果的副本提交自然保护区管理机构。在自然保护区的实验区内开展参观、旅游活动的，由自然保护区管理机构编制方案，方案应当符合自然保护区管理目标。在自然保护区组织参观、旅游活动的，应当严格按照前款规定的方案进行，并加强管理；进入自然保护区参观、旅游的单位和个人，应当服从自然保护区管理机构的管理。严禁开设与自然保护区保护方向不一致的参观、旅游项目。

自然保护区的内部未分区的，依照有关核心区和缓冲区的规定管理。

外国人进入自然保护区，应当事先向自然保护区管理机构提交活动计划，并经自然保护区管理机构批准；其中，进入国家级自然保护区的，应当经省、自治区、直辖市生态环境、海洋、渔业等有关自然保护区行政主管部门按照各自职责批准。进入自然保护区的外国人，应当遵守有关自然保护区的法律、法规和规定，未经批准，不得在自然保护区内从事采集标本等活动。

在自然保护区的核心区和缓冲区内,不得建设任何生产设施。在自然保护区的实验区内,不得建设污染环境、破坏资源或者景观的生产设施;建设其他项目,其污染物排放不得超过国家和地方规定的污染物排放标准。在自然保护区的实验区内已经建成的设施,其污染物排放超过国家和地方规定的排放标准的,应当限期治理;造成损害的,必须采取补救措施。在自然保护区的外围保护地带建设的项目,不得损害自然保护区内的环境质量;已造成损害的,应当限期治理。限期治理决定由法律、法规规定的机关作出,被限期治理的企业事业单位必须按期完成治理任务。

因发生事故或者其他突然性事件,造成或者可能造成自然保护区污染或者破坏的单位和个人,必须立即采取措施处理,及时通报可能受到危害的单位和居民,并向自然保护区管理机构、当地生态环境主管部门和自然保护区行政主管部门报告,接受调查处理。

(3) 自然公园

自然公园原则上按一般控制区管理,限制人为活动。

2.3.2.3 生态保护红线

(1) 加强人为活动管控

规范管控对生态功能不造成破坏的有限人为活动。生态保护红线是国土空间规划中的重要管控边界,生态保护红线内自然保护地核心保护区外,禁止开发性、生产性建设活动,在符合法律法规的前提下,仅允许以下对生态功能不造成破坏的有限人为活动。生态保护红线内自然保护区、风景名胜区、饮用水水源保护区等区域,依照法律法规执行。

——管护巡护、保护执法、科学研究、调查监测、测绘导航、防灾减灾救灾、军事国防、疫情防控等活动及相关的必要设施修筑。

——原住居民和其他合法权益主体,允许在不扩大现有建设用地、用海用岛、耕地、水产养殖规模和放牧强度(符合草畜平衡管理规定)的前提下,开展种植、放牧、捕捞、养殖(不包括投礁型海洋牧场、围海养殖)等活动,修筑生产生活设施。

——经依法批准的考古调查发掘、古生物化石调查发掘、标本采集和文物保护活动。

——按规定对人工商品林进行抚育采伐,或以提升森林质量、优化栖息地、建设生物防火隔离带等为目的的树种更新,依法开展的竹林采伐经营。

——不破坏生态功能的适度参观旅游、科普宣教及符合相关规划的配套性服务设施和相关的必要公共设施建设及维护。

——必须且无法避让、符合县级以上国土空间规划的线性基础设施、通信和防洪、供水设施建设和船舶航行、航道疏浚清淤等活动；已有的合法水利、交通运输等设施运行维护改造。

——地质调查与矿产资源勘查开采。包括：基础地质调查和战略性矿产资源远景调查等公益性工作；铀矿勘查开采活动，可办理矿业权登记；已依法设立的油气探矿权继续勘查活动，可办理探矿权延续、变更（不含扩大勘查区块范围）、保留、注销，当发现可供开采油气资源并探明储量时，可将开采拟占用的地表或海域范围依照国家相关规定调出生态保护红线；已依法设立的油气采矿权不扩大用地、用海范围，继续开采，可办理采矿权延续、变更（不含扩大矿区范围）、注销；已依法设立的矿泉水和地热采矿权，在不超出已经核定的生产规模、不新增生产设施的前提下继续开采，可办理采矿权延续、变更（不含扩大矿区范围）、注销；已依法设立和新立铬、铜、镍、锂、钴、锆、钾盐、（中）重稀土矿等战略性矿产探矿权开展勘查活动，可办理探矿权登记，因国家战略需要开展开采活动的，可办理采矿权登记。上述勘查开采活动，应落实减缓生态环境影响措施，严格执行绿色勘查、开采及矿山环境生态修复相关要求。

——依据县级以上国土空间规划和生态保护修复专项规划开展的生态修复。

——根据我国相关法律法规和与邻国签署的国界管理制度协定（条约）开展的边界边境通视道清理以及界务工程的修建、维护和拆除工作。

——法律法规规定允许的其他人为活动。

开展上述活动时禁止新增填海造地和新增围海。上述活动涉及利用无居民海岛的，原则上仅允许按照相关规定对海岛自然岸线、表面积、岛体、植被改变轻微的低影响利用方式。

加强有限人为活动管理。上述生态保护红线管控范围内有限人为活动，涉及新增建设用地、用海用岛审批的，在报批农用地转用、土地征收、海域使用权、无居民海岛开发利用时，附省级人民政府出具符合生态保护红线内允许有限人为活动的认定意见；不涉及新增建设用地、用海用岛审批的，按有关规定进行管理，无明确规定的由省级人民政府制定具体监管办法。上述活动涉及自然保护地的，应征求林业和草原主管部门或自然保护地管理机构意见。

有序处理历史遗留问题。生态保护红线经国务院批准后，对需逐步有序退出的矿业权等，由省级人民政府按照尊重历史、实事求是的原则，结合实际制订退出计划，明确时序安排、补偿安置、生态修复等要求，确保生态安全和社会稳定。鼓励有条件的地方通过租赁、置换、赎买等方式，对人工商品林实行统一管护，并将重要生态区位的人工商品林按规定逐步转为公益林。零星分布的已有水电、风电、光伏、海洋能设施，按照相关法律法规规定进行管理，严禁扩大现有规模与范围，项目到期后由建设单位负责做好生态修复。

（2）规范占用生态保护红线用地用海用岛审批

上述允许的有限人为活动之外，确需占用生态保护红线的国家重大项目，按照以下规定办理用地用海用岛审批。

项目范围：党中央、国务院发布文件或批准规划中明确具体名称的项目和国务院批准的项目；中央军委及其有关部门批准的军事国防项目；国家级规划（指国务院及其有关部门正式颁布）明确的交通、水利项目；国家级规划明确的电网项目，国家级规划明确的且符合国家产业政策的能源矿产勘查开采、油气管线、水电、核电项目；为贯彻落实党中央、国务院重大决策部署，国务院投资主管部门或国务院投资主管部门会同有关部门确认的交通、能源、水利等基础设施项目；按照国家重大项目用地保障工作机制要求，国家发展改革委会同有关部门确认的需中央加大建设用地保障力度，确实难以避让的国家重大项目。

办理要求：上述项目（不含新增填海造地和新增用岛）按规定由自然资源部进行用地用海预审后，报国务院批准。报批农用地转用、土地征收、海域使用权时，附省级人民政府基于国土空间规划"一张图"和用途管制要求出具的不可避让论证意见，说明占用生态保护红线的必要性、节约集约和减缓生态环境影响措施。国家重大项目新增填海造地、新增用岛确需在生态保护红线内实施的，省级人民政府应同步编制生态保护红线调整方案，调整方案随海域使用权、无居民海岛开发利用申请一并报国务院批准。占用生态保护红线的国家重大项目，应严格落实生态环境分区管控要求，依法开展环境影响评价。

生态保护红线内允许的有限人为活动和国家重大项目占用生态保护红线涉及临时用地的，按照自然资源部关于规范临时用地管理的有关要求，参照临时占用永久基本农田规定办理，严格落实恢复责任。

（3）严格生态保护红线监管

数据化共享。生态保护红线划定方案经国务院批准后，应按照"统一底图、统一标准、统一规划、统一平台"的要求，逐级汇交纳入全国国土空间规划"一张图"，并与国家生态保护红线生态环境监督平台实现信息共享，作为国土空间规划实施监督、生态环境监督的重要内容和国土空间用途管制的重要依据。加强各部门数据和成果实时共享，提升空间治理现代化水平。

加大监管力度。各级自然资源主管部门会同相关部门，强化对生态保护红线实施情况的监督检查。各级自然资源主管部门要严格国土空间用途管制实施监督；各级生态环境主管部门要做好生态环境监督工作；各级林业和草原主管部门重点抓好自然保护地的监督管理。

各级自然资源主管部门对生态保护红线批准后发生的违法违规用地用海用岛行为，按照《中华人民共和国土地管理法》《中华人民共和国海域使用管理法》《中华人民共和国海岛保护法》《土地管理法实施条例》等法律法规规定从重处罚。处理情况在用地用海用岛报批报件材料中专门说明。破坏生态环境、破坏森林草原湿地或违反自然保护区风景名胜区管理规定，由生态环境、林业和草原主管部门按职责依照《中华人民共和国环境保护法》《中华人民共和国环境影响评价法》《中华人民共和国水污染防治法》《中华人民共和国海洋环境保护法》《中华人民共和国森林法》《中华人民共和国草原法》《中华人民共和国湿地保护法》《中华人民共和国自然保护区条例》《风景名胜区条例》《中华人民共和国森林法实施条例》等法律法规从重处罚。对自然保护地内进行非法开矿、修路、筑坝、建设造成生态破坏的违法行为移交生态环境保护综合行政执法部门。造成生态环境损害的，由所在地省级、市级政府及其指定的部门机构依法开展生态环境损害赔偿工作。

严格调整程序。生态保护红线一经划定，未经批准，严禁擅自调整。根据资源环境承载能力监测、生态保护重要性评价和国土空间规划实施"五年一评估"情况，可由省级人民政府编制生态保护红线局部调整方案，纳入国土空间规划修改方案报国务院批准，并抄送生态环境部。自然保护地边界发生调整的，省级自然资源主管部门依据批准文件，对生态保护红线作相应调整，更新国土空间规划"一张图"。已依法设立的油气探矿权拟转采矿权的，按有关规定由省级自然资源主管部门会同相关部门明确开采拟占用地表或海域范围，并对生态保护红线作相应调整，更新国土空间规划"一张图"。更新后的国土空间规划"一张图"，与省级生态环境部门信息共享。

2.3.2.4 生态系统碳汇核心管控区

根据《全国主体功能区规划》《关于建立以国家公园为主体的自然保护地体系的指导意见》《自然资源部 生态环境部 国家林业和草原局关于加强生态保护红线管理的通知（试行）》《国家公园管理暂行办法》《中华人民共和国自然保护区条例》等对于禁止开发区域、自然保护地、生态保护红线的有关要求，提出了生态系统碳汇核心管控区的管控要求，主要包括以下几个方面：

1）按碳汇能力分为核心区域和一般区域，实行分区管控。在生态系统碳汇核心管控区内，自然生态系统保存完整、碳汇能力强的区域划为核心区域，核心区域以外的区域划为一般区域。

2）核心区域严禁任何人为活动；一般区域，除必要的科学实验以及符合核心管控区规划的旅游、种植业和畜牧业等活动外，严禁其他开发性、建设活动。

3）按核心区域、一般区域的顺序逐步转移人口。核心区域逐步实现无人居住；一般区域应大幅减少人口。根据实际情况，实行异地转移和就地转移两种转移方式，一部分人口转移到生态系统碳汇核心管控区以外，另一部分人口就地转为生态系统碳汇核心管控区管护人员。

4）在生态系统碳汇核心管控区的单位、居民和经批准进入核心管控区的人员，必须遵守核心管控区管理制度，接受核心管控区管理机构的管理。

5）生态系统碳汇核心管控区管理机构的主要职责包括贯彻执行国家有关自然保护的法律、法规和方针、政策；制定核心管控区的各项管理制度，统一管理核心管控区；调查核心管控区生态系统碳汇并建立档案，组织生态系统碳汇监测评估，保护核心管控区内生态系统碳汇功能；组织或者协助有关部门开展核心管控区的科学研究工作；进行生态系统碳汇的宣传教育；在不影响保护核心管控区生态系统碳汇功能的前提下，组织开展参观、旅游等活动。

6）禁止在生态系统碳汇核心管控区进行砍伐、放牧、狩猎、捕捞、采药、开垦、烧荒、开矿、采石、挖沙等活动；法律、行政法规另有规定的除外。

7）交通、通信、电网等基础设施要慎重建设，能避则避，必须穿越的，要符合生态系统碳汇核心管控区规划，并进行影响专题评价。新建公路、铁路和其他基础设施不得穿越核心区域，尽量避免穿越一般区域。

8）生态系统碳汇核心区内退化自然生态系统修复、生态廊道连通、重要栖息地恢复等生态修复活动应当坚持自然恢复为主，确有必要开展人工修复活动的，应当经科学论证。

9）因发生事故或者其他突然性事件，造成或者可能造成生态系统碳汇核心管控区污染或者破坏的单位和个人，必须立即采取措施处理，及时通报可能受到危害的单位和居民，并向生态系统碳汇核心管控区管理机构、当地生态环境主管部门和行政主管部门报告，接受调查处理。

2.3.3　一般管控区的管控要求

2.3.3.1　生态空间

生态空间是指核心管控区以外具有自然属性的以提供生态服务或生态产品为主体功

能的国土空间,包括森林、草原、湿地、河流、湖泊、滩涂、荒地、荒漠等。

(1) 开发管制要求

对各类开发活动进行严格管制,尽可能减少对自然生态系统的干扰,不得损害生态系统的稳定性和完整性。

开发矿产资源、发展适宜产业和建设基础设施,都要控制在尽可能小的空间范围之内,并做到天然草地、林地、水库水面、河流水面、湖泊水面等绿色生态空间面积不减少。控制新增公路、铁路建设规模,必须新建的,应事先规划好动物迁徙通道。在有条件的地区之间,要通过水系、绿带等构建生态廊道,避免形成"生态孤岛"。

严格控制开发强度,逐步减少农村居民点占用的空间,腾出更多的空间用于维系生态系统的良性循环。城镇建设与工业开发要依托现有资源环境承载能力相对较强的城镇集中布局、据点式开发,禁止成片蔓延式扩张。原则上不再新建各类开发区和扩大现有工业开发区的面积,已有的工业开发区要逐步改造为低消耗、可循环、少排放、"零污染"的生态型工业区。

实行更加严格的产业准入环境标准,严把项目准入关。在不损害生态系统功能的前提下,因地制宜地适度发展旅游、农林牧产品生产和加工、观光休闲农业等产业,积极发展服务业,根据不同地区的情况,保持一定的经济增长速度和财政自给能力。

在现有城镇布局基础上进一步集约开发、集中建设,重点规划和建设资源环境承载能力相对较强的县城和中心镇,提高综合承载能力。引导一部分人口向城市化地区转移,另一部分人口向区域内的县城和中心镇转移。生态移民点应尽量集中布局到县城和中心镇,避免新建孤立的村落式移民社区。

加强县城和中心镇的道路、供排水、垃圾污水处理等基础设施建设。在条件适宜的地区,积极推广沼气、风能、太阳能、地热能等清洁能源,努力解决农村特别是山区、高原、草原和海岛地区农村的能源需求。在有条件的地区建设一批节能环保的生态型社区。健全公共服务体系,改善教育、医疗、文化等设施条件,提高公共服务供给能力和水平。

(2) 用途管制要求

生态保护红线原则上按禁止开发区域的要求进行管理。严禁不符合主体功能定位的各类开发活动,严禁任意改变用途,严格禁止任何单位和个人擅自占用和改变用地性质,鼓励按照规划开展维护、修复和提升生态功能的活动。因国家重大战略资源勘查需要,在不影响主体功能定位的前提下,经依法批准后予以安排。生态保护红线外的生态空间,原则上按限制开发区域的要求进行管理。按照生态空间用途分区,依法制定区域准入条件，明确允许、限制、禁止的产业和项目类型清单，根据空间规划确定的开发强度，提出城乡建设、工农业生产、矿产开发、旅游康体等活动的规模、强度、布局和环境保护等方面的要求，由同级人民政府予以公示。

从严控制生态空间转为城镇空间和农业空间，禁止生态保护红线内空间违法转为城镇空间和农业空间。加强对农业空间转为生态空间的监督管理，未经国务院批准，禁止将永久基本农田转为城镇空间。鼓励城镇空间和符合国家生态退耕条件的农业空间转为生态空间。生态空间与城镇空间、农业空间的相互转化利用，应按照资源环境承载能力和国土空间开发适宜性评价，根据功能变化状况，依法由有批准权的人民政府进行修改调整。

禁止新增建设占用生态保护红线，确因国家重大基础设施、重大民生保障项目建设等无法避让的，由省级人民政府组织论证，提出调整方案，经生态环境部、国家发展改革委会同有关部门提出审核意见后，报经国务院批准。生态保护红线内的原有居住用地和其他建设用地，不得随意扩建和改建。严格控制新增建设占用生态保护红线外的生态空间。符合区域准入条件的建设项目，涉及占用生态空间中的林地、草原等，按有关法律法规规定办理；涉及占用生态空间中其他未作明确规定的用地，应当加强论证和管理。鼓励各地根据生态保护需要和规划，结合土地综合整治、工矿废弃地复垦利用、矿山环境恢复治理等各类工程实施，因地制宜促进生态空间内建设用地逐步有序退出。

禁止农业开发占用生态保护红线内的生态空间，生态保护红线内已有的农业用地，建立逐步退出机制，恢复生态用途。严格限制农业开发占用生态保护红线外的生态空间，符合条件的农业开发项目，须依法由市县级及以上地方人民政府统筹安排。生态保护红线外的耕地，除符合国家生态退耕条件，并纳入国家生态退耕总体安排，或因国家重大生态工程建设需要外，不得随意转用。

有序引导生态空间用途之间的相互转变，鼓励向有利于生态功能提升的方向转变，严格禁止不符合生态保护要求或有损生态功能的相互转换。科学规划、统筹安排荒地、荒漠、戈壁、冰川、高山冻原等生态脆弱地区的生态建设，因各类生态建设规划和工程需要调整用途的，依照有关法律法规办理转用审批手续。

在不改变利用方式的前提下，依据资源环境承载能力，对依法保护的生态空间实行承载力控制，防止过度垦殖、放牧、采伐、取水、渔猎、旅游等对生态功能造成损害，确保自然生态系统的稳定。

按照尊重规律、因地制宜的原则，明确采取休禁措施的区域规模、布局、时序安排，促进区域生态系统自我恢复和生态空间休养生息。实施生态修复重大工程，分区分类开展受损生态空间的修复。集体土地所有者、土地使用单位和个人应认真履行有关法定义务，及时恢复因不合理建设开发、矿产开采、农业开垦等破坏的生态空间。树立山水林田湖草沙是生命共同体的理念，组织制订和实施生态空间改造提升计划，提升生态斑块的生态功能和服务价值，建立和完善生态廊道，提高生态空间的完整性和连通性。制定激励政策，鼓励集体土地所有者、土地使用单位和个人，按照土地用途，改造提升生态空间的生态功能和生态服务价值。

2.3.3.2 生态系统碳汇一般管控区

根据《全国主体功能区规划》《自然生态空间用途管制办法（试行）》等对于生态空间的有关要求，提出生态系统碳汇一般管控区的管控要求，主要包括以下几个方面：

1）各类开发活动应尽可能减少对自然生态系统的干扰，不得损害生态系统碳汇功能。

2）资源开发、产业发展和基础设施建设，都要控制在尽可能小的空间范围之内，保证绿色生态空间面积不减少。

3）严格控制开发强度，在不改变生态空间利用方式的前提下，依据资源环境承载能力实行承载力控制，严禁过度垦殖、放牧、采伐、渔猎、旅游等损害生态系统碳汇功能行为。

4）实行严格产业准入环境标准，严把项目准入关。在不损害生态系统碳汇功能的前提下，因地制宜地适度发展旅游、农林牧产品生产和加工、观光休闲农业等产业，积极发展服务业。

5）引导一部分人口向城市化地区转移，另一部分人口向区域内的县城和中心镇转移。生态移民点应尽量集中布局到县城和中心镇，避免新建孤立的村落式移民社区。

6）有序引导生态空间用途之间的相互转变，鼓励向有利于生态系统碳汇功能提升的方向转变，严格禁止不符合生态保护要求或有损生态系统碳汇功能的相互转换。

7）分区分类实施受损生态空间修复，及时恢复因不合理开发建设等活动破坏的生态空间，提升生态空间的碳汇功能和生态服务价值。

2.3.4 后备区的管控要求

2.3.4.1 农业空间

农业空间是以农业生产和农村居民生活为主体功能，承担农产品生产和农村生活功能的国土空间，主要包括永久基本农田、一般农田等农业生产用地及村庄等农村生活用地。

地方各级人民政府应当采取措施，确保土地利用总体规划确定的本行政区域内基本农田的数量不减少。

基本农田保护区经依法划定后,任何单位和个人不得改变或者占用。国家能源、交通、水利、军事设施等重点建设项目选址确实无法避开基本农田保护区,需要占用基本农田,涉及农用地转用或者征收土地的,必须经国务院批准。经国务院批准占用基本农田的,当地人民政府应当按照国务院的批准文件修改土地利用总体规划,并补充划入数量和质量相当的基本农田。占用单位应当按照"占多少、垦多少"的原则,负责开垦与所占基本农田的数量与质量相当的耕地;没有条件开垦或者开垦的耕地不符合要求的,应当按照省、自治区、直辖市的规定缴纳耕地开垦费,专款用于开垦新的耕地。占用基本农田的单位应当按照县级以上地方人民政府的要求,将所占用基本农田耕作层的土壤用于新开垦耕地、劣质地或者其他耕地的土壤改良。

禁止任何单位和个人在基本农田保护区内建窑、建房、建坟、挖砂、采石、采矿、取土、堆放固体废物或者进行其他破坏基本农田的活动。禁止任何单位和个人占用基本农田发展林果业和挖塘养鱼。禁止任何单位和个人闲置、荒芜基本农田。经国务院批准的重点建设项目占用基本农田的,满 1 年不使用而又可以耕种并收获的,应当由原耕种该幅基本农田的集体或者个人恢复耕种,也可以由用地单位组织耕种;1 年以上未动工建设的,应当按照省、自治区、直辖市的规定缴纳闲置费;连续 2 年未使用的,经国务院批准,由县级以上人民政府无偿收回用地单位的土地使用权;该幅土地原为农民集体所有的,应当交由原农村集体经济组织恢复耕种,重新划入基本农田保护区。承包经营基本农田的单位或者个人连续 2 年弃耕抛荒的,原发包单位应当终止承包合同,收回发包的基本农田。

国家提倡和鼓励农业生产者对其经营的基本农田施用有机肥料,合理施用化肥和农药。利用基本农田从事农业生产的单位和个人应当保持和培肥地力。

县级人民政府应当根据当地实际情况制定基本农田地力分等定级办法,由农业行政主管部门会同土地行政主管部门组织实施,对基本农田地力分等定级,并建立档案。农村集体经济组织或者村民委员会应当定期评定基本农田地力等级。县级以上地方各级人民政府农业行政主管部门应当逐步建立基本农田地力与施肥效益长期定位监测网点,定期向本级人民政府提出基本农田地力变化状况报告及相应的地力保护措施,并为农业生产者提供施肥指导服务。县级以上人民政府农业行政主管部门应当会同同级生态环境行政主管部门对基本农田环境污染进行监测和评价,并定期向本级人民政府提出环境质量与发展趋势的报告。

经国务院批准占用基本农田兴建国家重点建设项目的,必须遵守国家有关建设项目环境保护管理的规定。在建设项目环境影响报告书中，应当有基本农田环境保护方案。向基本农田保护区提供肥料和作为肥料的城市垃圾、污泥的，应当符合国家有关标准。因发生事故或者其他突然性事件，造成或者可能造成基本农田环境污染事故的，当事人必须立即采取措施处理，并向当地生态环境主管部门和农业主管部门报告，接受调查处理。

2.3.4.2　城市绿地

城市的公共绿地、风景林地、防护绿地、行道树及干道绿化带的绿化，由城市人民政府城市绿化行政主管部门管理；各单位管界内的防护绿地的绿化，由该单位按照国家有关规定管理；单位自建的公园和单位附属绿地的绿化，由该单位管理；居住区绿地的绿化，由城市人民政府城市绿化行政主管部门根据实际情况确定的单位管理；城市苗圃、草圃和花圃等，由其经营单位管理。

任何单位和个人都不得擅自改变城市绿化规划用地性质或者破坏绿化规划用地的地形、地貌、水体和植被。任何单位和个人都不得擅自占用城市绿化用地；占用的城市绿化用地，应当限期归还。因建设或者其他特殊需要临时占用城市绿化用地，须经城市人民政府城市绿化行政主管部门同意，并按照有关规定办理临时用地手续。任何单位和个人都不得损坏城市树木花草和绿化设施。砍伐城市树木，必须经城市人民政府城市绿化行政主管部门批准，并按照国家有关规定补植树木或者采取其他补救措施。

在城市的公共绿地内开设商业、服务摊点的，应当持工商行政管理部门批准的营业执照，在公共绿地管理单位指定的地点从事经营活动，并遵守公共绿地和工商行政管理的规定。城市的绿地管理单位，应当建立、健全管理制度，保持树木花草繁茂及绿化设施完好。为保证管线的安全使用需要修剪树木时，应当按照兼顾管线安全使用和树木正常生长的原则进行修剪。承担修剪费用的办法，由城市人民政府规定。因不可抗力致使树木倾斜危及管线安全时，管线管理单位可以先行扶正或者砍伐树木，但是，应当及时报告城市人民政府城市绿化行政主管部门和绿地管理单位。

百年以上树龄的树木，稀有、珍贵树木，具有历史价值或者重要纪念意义的树木，均属古树名木。对城市古树名木实行统一管理，分别养护。城市人民政府城市绿化行政主管部门，应当建立古树名木的档案和标志，划定保护范围，加强养护管理。在单位管界内或者私人庭院内的古树名木，由该单位或者居民负责养护，城市人民政府城市绿化行政主管部门负责监督和技术指导。严禁砍伐或者迁移古树名木。因特殊需要迁移古树名木，必须经城市人民政府城市绿化行政主管部门审查同意，并报同级或者上级人民政府批准。

2.3.4.3 生态系统碳汇后备区

根据《中华人民共和国基本农田保护条例》《城市绿化条例》等对于农业空间和城市绿地的有关要求,提出生态系统碳汇后备区的管控要求,主要包括以下几个方面:

1)任何单位和个人都不得擅自改变用地性质或者占用。因建设或者其他特殊需要临时占用的,须经主管部门统一,并按照有关规定办理临时用地手续。

2)任何单位和个人都不得损坏基础设施或者进行其他破坏活动。

3)各管理单位应当建立、健全管理制度,保障地形、地貌、水体、植被及基础设施不受破坏。

4)提倡和鼓励农业生产者对其经营的基本农田施用有机肥料,合理施用化肥和农药,着力提升农田生态系统碳汇功能。为保证管线的安全使用需要修剪树木时,应当按照兼顾管线安全使用和树木正常生长的原则进行修剪。

5)县级以上人民政府农业行政主管部门会同级生态环境主管部门对农田生态系统碳汇功能进行监测和评价,并定期向本级人民政府提出生态系统碳汇功能及其发展趋势的报告。

2.4 生态系统碳汇台账编制

从全国碳达峰碳中和及生态保护监管的角度出发,以国土斑块为基本空间单元,组织开展生态系统碳汇评估核算,划定生态系统碳汇保护空间。参考《生态保护红线划定指南》等文件,制定生态系统碳汇登记表,构建覆盖碳汇分区和行政分区生态系统碳汇台账。

2.4.1 基本空间单元编码

为加强生态系统碳汇管理,对生态系统碳汇基本空间单元实行统一编码,采用"行政区划代码—碳汇分区代码—碳汇类型代码—碳汇斑块代码"的四级编码方式,如表2-4所示。

1)行政区划代码以县级行政区为单位,由6位阿拉伯数字组成。

2)碳汇分区代码由1位数字组成。其中,1表示核心管控区,2表示一般管控区,3表示后备区。

3)碳汇类型代码由1位数字组成。其中,1表示森林,2表示草原,3表示湿地,4表示湖泊,5表示海洋,6表示农田,7表示城市。

4）碳汇斑块代码由 5 位数字组成，表示基本空间单元序号，从 00001 开始编号。

表 2-4　生态系统碳汇基本空间单元编码方式

行政区划代码	类型代码				碳汇斑块代码
	一级编码	名称	二级编码	名称	
××××××	1	核心管控区	1	森林	00001 00002 00003 ……
			2	草原	
			3	湿地	
			4	湖泊	
			5	海洋	
	2	一般管控区	1	森林	
			2	草原	
			3	湿地	
			4	湖泊	
			5	海洋	
	3	后备区	1	森林	
			2	草原	
			3	湿地	
			4	湖泊	
			5	海洋	
			6	农田	
			7	城市	

2.4.2　生态系统碳汇登记表

县级行政区以 500 m×500 m 的国土斑块为基本空间单元，填写生态系统碳汇登记表。登记表主要内容包括行政区划代码、碳汇分区代码、碳汇类型代码、碳汇斑块代码、地理位置、年度碳汇量、开发活动类型等内容（表 2-5）。

表2-5 省（区、市）　市　县（区）生态系统碳汇登记表（××××年）

行政区划代码	碳汇分区代码	碳汇类型代码	碳汇斑块代码	地理位置	年度碳汇量/(Tg/a)	开发活动类型

2.4.3 生态系统碳汇台账数据库

以县级行政区生态系统碳汇登记表为基础，从碳汇分区和行政分区两个层面构建省级行政区生态系统碳汇数据库，最终形成全国生态系统碳汇数据库。根据各斑块生态系统碳汇的多年平均水平及其变化趋势，分析全国生态系统碳汇的地域差异，辨识我国生态系统碳汇的高值区域和退化区域，为构建生态系统碳汇保护空间格局、合理布局生态保护修复工程、协同推动生态系统碳汇空间和生态环境分区管控等提供科学依据（图2-10）。

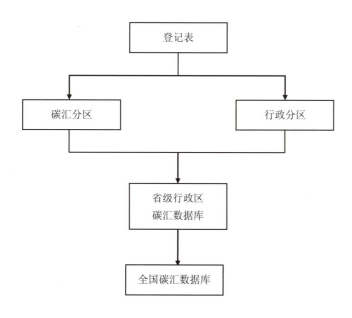

图2-10　全国生态系统碳汇数据库

2.5 生态系统碳汇监管和考核

2.5.1 生态系统碳汇监管和考核基础

2.5.1.1 自然保护地监管

（1）《自然保护区生态环境保护成效评估标准（试行）》

《自然保护区生态环境保护成效评估标准（试行）》（HJ 1203—2021），自然保护区生态环境保护成效评估流程主要包括特征分析、选取指标、获取数据、形成评估方案、分别对生态环境变化和生态环境状况进行指标计算与分析、形成评估分数和结果、等级调整、编写评估报告等环节，自然保护区生态环境保护成效评估原则上每 5 年开展一次。自然保护区生态环境保护成效评估包括主要保护对象、生态系统结构、生态系统服务、水环境质量、主要威胁因素、违法违规情况 6 项评估内容，评估指标共 28 个，包括通用指标和特征指标两类。通用指标是每个自然保护区需要进行评估的指标；特征指标是根据自然保护区特征分析结果选取的指标。

自然保护区生态环境保护成效评估指标具体如表 2-6 所示。

表 2-6 自然保护区生态环境保护成效评估指标

评价内容	评估指标	指标类型	适用范围
主要保护对象	主要保护物种的种群数量	特征指标	适用于自然生态系统或野生生物为主要保护对象的自然保护区
	主要保护对象的分布范围	特征指标	
	自然遗迹保存程度	特征指标	适用于以自然遗迹为主要保护对象的自然保护区
生态系统结构	景观指数	通用指标	适用于所有自然保护区
	地上生物量	特征指标	适用于具有天然林、天然草地或荒漠生态系统的自然保护区
	天然林覆盖率	特征指标	适用于具有天然林生态系统的自然保护区
	天然草地植被盖度	特征指标	适用于具有天然草地生态系统的自然保护区
	自然湿地面积占比	特征指标	适用于具有自然湿地生态系统的自然保护区
	荒漠自然植被覆盖率	特征指标	适用于具有荒漠生态系统的自然保护区
	未利用海域面积占比	特征指标	适用于具有海域的自然保护区
	自然岸线保有率	特征指标	适用于具有海域或重要河流、湖泊的自然保护区

评价内容	评估指标	指标类型	适用范围
生态系统服务	国家重点保护野生动植物种数	特征指标	适用于具有生物多样性维护服务的自然保护区
	指示物种生境适宜性	特征指标	
	物种丰富度	特征指标	
	水源涵养	特征指标	适用于具有水源涵养服务的自然保护区
	水土保持	特征指标	适用于具有水土保持服务的自然保护区
	防风固沙	特征指标	适用于具有防风固沙服务的自然保护区
	固碳	特征指标	适用于具有固碳服务的自然保护区
水环境质量	地表水水质	特征指标	适用于具有地表水水域的自然保护区
	海水水质	特征指标	适用于具有海域的自然保护区
主要威胁因素	核心区和缓冲区自然生态系统被侵占面积	通用指标	适用于所有自然保护区
	核心区和缓冲区外来入侵物种入侵度	通用指标	
	核心区和缓冲区常住人口密度	通用指标	
	实验区自然生态系统被侵占面积	通用指标	
	实验区外来入侵物种入侵度	通用指标	
	实验区常住人口密度	通用指标	
违法违规情况	新增违法违规重点问题	通用指标	适用于所有自然保护区
	违法违规重点问题整改率	通用指标	

注：自然保护区的功能区划以批复为准。

1）生态系统服务变化评分办法

生态系统服务变化评分（EC）的最大分值 $[C_{i(max)}]$ 为 20 分，评分标准见表 2-7。EC 按照式（2-9）计算：

$$\text{EC} = \sum_{i=1}^{c} V_i \times C_i \tag{2-9}$$

式中，EC —— 生态系统服务变化评分；

c —— 生态系统服务评估内容中选取的评估指标数量；

i —— 评估指标的序号；

V_i —— 第 i 项指标的权重系数；

C_i —— 第 i 项指标的分值,在 $0\sim C_{i(\max)}$ 的分值用式(2-10)计算。

$$C_i = \frac{\Delta A_i - Z_{i(\min)}}{Z_{i(\max)} - Z_{i(\min)}} \times C_{i(\max)} \tag{2-10}$$

式中,C_i —— 第 i 项指标的分值;

ΔA_i —— 评估周期内第 i 项指标的多年变化情况;

$C_{i(\max)}$ —— 第 i 项指标的最大分值;

$Z_{i(\max)}$ —— 第 i 项指标在 $0\sim C_{i(\max)}$ 的最大值;

$Z_{i(\min)}$ —— 第 i 项指标在 $0\sim C_{i(\max)}$ 的最小值。

表 2-7 生态系统服务变化评分标准

评估内容	评估指标	ΔA_i 计算公式	$C_{i(\max)}$ (20 分)	0~20 分 $Z_{i(\max)}$	0~20 分 $Z_{i(\min)}$	0 分	V_i
生态系统服务	国家重点保护野生动植物种数	$\frac{A_i(T_2) - A_i(T_1)}{A_i(T_1)} \times 100\%$	$\Delta A_i \geq 5\%$	5%	-5%	$\Delta A_i \leq -5\%$	1/C
	指示物种生境适宜性						1/C
	物种丰富度						1/C
	水源涵养						1/C
	水土保持						1/C
	防风固沙						1/C
	固碳						1/C

2)生态环境变化评分办法

自然保护区生态环境变化评分(EC)满分为 100 分。

EC 按照式(2-11)计算:

$$EC = EC_1 + EC_2 + EC_3 + EC_4 + EC_5 + EC_6 \tag{2-11}$$

式中,EC——生态环境变化评分;

EC_1——主要保护对象变化评分;

EC_2——生态系统结构变化评分;

EC_3——生态系统服务变化评分;

EC_4——水环境质量变化评分;

EC_5——主要威胁因素变化评分;

EC_6——违法违规情况扣分。

3）生态环境状况评估办法

自然保护区生态环境状况采用定量评估与定性评估相结合的方法。根据所选评估指标的现状及变化情况，结合专家经验，判定每项评估指标的分数，计算自然保护区生态环境状况评分（ES）。ES 满分为 100 分。

ES 按照式（2-12）计算：

$$\text{ES} = \sum_{i=1}^{m} V_i \times S_i \qquad (2-12)$$

式中，ES——生态环境状况评分；

m——评估指标的总个数；

i——评估指标的序号；

V_i——第 i 项指标的权重系数；

S_i——第 i 项指标的分值。

4）评估结果

①生态环境变化评估等级

根据自然保护区生态环境变化评分（EC）结果，将生态环境变化分为 5 个等级，即明显变好（EC≥85）、变好（65≤EC＜85）、稳定（50≤EC＜65）、变差（30≤EC＜50）、明显变差（EC＜30）（表 2-8）。

表 2-8　自然保护区生态环境变化评估等级

等级	分值范围
明显变好	EC≥85
变好	65≤EC＜85
稳定	50≤EC＜65
变差	30≤EC＜50
明显变差	EC＜30

②生态环境状况评估等级

根据自然保护区生态环境状况评分（ES）结果，将生态环境状况由高到低分为 3 个等级，即Ⅰ级（ES≥85）、Ⅱ级（60≤ES＜85）、Ⅲ级（ES＜60）（表 2-9）。

表 2-9　自然保护区生态环境状况评估等级

等级	分值范围
Ⅰ级	ES≥85
Ⅱ级	60≤ES＜85
Ⅲ级	ES＜60

自然保护区生态环境保护成效评估结果通过生态环境状况等级和生态环境变化等级进行综合判定，分为优、良、中、差4个等级（表2-10）。

表 2-10　自然保护区生态环境保护成效评估结果

评估结果		生态环境变化				
		明显变好	变好	稳定	变差	明显变差
生态环境状况	Ⅰ级	优	优	良	中	差
	Ⅱ级	优	良	良	中	差
	Ⅲ级	优	良	中	差	差

（2）《国家级自然保护区规范化建设和管理导则（试行）》

《国家级自然保护区规范化建设和管理导则（试行）》（环函〔2009〕195号）包括目标、规范化建设、规范化管理、生态恢复工程、经费保障和应急能力建设6项主要内容，其中规范化管理中的资源管护具体内容如下。

1）日常巡护

自然保护区应根据保护和科研工作的需要，配备专职巡护人员，定期或不定期开展日常巡护工作。日常巡护范围应该覆盖大部分自然保护区核心区、缓冲区、实验区以及人为频繁活动区域。日常巡护以定期巡护为主，可根据管理要求、交通条件、地形特点等因素合理确定巡护周期。巡护过程中，工作人员在资源察看的同时，还应结合科研监测、执法、防火等工作开展巡护。日常巡护工作应建立巡护责任制和巡护报告制度，巡护人员每次巡护结束应填写巡护情况记录或日志，保护管理站每月应填写巡护月报，保护区管理机构每年应填写巡护年报。保护区每年将巡护年报及监测结果上报保护区行政主管部门。

2）执法检查

保护区管理机构应按照有关法律法规的规定，对自然保护区内的生态旅游、开发建设、参观考察等活动进行执法检查。保护区应对出入保护区的人员及其携带的动植物资源（包括动植物材料、标本、活体、制品等）实施检查，防止保护区内自然资源和生态环境受到非法破坏以及外来物种的引入。自然保护区应积极配合或建立公安、海监、渔政机构，及时处理违法案件。

3）外来入侵物种控制

自然保护区应重视外来入侵物种对生态系统的影响，可采取以下措施预防和控制：定期开展外来物种调查、制订并实施外来入侵物种防治方案及监控方案、生态恢复时引入的物种应采用本地物种、加强关于外来入侵物种的宣传教育。

（3）《山东省自然保护区规范化建设和管理考评办法（试行）》

《山东省自然保护区规范化建设和管理考评办法（试行）》考核内容包括机构设置、基础设施建设、日常管护、资源环境监测、科研宣教、工作计划和总结等。每年12月31日前，各省级自然保护区向各市生态环境局报送年度考核自评报告，各市生态环境局须在次年1月31日前对上述指标数据和材料进行核实、汇总、打分并报省生态环境厅。省生态环境厅对省级自然保护区考核结果进行通报。省财政厅、省生态环境厅将根据考核结果对工作成绩突出的自然保护区加大资金支持。对不如实提供考核材料、隐瞒自然保护区违法违规项目建设的自然保护区，取消当年自然保护区专项资金申报资格，并要求限期整改。

具体考核指标及评分标准如表2-11所示。

表2-11 自然保护区规范化建设和管理考核指标及评分标准

考核指标	具体状况
一、总体规划建设（12分）	
1. 总体要求（6分）	1. 区内各项建设应符合国家有关自然保护区总体规划和本自然保护区总体规划的要求。建设内容和规模应与自然保护区的类型、面积大小、保护对象特征及管理目标相适应，与自然、社会经济条件相协调。（2分） 2. 各项建设同当地的自然景观和谐一致，能体现地方风格和民族特色，区内的供电等线路在地下铺设。（2分） 3. 充分利用现有的各项设施设备，未有重复建设现象。（2分）
2. 规划和计划（6分）	1. 针对目前保护区存在的主要问题和困难，提出阶段性规划目标和任务。（2分） 2. 制订年度工作计划，由主管部门批准后实施。（2分） 3. 每年根据当年度工作计划编制工作总结报告，并报告上级主管部门。（2分）
二、基础设施建设（18分）	
3. 办公设施（8分）	1. 管理单位拥有相应规模的固定办公用房及必需的办公设备。（4分） 2. 辅助办公设施包括食堂、车库、仓库、传达室、锅炉房和配电间，满足办公需要。（4分）

考核指标	具体状况
4. 配套设施（10分）	1. 保护区内配套道路、通信、供电、给排水、采暖、广播电视、交通工具、绿化美化等设施。（4分） 2. 路网通畅，通车干道和步行便道搭配合理。所配交通工具、通信设备和执法装备能够满足巡护、防火、监测、执法和应急反应的要求。（4分） 3. 后勤保障应社会化。（2分）
三、能力建设（70分）	
5. 行政管理（10分）	1. 有与级别及管理相适应的人员编制规模，行政管理人员、专业技术人员和其他人员比例协调，能够满足保护区保护和管理需要。（2分） 2. 所有工作人员及季节性临时工在上岗前均需进行培训，所有工作人员技术培训及教育的频率要满足要求。（2分） 3. 根据相关法律法规制定相应的保护区管理制度，内部规章制度完备健全；编制（修编）总体规划，有年度工作计划，并按规定要求报批、实施。（2分） 4. 有完整的历史沿革、人事、科研、宣教、培训、标本、资源管护、监察执法、资源开发和建设项目等系列档案。（2分） 5. 对进入核心区和缓冲区及外国人进入保护区活动的，按法律法规进行审批。（2分）
6. 保护与恢复（12分）	1. 保护区边界线或边界走向以及功能区界线范围清楚，设有符合要求的界桩、界碑或界标，要求编号并配图件说明。（2分） 2. 具有准确经纬度坐标网格的功能区划图、主要保护对象分布图、土地利用结构图等图件。（2分） 3. 土地、水域权属明确清晰，没有纠纷。自然保护区管理机构拥有核心区的土地、水域使用权。（2分） 4. 设有保护管理站（点）或哨卡、检查站等，主要管理站（点）能通车或通航。（2分） 5. 设置瞭望塔（台）、防火道和防火隔离带，配备灭火设备和防火监控设施。*（2分） 6. 根据实际需要，经科学论证后开展生态修复工程。（2分）
7. 科研与监测（14分）	1. 建有相关科研设施，可包括实验室、科技资料室、标本制作室等，并配备各种调查、试验、科研辅助设备。（2分） 2. 根据需要设置监测自然生态系统、野（水）生动植物种群、生态环境及自然遗迹动态变化的定位监测站。选址应与保护管理站（点）的选址统筹安排。（2分） 3. 建设适当数量的固定样地、固定样线或站位断面，配备满足根据主要保护对象的科研和监测需要设定适当数量的固定样地和样线。*（2分） 4. 开展经常性的综合科学考察和资源本底及其他专项调查，对保护对象或生物多样性进行详细观察记录、编目。（2分） 5. 定期开展外来物种调查，制订并实施外来入侵物种防治方案及监控方案。*（2分） 6. 定期开展生态、资源、环境等各项监测活动和当地社区经济社会状况调查；与科研院校合作开展科学研究，成为科研基地。（2分） 7. 编制主要保护对象、野（水）生动植物及自然资源数据库，建立地理信息系统；编制有准确经纬度坐标网格的主要保护对象分布图、植被图、地形图等图件；做到科研数据与信息共享。（2分）

考核指标	具体状况
8. 宣传与教育（8分）	1. 建设成环境教育（科普教育、爱国主义教育、教学实习、技术培训）基地，包括宣教场馆（地）或宣教室、宣传牌（宣传栏）等，满足实物、标语、模型、多媒体等宣传教育手段的需要。（2分） 2. 向周边社区和参观旅游者宣传相关法律、法规、政策及注意事项，介绍保护区的有关情况。（2分） 3. 开展对外交流与合作，建立自己的网站或网页，及时发布和更新保护区的相关信息。（2分） 4. 与周边社区签订共管协议，关系融洽。（2分）
9. 社区可持续发展（12分）	1. 在保护区管理机构的统一监督下开展旅游活动和资源开发示范项目，并编制生态旅游专项规划，经主管部门批准后实施；未在核心区和缓冲区开展旅游。（2分） 2. 设置垃圾收集、生活污水无害化处理设施。（2分） 3. 生态旅游收入30%以上用于保护区的保护和管理。（2分） 4. 未引入外来物种，保护对社区内群众生产生活及旅游观光有重要作用的产业。（2分） 5. 保护区内建设项目和资源开发活动按法规要求进行生态环境影响评价，无违法违规项目。（2分） 6. 因保护和管理工作及重大工程建设需要，保护区范围和功能区调整能够严格按照有关法规要求和程序办理。（2分）
10. 资源管护（8分）	1. 开展日常巡护，并建立巡护责任制和巡护报告制度，每次巡护结束填写巡护情况记录或日志，巡护月报、年报，及时处理违法案件，确保处理率达100%。（2分） 2. 对出入保护区的人员携带的动植物资源（包括动植物材料、标本、活体、制品等）进行检查。（2分） 3. 编制突发事件应急预案，并具备相应的处理应急事件的能力。（2分） 4. 保护区内空气质量、水质、噪声符合规划要求。（2分）
11. 经费管理保障（6分）	1. 财务管理规范，各项资金使用合法、合理、无挪用、滥用资金情况。（3分） 2. 保护区建设经费、管理运行费、人员工资有固定来源，能够基本保证日常管护工作需要。（3分）

注：1. 有*标记的为针对森林与野（水）生动物类型自然保护区的专门指标，其他类型自然保护区不作要求。

2. 考核未开展旅游活动的保护区时，"生态旅游管理"指标按照满分计分。

3. 在满足基本条件的情况下，90分以上为优秀，70～90分为良好，60～70分为及格，60分以下的为不及格；"行政管理"和"经费管理保障"两项中任一项得分低于该项50%分数的，最终考核等次下降一个等次。

4. 今后本规范化管理考核评分指标会适时进行调整，以适应山东省自然保护区工作的发展要求。

2.5.1.2 生态系统监管

（1）《国有林场管理办法》

《国有林场管理办法》（林场规〔2021〕6号）针对森林生态系统保护的有关要求有以下内容：

第十七条 国有林场森林资源实行国家、省、市三级林业主管部门分级监管制度，对林地性质、森林面积、森林蓄积等进行重点监管。

第十八条　保持国有林场林地范围和用途长期稳定，严格控制林地转为非林地。

经批准占用国有林场林地的，应当按规定足额支付林地林木补偿费、安置补助费、植被恢复费和职工社会保障费用。

第十九条　国有林场应当合理设立管护站，配备必要的管护人员和管护设施设备，加强森林资源管护能力建设。

第二十条　国有林场应当认真履行森林防火职责，建立完善森林防火责任制度，制定防火预案，组织防扑火队伍，配备必要的防火设施设备，提高防火和早期火情处置能力。

第二十一条　国有林场应当根据国家林业有害生物防治的有关要求，配备必要的技术人员和设施设备，提高林业有害生物监测和防治能力。

第二十二条　国有林场应当严格保护经营管理范围内的野生动物和野生植物。对国家或者地方立法保护的野生动植物应当采取必要的措施，保护其栖息地和生长环境。

第二十三条　符合法定条件的国有林场，可以受县级以上林业主管部门委托，在经营管理范围内开展行政执法活动。

县级以上林业主管部门可以根据需要协调当地公安机关在国有林场设立执法站点。

（2）《森林资源监督工作管理办法》

《森林资源监督工作管理办法》（国家林业局令 2007年第23号）针对森林生态系统保护的有关要求有以下内容：

第三条　本办法所称的森林资源监督是指森林资源监督专员办对驻在地区和单位的森林资源保护、利用和管理情况实施监督检查的行为。

森林资源监督是林业行政执法的重要组成部分，是加强森林资源管理的重要措施。

第八条　森林资源监督专员办负责实施国家林业局指定范围内的森林资源监督工作，对国家林业局负责。其主要职责是：监督驻在地区、单位的森林资源和林政管理；监督驻在地区、单位建立和执行保护、发展森林资源目标责任制，并负责审核有关执行情况的报告；承担国家林业局确定的和驻在省、自治区、直辖市人民政府或者驻在单位委托的有关森林资源监督的职责；按年度向国家林业局和驻在省、自治区、直辖市人民政府或者单位分别提交森林资源监督报告；承担国家林业局委托的行政审批、行政许可等其他工作。

第九条　森林资源监督专员办在履行职责时，可以依法采取下列措施：责令被监督检查单位停止违反林业法律、法规、政策的行为；要求被监督检查单位提供与监督检查事项有关的材料；要求被监督检查单位对监督检查事项涉及的问题做出书面说明；法律、法规规定可以采取的其他措施。

第十条 森林资源监督专员办对履行职责中发现的问题，应当及时向当地林业主管部门或者有关单位提出处理建议，并对处理建议的落实情况进行跟踪监督，结果报国家林业局。

对省、自治区、直辖市人民政府林业主管部门管辖的、有重大影响的破坏森林资源行为，森林资源监督专员办应当向国家林业局或者驻在省、自治区、直辖市人民政府报告并提出处理意见。

对破坏森林资源行为负有领导责任的人员，森林资源监督专员办应当向其所在单位或者上级机关、监察机关提出给予处分的建议。

破坏森林资源行为涉嫌构成犯罪的，森林资源监督专员办应当督促有关单位将案件移送司法机关。

2.5.2 生态系统碳汇监管和考核要求

以持续巩固提升碳汇能力为目标，以统一的生态系统碳汇时间序列和空间格局为基础，根据《自然保护区生态环境保护成效评估标准（试行）》《国家级自然保护区规范化建设和管理导则（试行）》《国有林场管理办法》《森林资源监督工作管理办法》《中华人民共和国自然保护区条例》《国家级自然保护区规范化建设和管理导则（试行）》和相关法律、法规的有关规定，提出生态系统碳汇监管和考核要求，如表2-12所示。

表2-12 生态系统碳汇监管和考核要求

考核指标	考核要求
规划和计划	1. 针对生态系统碳汇保护和管理存在的主要问题和困难，提出阶段性规划目标和任务。 2. 制订生态系统碳汇保护年度工作计划，由主管部门批准后实施。 3. 每年根据当年度工作计划编制工作总结报告
配套设施	生态系统碳汇管护路网通畅，通车干道和步行便道搭配合理。所配交通工具、通信设备和执法装备能够满足监测、执法和应急反应的要求
行政管理	1. 有与级别及管理相适应的人员编制规模，行政管理人员、专业技术人员和其他人员比例协调，能够满足生态系统碳汇保护和管理需要。 2. 所有工作人员及季节性临时工在上岗前均需进行培训，所有工作人员技术培训及教育的频率要满足要求。 3. 有完整的资源管护、监察执法、资源开发和建设项目等系列档案与台账。 4. 对进入生态系统碳汇核心管控区开展活动的，按法律法规进行审批

考核指标	考核要求
保护与恢复	1. 生态系统碳汇保护空间界线或边界走向及界线范围清楚，设有符合要求的界桩、界碑或界标，要求编号并配图件说明。 2. 具有准确经纬度坐标网格的生态系统碳汇保护空间区划图、主要保护对象分布图、土地利用结构图等图件。 3. 土地、水域权属明确清晰，没有纠纷。 4. 设有生态系统碳汇保护管理站（点）或哨卡、检查站等，主要管理站（点）能通车或通航。 5. 设置瞭望塔（台）、防火道和防火隔离带，配备灭火设备和防火监控设施。 6. 根据实际需要，经科学论证后开展生态修复工程
科学监测	1. 根据需要设置监测自然生态系统、生态环境动态变化的定位监测站。选址应与生态系统碳汇保护管理站（点）的选址统筹安排。 2. 定期开展外来物种调查，制订并实施外来入侵物种防治方案及监控方案。 3. 定期开展生态、资源、环境等各项监测活动和当地社区经济社会状况调查
资源管护	1. 开展日常巡护，并建立巡护责任制和巡护报告制度，每次巡护结束填写巡护情况记录或日志，巡护月报、年报，及时处理违法案件，确保处理率达100%。 2. 编制突发事件应急预案，并具备相应的处理应急事件的能力。 3. 各类生态系统内空气质量、水质符合规划要求
定量评估	年底对生态系统碳汇开展定量评估，达到生态系统碳汇保护年度工作计划的目标
经费管理保障	1. 财务管理规范，各项资金使用合法、合理、无挪用、滥用资金情况。 2. 建设经费、管理运行费用、人员工资有固定来源，能够基本保证日常管护工作需要

1）围绕生态环境部门统一行使生态监管与行政执法职责，研究建立生态系统碳汇网格化监管体系，以年度为时间单元、国土斑块为空间单元，实现不同类型生态系统碳汇评估核算的统一、生态系统碳汇监管与生态环境分区管治相匹配，满足协同推动生态系统碳汇空间与生态环境分区管控等需求，为生态系统碳汇监管提供统一依据。

2）生态系统碳汇监管和考核由省级生态环境部门会同省级发展改革、自然资源、水利、农业农村、林业和草原等有关部门，根据各县区提供的自评报告（含证明材料），通过材料审查、现场核查和会议讨论等形式进行综合考核，对每个县区进行打分并形成评估报告和全省生态系统碳汇综合性评估报告。

3）结合自然保护地、各类生态系统监管考核文件的相关内容与要求，建立以质量提升和空间管控为目标的生态系统碳汇监管体系，包括规划和计划、配套设施、行政管理、保护与恢复、科学监测、资源管护、碳汇定量评估、经费管理保障等考核指标。

4）每年12月31日前，各县区生态环境部门向各市生态环境部门报送年度考核自评报告，包括对照本办法规定的《生态环境碳汇监管和考核需求》完成的考核指标及相关证明材料；本年度工作计划和工作总结，可附相关影像、图片等资料，同时提供下年度工作计划。各市生态环境部门须在次年 1 月 31 日前对上述指标数据和材料进行核实、汇总、打分并报省级生态环境部门。

5）省级生态环境部门会同省级发展改革、自然资源、水利、农业农村、林业和草原等有关部门，每年 3 月 31 日前完成对全省生态系统碳汇的考核评估，并将考评结果提交省财政厅。

6）省级生态环境部门对生态系统碳汇考核结果进行通报。省级财政、生态环境部门将根据考核结果对工作成绩突出的县区加大资金支持。对不如实提供考核材料、隐瞒违法违规项目建设的县区，取消当年生态系统碳汇专项资金申报资格，并要求限期整改。

2.6 生态系统碳汇网格化监管体系

2.6.1 建立实施生态系统碳汇网格化监管体系的主要步骤

（1）建立生态系统碳汇时间序列

按照绿色植物光合作用—吸收固定二氧化碳—生产有机物质的评估核算思路，以长时间序列遥感数据及相关自然资源调查监测数据为主要数据源，对每年全国各斑块的生态系统碳汇进行评估核算，建立统一的全国生态系统碳汇时间序列，实现生态系统碳汇评估核算在类型上、时间上、空间上的统一，为全国及各地区、生态保护监管重点区域生态系统碳汇网格化监管提供科学基础。评估核算结果显示，以 500 m×500 m 国土空间斑块为基本单元，全国生态系统碳汇空间超过 2 700 万个斑块，总面积超过 675 万 km^2；2000—2018 年全国生态系统碳汇总量由 6.73 亿 t/a 增至 8.06 亿 t/a，增幅达 19.82%，其中 2000 年全国生态系统碳汇可抵消二氧化碳排放的比例最大，约为当年二氧化碳排放量的 23.61%。

（2）辨识生态系统碳汇空间差异

根据各斑块生态系统碳汇的多年平均水平及其变化趋势，分析全国生态系统碳汇的地域差异，辨识我国生态系统碳汇的高值区域和退化区域，为构建生态系统碳汇保护空间格局、合理布局生态保护修复工程、协同推动生态系统碳汇空间和生态环境分区管控等提供科学依据。2000—2018 年，我国生态系统碳汇高值区域占全国生态系统碳汇总面积的比例为 30.65%～43.00%，主要分布在华南地区、西南地区、东南沿海及大小兴安岭地区；生态系统碳汇退化区域在全国分布较为广泛，约占全国生态系统碳汇总面积的

12.89%，华南地区、西南地区等长江以南地区及新疆等地的生态系统碳汇退化比例相对较高。

（3）评估生态系统碳汇保护空缺

生态保护红线、自然保护地、国家重点生态功能区等生态功能重要区域是持续巩固提升碳汇能力的重点区域。根据以斑块为基本单元的全国生态系统碳汇时间序列，评估生态功能重要区域生态系统碳汇保护成效，识别生态系统碳汇保护空缺。评估结果显示，全国60%以上的生态系统碳汇高值区域、退化区域尚未纳入国家重点生态功能区和国家级自然保护区。其中，国家重点生态功能区共有生态系统碳汇高值区域93.77万km^2、退化区域30.53万km^2，国家级自然保护区共有生态系统碳汇高值区域10.24万km^2、退化区域7.05万km^2；扣除重叠部分，我国尚未纳入国家重点生态功能区和国家级自然保护区的生态系统碳汇高值区域、退化区域分别为156.86万km^2、54.44万km^2，分别占全国生态系统碳汇高值区域、退化区域总面积的63.84%、61.82%。

2.6.2 建立实施生态系统碳汇网格化监管体系的对策措施

（1）建立健全体制机制

以持续巩固提升碳汇能力为目标，以统一的生态系统碳汇时间序列和空间格局为基础，建立健全生态系统碳汇网格化监管体制机制。一是建立监管体制。生态环境部组织开展全国生态系统碳汇能力及生态保护红线、自然保护地、重点生态功能区、生态保护修复工程等碳汇成效年度评估，定期对各地区碳汇能力巩固提升目标任务落实情况进行监管。各地区着力抓好碳汇能力巩固提升目标任务落实。森林、草原、湿地、耕地等相关部门按照工作职责，积极推进碳汇能力巩固提升。二是建立监管机制。坚持全国一盘棋，按照碳达峰碳中和目标要求和生态系统碳汇地域差异，明确各地区碳汇能力巩固提升的目标任务，制订实施生态系统碳汇网格化监管工作方案，强化对各地区碳汇能力巩固提升目标任务落实情况的监督考核。三是建立监管平台。研究建立生态系统碳汇网格化监管信息平台，为生态系统碳汇监管、生态系统碳汇交易及碳达峰碳中和相关监督考核等提供支撑。

（2）构建监管技术体系

以统一行使生态系统碳汇监管与行政执法职责为导向，以绿色植物通过光合作用形成的生态系统碳汇为主线，构建生态系统碳汇网格化监管技术体系。一是制定完善生态系统碳汇认证标准和认证方法，实现生态系统碳汇认证的统一，推动宜林则林、宜草则草等生态保护修复科学化。二是建立统一的生态系统碳汇评估核算技术体系，实现生态系统碳汇评估核算与二氧化碳排放统计核算、生态环境分区管控相协调。三是制定碳汇空间划定技术指南，为划定生态系统碳汇保护空间、构建生态系统碳汇保护空间格局、实施生态系统碳汇空间管控等提供技术规范。四是制定碳汇成效监测评估技术规范，研究制定生态保护红线、自然保护地、重点生态功能区等生态保护监管重点区域和生态保护修复工程碳汇成效监测评估技术规范。五是建立生态系统碳汇监督考核技术体系。研究制定生态系统碳汇现场核查和监督考核办法，编制生态系统碳汇网格化监管信息平台建设指南。

（3）构建保护空间格局

从全国碳达峰碳中和及生态系统碳汇监管的角度出发，以斑块为基本单元，分级划定生态系统碳汇保护空间，形成全国生态系统碳汇保护空间格局，奠定生态系统碳汇空间管控、生态系统碳汇网格化监管的工作基础。一是划定碳汇空间管控分区。根据全国生态系统碳汇的地域差异及其高值区域、退化区域和保护空缺，坚持自上而下与自下而上相结合，划定生态系统碳汇核心管控区、一般管控区和后备区。二是明确碳汇空间管控目标。根据以斑块为基本单元的全国生态系统碳汇时间序列，以及全国碳达峰碳中和尤其是碳汇能力巩固提升的需求，确定全国生态系统碳汇空间及其分区的管控目标。

第二篇 焦化行业减污降碳协同治理

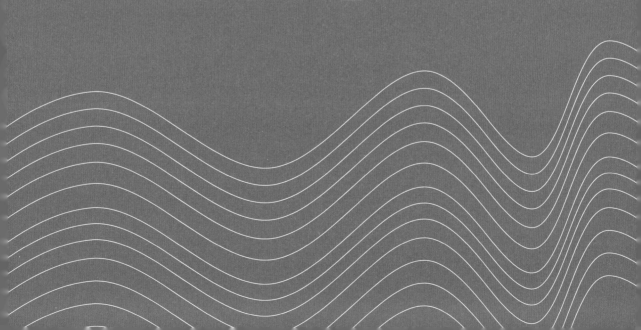

第 3 章

焦炉无组织烟气智能尾喷抑尘

> **内容摘要**
>
> 我国独立焦化机侧在推焦时逸散阵发性烟尘是普遍问题。为解决焦炉机侧烟尘外逸难题，通过实验室试验、现场观测、模拟分析、中试及工程应用，基于干雾抑尘技术路线，设计出用于治理焦炉机侧烟尘无组织排放的雾化抑尘设备。雾化器产生的纳米级喷雾能与炉门烟高效结合并使粒径增大沉降，抑制细颗粒物高温逸散。雾化粒径实验结果表明，随着压力的增大，喷雾形成的粒径逐渐减小，其中以雾场轴心处的减小最为明显。同时，微细雾对粉尘有很好的抑制效果，且中心位置抑尘效果最佳，现场试验表明，水压为 0.2～0.3 MPa，气压为 0.4～0.6 MPa，焦炉烟尘抑尘率可达 90%以上。在治理焦炉烟尘无组织排放问题上，干雾抑尘因其启动快、效率高、颗粒物减排效果明显，具有极高的研究和应用推广价值。

3.1 焦炉烟气治理现状

在焦化厂的焦炉生产过程中，会产生极大的炉内压力，虽然在焦炉中安装了回吸管路系统，但是无法把大量的焦炉烟气全部回收，仍然会有一部分煤焦油烟气从炉门或炉盖缝隙中向空气逸散，存在大量的无组织排放。炼焦过程中产生大量的逸散物，对环境和工人的身体健康造成影响。通过对焦化厂焦炉推焦以及拦焦通风除尘控制措施进行分析研究，结合运用国内外相关的推焦及拦焦通风除尘技术，研究无组织排放控制技术，以期能够更好地完善焦化厂拦焦除尘装置，从而有效提升焦化厂生产过程中推焦和拦焦通风除尘效果，降低由此作业带来环境污染，减少工人操作中的健康风险。

在焦化厂的炼焦工艺中，一般需要把煤料添加到焦化室中，然后经历一段结焦时间的高温蒸馏，把煤料炼制完成焦炭及荒煤气，在焦化炉的炭化室中煤料在进行干馏之后，变成焦炭，用推焦机把这些焦炭全部推出，然后利用拦焦机把焦炭全部灌入焦罐车中或者干熄焦装置。因此，通过利用推焦车把炉门打开以后，可以把焦炭推出焦炉，但是在这一过程中也会导致许多棕黄色焦油蒸汽通过缝隙逐渐外溢，许多烟气夹杂着焦粉成为热气流而快速散逸。由此而给推焦工人带来了极大的身体危害，其中主要产生了这些具有危害的化学元素：高温气流、焦炭尘、苯并[a]芘、焦炉逸散物、煤焦油沥青挥发物、SO_2、NO_x、硫化氢、一氧化碳等一系列有害物质。除此之外，在焦炉逸散物中，还包含许多多环芳烃，这些化学物质主要为苯，是一种危害性极大的有害物质。通过分析与国内外焦炉烟气调研，主要污染物为烟尘（颗粒物）。

焦炉生产焦炭过程中，会产生大量焦炉烟气。大部分含 NO_x 和 SO_2 等有害物质的烟气经脱硫脱硝处理后有组织排放。然而，仍有部分无组织焦炉烟气经炉门、观察孔等密封不严处逸散，这些含有颗粒物、苯系物的逸散物会对工人的身体健康和周边环境造成严重危害，例如，人如果吸入过量烟气中的粉尘，会引发尘肺、肺炎等疾病；同时，烟尘周边往往温度较高，易引发火灾，达到一定浓度甚至会发生爆炸。因此，治理焦炉烟气已成为影响炼焦行业的发展的一大难题。

焦炉烟气中不仅包括一氧化碳、SO_2、NO_x 和多环芳烃等气态污染物，还有相当一部分重金属和烟尘的存在。焦炉烟气中的粉尘粒径一般为 0.001 1～500 μm，其中直径大于 10 μm 的粉尘为易沉降的降尘；而直径小于 10 μm 的为飘尘，其往往以气溶胶形态长期存在于大气中，危害环境，而焦炉飘尘中直径为 0.5～5 μm 的烟尘对人体造成的伤害最为严重。焦化厂产生的烟气粉尘大多为煤尘和焦尘，其排放标准应符合《炼焦化学工业污染物排放标准》（GB 16171—2012）及其他相关标准，即炼焦现场要求粉尘浓度小于 10 mg/m^3。

本研究以 A 焦化企业焦炉机侧烟尘治理为例。焦炉机侧烟尘治理除尘中，常选用新建机侧除尘地面站或者配备车载除尘罩等装置。通过地面水封集尘干管，将烟尘送入除尘地面站，实现吸收治理。干式地面除尘站是目前常见的焦炉烟气治理系统，其主要由通风机组、除尘管道、阵发性高温烟尘冷却分离阻火器、干式脉冲袋式除尘器、烟囱、输灰系统等部分组成。其工作原理为在通风机组的作用下，焦炉烟气自机侧吸气罩吸入后，先通过除尘管道进入阵发性高温烟尘冷却分离阻火器进行预处理，然后经干式脉冲袋式除尘器净化后，最终由排风机烟囱排出。除开发新型除尘工艺外，研究人员同时借助各种物理化学模型进行数值分析以优化技术参数，推动新工艺技术快速应用。

然而，尽管干式地面除尘站系统可以吸收大部分焦炉烟尘，但是焦炉机侧在推焦车工作时仍偶有烟尘冒出以及炉体因热胀而无法用除尘罩完美密封等问题存在,依然会导致焦炉烟尘的无组织排放,影响焦炉周边工人的身体健康和环境质量。因此,在本章中,研究人员以干雾抑尘技术为基础,经实验室研究,成功设计出一套用于治理焦炉机侧烟尘无组织排放的雾化抑尘设备,并将该系统成功用于现场实践,具有极高的烟尘去除率。

3.2 技术路线

针对焦化企业无组织废气治理技术难题,以 A 焦化企业焦炉烟气治理为研究对象,采用现场调研监测、实验室试验和理论分析模拟的方法,研究污染物扩散特征,控制方法以及对应的治理措施,以炼焦废气污染物的排放量低于 GB 16171—2012 规定的排放限值和除尘率超过 90% 为目标,控制焦化行业的无组织排放。

焦化行业大气污染的控制可以通过 3 类方法来实施:一是源头减量,二是过程控制,三是末端治理。源头减量相较于末端治理,通常成本更低、更有效、更可控。通过对工艺过程中污染源排放减量化,可以较低运行成本实现超低排放水平。主要研究内容与技术路线:

1)焦化企业焦炉污染物无组织排放强度与炼焦工艺关系研究。以焦炉烟气无组织排放源为对象,收集焦炉炼焦过程中的工艺参数,主要包括推焦、倒焦等推焦机运行参数,观测分析废气排放的特点,以及受外部气象条件的影响。

2)进行焦炉炼焦工艺的烟气污染物排放浓度的测定。包括粉尘浓度(含总粉尘和呼吸性粉尘浓度),风速风向的监测,分析不同工艺条件下污染物排放浓度变化情况,分析污染物控制关键时段和关键点,并监测有风流和无风流条件下,污染物扩散浓度,分析其污染特征。

3)焦炉污染物与风流相互影响关系数值模拟。对炼焦工艺中煤料在炭化室内经过一个结焦周期的高温干馏炼制成焦炭和荒煤气,炭化室中的煤干馏成焦炭后,由推焦机推出,整个过程风流参数(风速、风向)对污染物扩散规律模拟(ADINA、FLENTE 软件),分析污染物关键控制点。

4)不同气象条件下的无组织排放源的管控实验室试验。实验室设计焦炉烟气(以粉尘为主)产尘装置,制作粉尘发生器和抑尘试验室,采用不同的喷头对粉尘扩散室进行抑尘试验。试验粉尘采用布袋除尘器收集的粉尘和购置不同粒径的标准粉尘;通过电磁流量计观测喷雾水流量、气流量,数字压力计观测水压和气压;数字式粉尘仪测试粉尘浓度，通过粉尘浓度的变化，确定最优的雾化抑尘参数。

5）焦炉炼焦工艺无组织排放污染控制技术试验研究。以粉尘浓度传感器、风速传感器为数据感知系统，通过对现场环境参数检测，数据传输系统传输至工业控制机，数据反馈执行机构，控制无组织排放的浓度和强度。

6）对焦炉无组织排放雾化抑尘技术研究，通过对无组织排放源的强度和浓度分析，研究设计不同喷雾水量和水雾粒径的雾化装置，形成模块化的污染物控制技术装置，根据检测的粉尘浓度值，启动相应的雾化装置系统，将无组织排放污染物控制在规定限值。

本中试研究采用实验室试验、现场观测、模拟分析、现场试验的方法。如前所述，焦炉烟气成分复杂，环境条件变化，尘源可控性差，给烟尘的治理带来较大的困难。因此，需要开展试验研究，使粉尘治理技术方法较符合现场实际，在满足现场要求的同时，达到环境治理的效果。

3.3 关键技术

喷雾降尘以其投资省、结构简单、维修方便等优点得到广泛应用，为了与工艺有机结合，根据产尘情况实现自动化喷雾除尘。

3.3.1 喷雾装置选型

（1）自动喷雾系统的组成

本设计的自动喷雾系统采用光电感应自动喷雾，系统主要由供水管路、水质过滤器、电磁阀、喷嘴、升压泵、光电传感器，控制柜等组成。

（2）自动喷雾系统的原理

喷雾降尘的机理是将水雾化成细微水滴并喷射于空气中，使之与尘粒相碰撞接触，则尘粒可被捕捉而附于水滴上或者被润湿尘粒相互聚集成大颗粒，从而加快其降尘速度。本设计的水喷雾除尘就是将水加压并通过高效喷嘴喷出后雾化，形成许多高速运动的细水滴，下落中的水滴与粉尘颗粒发生碰撞而结合在一起，颗粒因表面湿度增大，以及颗粒之间在表面水的作用下很容易相互聚集在一起形成大颗粒粉尘，使粉尘加速下落净化空气（图3-1）。

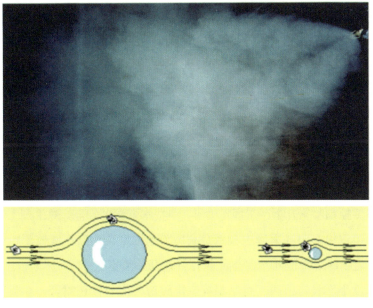

雾滴直径远大于尘粒直径时　　　　雾滴与尘粒直径相近时

图 3-1　干雾抑尘

（3）自动喷雾系统各结构的作用及选型

1）喷嘴。高压喷雾的雾流依靠喷嘴才能产生，通过喷嘴把高压泵或增压器提供的水静压能转化为动压能，此时才能发挥喷雾降尘功能。这一类喷嘴又可分为扇形影射喷嘴、平射型喷嘴、十字形导水型喷嘴、直射型喷嘴。扇形影射喷嘴雾粒度分布不均匀，雾粒细；平射型喷嘴雾粒度分布不均匀；十字形导水型喷嘴雾粒度分布不均匀；直射形喷嘴雾化和扩散效果差。

综上所述，结合喷嘴的适用条件和特点，本设计选用扇形影射喷嘴。扇形影射喷嘴主要技术参数：耗水量 14.1 L/min，水压 6.0 MPa，有效射程 5 m，扩散角 60°，喷射角 15°，喷嘴口径 1.5 mm。

2）水质过滤器。该喷雾系统采用 ZCL-1 系列水质过滤器，分自冲洗式和反冲洗式水质过滤器，选用自冲洗式，直接连接于供水管路系统中，能够除掉水中的泥沙及悬浮物，保证水质符合防尘用水的要求。ZCL-1 型水质过滤器主要技术参数：通径 100 mm，水压 6 MPa。

3）增压泵。增压泵是提供高压喷雾供水的主要部件，本设计喷雾系统采用 80D-12 型二级双吸离心泵，该泵将电能转化为液压能，输出高压液体，过滤后的供水经加压后供给喷雾装置。80D-12 型二级双吸离心泵的主要技术参数：流量 11 L/s，电机功率 4 kW，电机转速 2 950 r/min。

3.3.2 雾化抑尘智能化控制

通过对目前国内生产和使用自动洒水装置的广泛调查分析，发现普遍存在以下问题：

1）光控传感元件问题。白炽光传感器、红外光传感器、微波动目标传感器误动作频繁，抗干扰性差；热释电传感器灵敏度低，控制距离短。

2）电磁阀问题。先导式电磁阀对水压的适用范围小，一般为 0.4～1.6 MPa。

3）自动洒水装置采用光控传感元件和电磁阀灵活可靠，但整套自动洒水装置不能实现根据粉尘浓度控制喷雾，即存在盲目喷雾，浪费水资源的缺陷，对生产工艺造成影响。

智能化粉尘浓度超限喷雾降尘技术是利用粉尘浓度传感器在线监测粉尘浓度，当粉尘浓度超过设定值时，控制箱控制电磁阀打开，开始喷雾。

当粉尘浓度小于设定值时，控制箱控制电磁阀关闭，停止喷雾。在喷雾期间，如果有人员通过喷雾地点，光控传感器探测到人体感应信号，装置自动延时喷雾。同时智能化粉尘浓度超限喷雾降尘技术可与井下安全监控系统联网使用，不仅可以对粉尘浓度、电磁阀开关状态进行监测，还可以对粉尘浓度设定值、电磁阀的开关进行设置和控制，从而实现装置的远程监测监控。

将光控传感器、粉尘浓度传感器、电磁阀、喷雾装置结合起来，形成一套独立的智能化喷雾降尘技术，同时与地面通信，方便地面监控系统查询和修改参数。

GCG500 型粉尘浓度传感器是采用光散射原理直接测量总粉尘浓度，测定数据就地显示；同时输出远程监控系统相适应的信号，供监测系统进行地面监测和控制；通过在超限喷雾控制箱或监控系统主机中设置粉尘浓度喷雾控制上、下限值，当粉尘浓度超过上限值时，这时控制箱控制电磁阀的打开，实现喷雾；低于下限值，停止喷雾（图 3-2）。

控制系统组成包括：

（1）控制箱

智能化粉尘浓度超限喷雾降尘技术的控制箱是整个技术的关键设备，是实现系统各项功能正常工作的中央处理单元。控制箱所提供的本安电源应与粉尘浓度传感器和光控传感器的电源参数相匹配；主控箱信号接收端电路工作时的电参数应与传感器输出信号的电参数相匹配；主控箱输出控制电路工作时的电参数应与电磁阀工作时的电参数相匹配。同时控制箱应能远程监控系统进行数据通信。控制箱电路框图如图 3-3 所示。

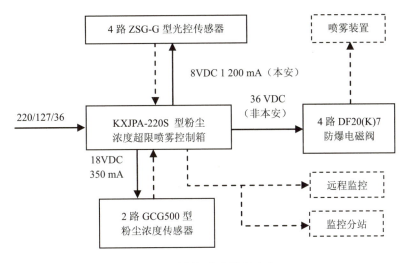

图 3-2 喷雾智能化控制方案

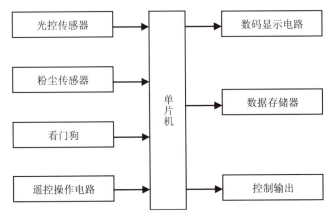

图 3-3 控制箱电路框图

（2）粉尘浓度传感器

粉尘浓度传感器采用光散射原理直接测量总粉尘浓度，主要由光源、光电转换器、粉尘测量系统、抽气系统、粉尘过滤器和控制电路组成。该传感器固定安装在作业场所，测定数据就地显示，同时输出与监测系统相适应的频率、电流信号（两种信号任选一种），供监测系统处理。其特点是测量快速准确、灵敏度高、性能稳定、粉尘散射比例系数可设定、直接显示粉尘质量浓度。粉尘浓度传感器原理图如图 3-4 所示。

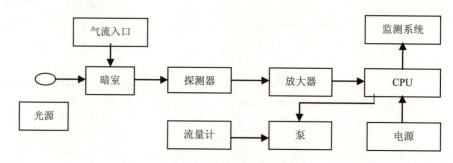

图 3-4　粉尘浓度传感器原理图

(3) 防爆型电磁阀

防爆型电磁阀采用先导式的结构，该阀用不锈钢活塞代替通用的先导式电磁阀的皮碗，使阀的承压能力大大提高；不锈钢活塞上有一活塞环，该环是可伸缩的氟橡胶圈，由于氟橡胶圈在工作中同时受到径向压力，改变了以往活塞的受力状况，彻底解决了先导式电磁阀使用水压范围小以及高压关不住、低压打不开的问题，在 0.2~6.3 MPa 内，活塞伸展自如，同时提高了阀密封性能，延长阀的使用寿命。该电磁阀主要由防爆壳、线包、线缆、阀芯、上阀体、中阀体、下阀体、主活塞、阀针和卸压孔等部分组成。

当电磁线圈通电后，形成磁场，吸起阀芯，卸压孔打开，上腔和下腔的水从卸压孔流走，使作用在主活塞上部的压力降低，从而依靠压差将主活塞推向上方，使管路畅通；当电磁线圈断电后，阀心因自重及弹簧作用下落，关闭卸压孔，与此同时进水通过连通孔流进下腔和上腔，使主活塞上表面形成压力，加上主活塞压簧及自重，使主活塞下落至阀口，从而截断管口。

(4) 光控传感器

热释电红外探头采用热释电材料极化随温度变化的特性探测红外辐射，采用双灵敏元互补方法抑制温度变化，灵敏度高，使其只感应人体辐射的红外波段，不受其他辐射的干扰。其输出电信号>2.0 V，工作温度为-20~60℃，视场 155°×145°。信号放大电路将热释电探头输出的微弱电信号经放大后输出至控制箱的主控电路板进行调制、放大、延时处理，该电路无须调整即正常工作。

3.4 干雾抑尘小试研究

3.4.1 搭建实验平台

本次实验室干雾抑尘系统可分为自制干雾发生系统、自制发尘装置、自制收尘装置及其他数据测量装置,其中自制干雾发生系统主要包括 DS-60 干雾抑尘机、空气压缩机、水气分配箱、供水供气管路、雾化喷头(本次实验采用单个);自制发尘装置主要包括螺旋发尘器、有机玻璃发尘管道;自制收尘装置为有机玻璃收尘箱;数据测量装置包括粉尘浓度传感器、风速测试装置、自制收尘装置、粉尘采样装置等。实验装置如图 3-5 所示,实验装置名称及型号参数如表 3-1 所示。

 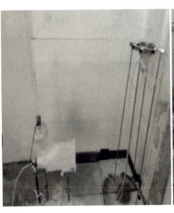 

(a)自动控制装置　　　　　(b)发尘和喷雾装置　　　　　(c)收尘装置

图 3-5　干雾抑尘实验平台

表 3-1　实验装置名称及型号参数

系统名称	装置名称	型号参数
自制干雾发生系统	DS-60 干雾抑尘机	安徽金建公司设计
	水气分配箱	安徽金建公司设计
	粉尘浓度传感器	上海洁岩
	雾化喷嘴	安徽工业大学设计
	空气压缩机	上海捷豹空压机有限公司
自制发尘装置	螺旋发尘器	安徽金建公司
	有机玻璃管道	$D=220$ 大有仪器有限公司

系统名称	装置名称	型号参数
自制收尘装置	有机玻璃箱	大有仪器有限公司
数据测量及其他辅助设备	3FC-3BT 智能粉尘采样仪	南京天测科技有限公司
	热线风速仪	Testo425 德国公司
	电子天平	FA2204B 山东晨拓科学仪器有限公司
	真空干燥箱	101-00SB 重庆三克仪器有限公司
	电子显微镜	JSM-5610LV 日本电子公司
	气水管道	文杰汽动液压

3.4.2 实验步骤

本实验选取滑石粉由管道吹出模拟焦炉烟尘的无组织排放。具体实验步骤如下：

（1）样品准备

首先将粉尘样品（滑石粉）放入鼓风干燥箱内烘干备用，然后将粉尘仪滤膜放在真空干燥箱内进行烘干后备用。最后进行设备调试检查并设定采样器参数，将采样流量设为 20 L/min，采样时间为 5 min。

（2）抑尘实验

将已经烘干好的粉尘样品放入螺旋发尘器的储存槽内，通过改变变频器的频率来实现发尘量的控制。粉尘样品由空气压缩机接气管吹出管道，以此模拟焦炉烟尘的无组织排放。

运行干雾发生系统、发尘装置、收尘装置并进行数据测量。首先运行发尘装置，用粉尘仪检测喷雾前环境粉尘浓度记为 C_0。然后将空气压缩机和水龙头分别接入 DS-60 干雾抑尘机并启动设备，抑尘机出水出气后再经水气分配箱实现水、气混合，接着通过雾化喷头喷出形成干雾，干雾与自制发尘装置吹出后的粉尘样品结合，形成干雾抑尘现象，再次运行粉尘仪检测喷雾后环境粉尘浓度记为 C_1。最后将自制收尘箱接入并进行雾粒径实验测试（图 3-6）。除尘效率（η）计算公式为

$$\eta = \frac{C_0 - C_1}{C_0} \times 100\% \tag{3-1}$$

式中，C_0 —— 喷雾前粉尘质量浓度，mg/m³；

C_1 —— 喷雾后粉尘质量浓度，mg/m³。

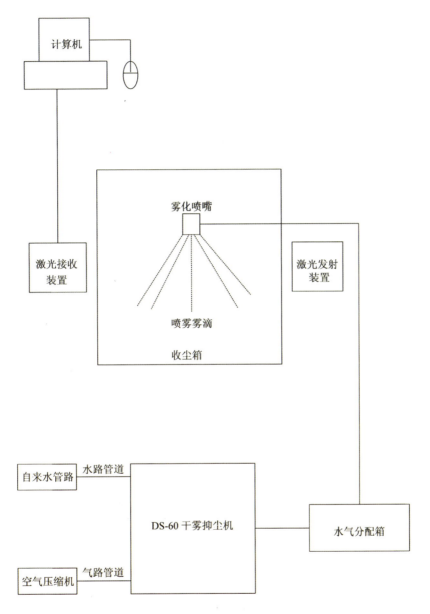

图 3-6　雾粒径测试示意图

保持风速（1.5 m/s）、发尘速率等条件不变，通过手动或 PLC 控制抑尘机调整一系列水气参数，运用控制变量法研究气压、水压对干雾抑尘效率的影响。基于实验室条件限制，本次试验仅考虑固定水压（0.3 MPa）工况下，气压变化对实验的影响。

3.4.3 实验数据分析

（1）气压影响实验数据分析

本次实验选取固定水压 0.3 MPa，气压分别取 0.2 MPa、0.25 MPa、0.3 MPa、0.35 MPa、0.4 MPa、0.45 MPa 和 0.5 MPa，其他条件保持不变。测得不同气压条件下的抑尘效率，如表 3-2 所示。

表 3-2　不同气压条件下的抑尘效率

水压/MPa	气压/MPa	抑尘效率/%
0.3	0.2	67.47
	0.25	69.39
	0.3	70.77
	0.35	75.06
	0.4	92.27
	0.45	73.16
	0.5	69.49

由表 3-2 可知，当水压固定为 0.3 MPa 时，随着气压不断增大，干雾抑尘效率呈先增后减的趋势，并在气压为 0.4 MPa 时，达到最大抑尘效率 92.27%。由图 3-7 可以看出，随着供气压力的不断增大，喷嘴出水流量、雾化角度均有所减小，后经模拟发现雾滴粒径减小，而出口速度增大。当供气压力为 0.2 MPa 时，尽管喷嘴出水流量大，但同时雾滴粒径也过大，不利于粉尘（特别是呼吸性粉尘）的捕集与沉降，因此该气压下的降尘效率不够理想。当供气压力由 0.2 MPa 逐渐增加至 0.4 MPa 时，因为雾滴粒径的减小及雾滴生成速率的增加所带来的积极作用大于水流量和雾化角下降所带来的消极作用，从而最终的降尘效率不断增加并达到最高。而当供气压力继续增加到 0.5 MPa 时，喷嘴水流量和雾化角减小较为严重，其消极作用远大于继续减小的雾滴粒径与增加的速度，同时雾滴粒径过低速度过快极易蒸发消散，因此降尘效率有明显下降。综上分析，当水压稳定为 0.3 MPa 时，气压若取 0.4 MPa，抑尘效率最佳为 92.27%。

同时，为了研究干雾抑尘效果随时间变化的趋势，研究人员在水压 0.3 MPa、气压 0.35 MPa 工况下进行实验。

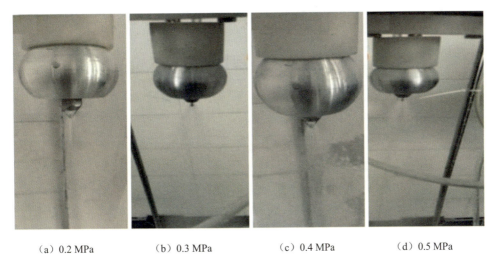

(a) 0.2 MPa　　　(b) 0.3 MPa　　　(c) 0.4 MPa　　　(d) 0.5 MPa

图 3-7　不同气压下（固定水压 0.3 MPa）的喷嘴喷雾状况图

由图 3-8 可知，在水压为 0.3 MPa、气压为 0.35 MPa 的工况下，喷雾 30 s 抑尘效率就达到了 70% 左右，48 s 便达到了最高效率 75.06%，此后基本保持最高效率运行。由此可见，干雾抑尘在较短时间内即可达到很高的抑尘效率并且具有良好的稳定性。

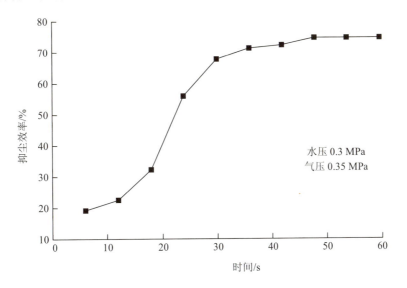

图 3-8　干雾抑尘效率随时间变化

（2）不同气压下雾化粒径试验分析

先对出口孔径为 1.2 mm 的自制喷嘴在不同气压下各空间位置点的雾化粒径实验结果进行分析，观察喷嘴在该范围内的雾化粒径分布规律。实验选取喷口下方 0.3 m、0.4 m、

0.5 m 处中心与边缘共 6 个点作为观察对象，分别记为 A～F，如图 3-9 所示。

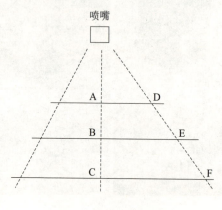

图 3-9　喷雾观察点分布

本次分析以各点 D_{50}，即该点粒径体积累积小于总粒径体积 50% 为评价标准。由图 3-10 可以看出：

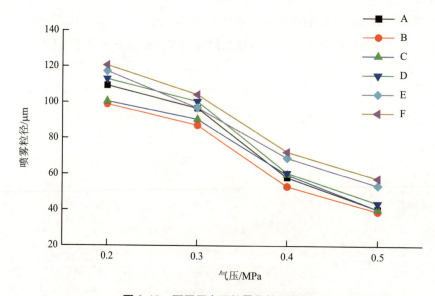

图 3-10　不同压力下的雾化粒径参数

根据气压在 0.2 MPa、0.3 MPa、0.4 MPa、0.5 MPa 时轴心位置 A、B、C 的 D_{50} 可以看出随着气压的增大，喷雾形成的雾滴粒径不断减小，再与边缘位置 D、E、F 进行比较，发现其喷嘴中心垂直方向的减小较边缘更为明显；但当气压增加到 0.4 MPa 时，雾滴粒径的减小程度逐渐降低，该现象与所查文献资料一致。

气压在 0.4 MPa 时，喷嘴的轴心位置 B，即离喷嘴 0.4 m 轴心处的雾滴粒径最小，表明该位置降尘效果最佳,此结论与前文实验相吻合。

由图 3-10 可知,同一水平位置进行比较,可以发现距离喷嘴越近,中心向外雾滴粒径变化幅度越不明显,反之越远则越明显。

综合上述实验与所查文献资料可以得出,微细雾滴对粉尘有很好的抑制效果,且喷嘴轴心位置具有最佳抑尘效果。

3.4.4 焦炉烟尘无组织排放扩散模拟

本研究使用 Fluent 软件对焦炉烟尘无组织排放扩散问题进行模拟。本次模拟不考虑横风,仅分析粉尘颗粒吹出后在重力作用下在集尘罩内的分布情况,为后续现场试验提供指导。

本次模拟基于模型放缩原则,将集尘罩与炉体产尘区进行合理缩比,并在 SpaceClaim 软件中建模,模型如图 3-11 所示。图中白色平面右侧区域为缩比炉体产尘区,左侧区域为集尘罩,白色平面可视为炉口与推焦车之间的交互区域,即最右侧为产尘(进尘)口,向左扩散被集尘罩收集。将模型导入 Meshing 软件进行网格化,并对进出口面进行二次加密后,导入 Fluent 软件进行解算。

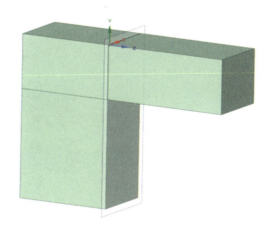

图 3-11 产尘区及集尘罩缩比模型

为了使模拟更加准确,本次模拟选用能量方程、流体流动(k-ε)模型、组分运输模型、离散相模型共同进行分析。

选定好模型参数后,对流体及边界条件进行设定,烟尘含量为 50%,逸散速度为 0.6 m/s,温度为 70℃并加入重力因素,考虑到集尘罩与炉体温度差异,将右侧产尘区温度设定为 70℃,左侧集尘罩区温度设定为 30℃。随后进行模拟运算。

结合图 3-12（a）体粒子速度轨迹图可以看出，大量烟尘会在炉口稍前下方处形成涡旋再沉降逸散，因此该区域应当为雾化喷嘴喷雾区。而由图 3-12（b）可知，该点温度较高并不利于喷雾装置运行，同时考虑到现场推焦车运行及实际施工状况等因素，研究人员最终决定将喷雾系统喷头设置于焦炉除尘口前方一段距离且定制其向下角度，确保雾滴与粉尘粒子实现最大化结合沉降。但考虑到模型为缩放，模拟结果仅可为后续喷雾装置的设计提供参考，具体现场实施时仍需进行校验比对分析。

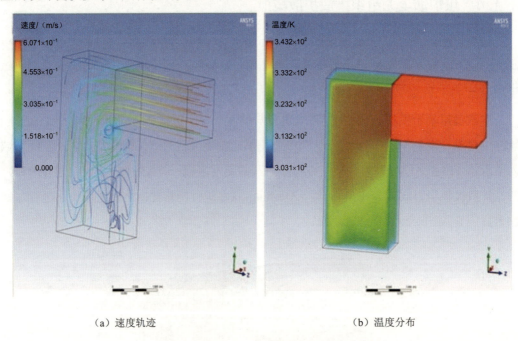

（a）速度轨迹　　　　　　　　　　（b）温度分布

图 3-12　烟尘模拟结果

3.5　干雾抑尘工业化应用中试研究

喷雾降尘因其投资较少、结构简单、易于操作和可高度自动化等优点得到广泛应用。考虑到实际生产中，焦炉烟气排放浓度变化较大，拦焦车运行位置时常发生烟尘排放量超出了抑尘控制范围。因此，本自动化雾化抑尘系统主要应用于去除距离拦焦车较远，炉门不严和炉内热风压散发的无组织排放的烟尘。图 3-13 为尾喷除尘设施示意图，尾喷除尘技术研发和试验装备明细见表 3-3。

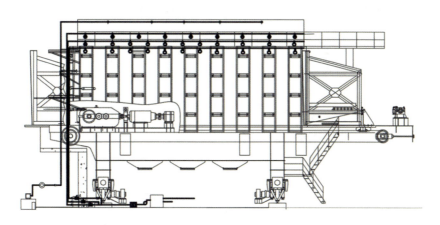

图 3-13　尾喷除尘设施示意图

表 3-3　尾喷除尘技术研发和试验装备明细

系统名称	编号	设备名称	规格型号	单位	数量	备注
雾化抑尘实验室试验	1	雾化器	CW-1、BY-1	个	15	
	2	压气系统	AJ-01	套	1	
	3	控制系统	KZ-0.1	套	1	含空压机、气动三元件、减压阀、控制器等
	4	雾化抑尘模拟室	1.7×1.7×2.0	座	1	含发尘器、小风机等
焦炉智能雾化抑尘中试装备	1	喷雾系统	CW-6	套	1	含水、气过滤器，流量计
	2	粉尘浓度传感器	GFP3	套	1	光电式，防爆
	3	数字温度传感器	DS18B20	套	1	含变送器，防爆
	4	智能控制箱	ZK-1.0	套	1	含 CPU、数显、处理器、控制器、数据存储器、转换器等，防爆
	5	小型离心风机	F-0.4	套	1	0.3 kW，防爆
	6	防爆电磁阀	FD-1	套	1	防爆
	7	数据线、电缆、桥架等		m	100	阻燃电缆
	8	安装、调试、维护		套	1	试验测试

本雾化抑尘装置的抑尘效果可根据现场粉尘的颗粒大小、粉尘浓度进行微调节。具体操作方法为通过抑尘机改变供水压力与供气压力得到不同喷雾效果，从而完成不同情况下的烟尘去除，为考察智能尾喷抑尘设施的实际效果，在某焦化企业焦炉进行中试（图 3-14），现场喷雾效果如图 3-15 所示。

图 3-14 某焦化企业中试现场照片

(a) 细雾　　　　　　　　　　　　(b) 粗雾

图 3-15　某焦化企业现场喷雾效果

经现场测试，尾喷抑尘装置产生的微米级喷雾能和炉门逸散的无组织烟气高效结合并使其粒径增大、重量增加，从而在重力作用下沉降下来，能够有效抑制细颗粒物在高温下的散逸，减少大气污染。其中环境风速、温度和作业情况对抑尘效率影响较大。

由焦炉无组织烟气处理中试试验结果可知，本研究采取的智能尾喷抑尘设施对焦炉逸散的颗粒物具有较好的抑制效果，推焦时抑尘率在 80%以上，未推焦工况下的抑尘率在 90%以上，因此可作为机侧除尘设施的配套装置，协同治理焦炉有组织和无组织烟气，确保焦炉无可见烟气产生，满足环保绩效 A 级评级要求（表 3-4）。

表 3-4　智能尾喷设施抑尘效果

日期	风速/（m/s）	温度/℃	颗粒物最大浓度/（mg/L）	抑尘率/%
6月14日	5	42	380（推焦）	78
			92（未推焦）	85
6月15日	6	41	415（推焦）	83
			106（未推焦）	92
6月16日	5	40	378（推焦）	80
			95（未推焦）	91
6月17日	4	41	424（推焦）	82
			104（未推焦）	94

3.6 干雾抑尘研究结论

1）雾化抑尘研究表明，当水压恒定在 0.3 MPa 时，随着气压不断增大，干雾抑尘效率呈先增后减的趋势，并在气压为 0.4 MPa 时获得最大抑尘效率 92.27%。

2）雾化粒径实验结果表明，随着压力的增大，喷雾形成的粒径逐渐减小，其中以雾场轴心处的减小最为明显。同时，微细雾对粉尘有很好的抑制效果，且中心位置抑尘效果最佳。

3）现场试验表明，水压为 0.2~0.3 MPa，气压为 0.4~0.6 MPa，焦炉烟尘抑尘率可达 90%以上，同时自动化粉尘浓度超限喷雾降尘技术应用易于操作且可远端控制，十分适合焦炉烟尘的无组织排放治理工作。

4）在治理焦炉烟尘无组织排放问题上，干雾抑尘因其启动快、效率高、稳定性好且可高度自动化等优点，具有极高的研究和应用推广价值。

第 4 章
焦化行业浓盐水膜分离绿色阻垢剂研发

> **内容摘要**
>
> 针对我国北方地区水质硬度高、焦化行业废水"零排放"受制于膜处理结垢难题、膜堵塞频发、系统产水率降低、运行成本高等问题,以焦化浓盐水原水和纳滤进水为试验对象,基于天然产物多糖和氨基酸自主研发制备出绿色环保可降解的阻垢剂(PSI 和 SSI),阻垢率最高可达 96%。阻垢剂效果随浓度增加而增强,但存在阈值,最优投加量为 10~20 mg/L。PSI 阻垢效果明显,能大幅抑制纳滤和反渗透膜结垢,降低膜压力,增加膜通性,提高产水效率,延长膜设备寿命,阻垢效果优于企业现用阻垢剂。

4.1 焦化行业浓盐水回用存在的问题

我国作为世界上最大的焦炭生产和消费国家,焦炭产量占全球焦炭比例高达 69%。2019 年年底,我国焦炭总量为 4.71 亿 t,炼焦消耗标煤 4.47 亿 t。中国独立焦化企业产能占比 74.53%,其中干熄焦工艺比例仅为 30%。焦炭生产过程中碳排放量超过 3 亿 t。

我国能源结构以"富煤、贫油、低气"为特征。截至 2020 年 6 月,中国在建及规划煤制油项目产能达 3 600 万 t。随着产业规模的扩大,新型煤化工产业已经成为碳排放增量的主要贡献者。2015 年中国新型煤化工产业碳排放量仅为 0.67 亿 t,2019 年达 1.96 亿 t,年均增长 30.78%。行业的快速发展给生态环境保护及实现碳达峰碳中和战略目标带来巨大压力。

清洁生产是指企业在生产过程中采取污染整体预防策略以降低污染的过程,是将传统的污染末端治理转为污染物产排全程监控的新思路。清洁生产审核是指对生产和服务过程进行调查和诊断，找出能耗高、物耗高、污染重的环节，并实施改进方案。2021年10月，经国务院同意，国家发展改革委联合生态环境部、工业和信息化部等部门印发《"十四五"全国清洁生产推行方案》（发改环资〔2021〕1524号），全面部署了推行清洁生产的总体要求、主要任务和组织保障，按照资源能源消耗、污染物排放水平确定开展清洁生产的重点领域、重点行业和重点工程，指明了"十四五"清洁生产推行路径，对于实现绿色低碳循环发展，助力实现碳达峰碳中和目标意义重大。清洁生产是绿色环保的生产方式，是实现碳达峰碳中和的必要措施。对于焦化等化工行业而言，废水的循环利用是清洁生产的重要组成部分，有助于提升资源和能源利用效率，是实现"零排放"和碳达峰碳中和的重要途径。

以某焦化企业为例，总规模为年产焦炭440万t、联产甲醇40万t，采用8孔×55孔6 m JN60型焦炉生产焦炭，焦炉煤气制甲醇工艺，副产粗苯、精苯、硫铵、煤焦油等化产品。项目一次规划，分两期建设。

企业一期、二期项目总体工程（焦化、甲醇、余热发电、苯加氢）生产生活用水总量为1 746.3 m^3/h（其中新水1 120.67 m^3/h、除盐水244 m^3/h、回用水381.63 m^3/h），循环冷却水量为58 286 m^3/h，生产及生活污水产生量为260 m^3/h。

一期、二期项目处理后的酚氰废水共计268 m^3/h送至酚氰废水生化深度处理装置进行深度处理，深度处理装置出水的35%即94 m^3/h作为甲醇循环水系统的补水，出水40%即107.2 m^3/h回一期除盐水罐，深度处理装置的尾水25%即67 m^3/h送至浓盐水深度处理单元。

一期、二期项目循环水系统的排污水共计250 m^3/h送至循环水排污水深度处理装置。处理后的清水108 m^3/h作循环系统补水，浓水63 m^3/h去浓盐水深度处理单元。总浓盐水121 m^3/h经深度处理后，97 m^3/h工业清水作为甲醇循环水系统的补水，24 m^3/h浓盐水尾水送至园区污水处理厂蒸发结晶处理。

为有效利用生化废水中水回用的浓水和循环水排污水深度处理的浓水，某焦化企业建设了160 m^3/h配套浓盐水深度处理系统。其中循环水排污水深度处理浓水65 m^3/h，生化废水中水回用浓水65 m^3/h，预留三期煤制气生化废水中水回用浓水30 m^3/h，总设计处理量按160 m^3/h考虑。然而，项目投用不久，工程出现了严重的膜堵塞现象（图4-1），导致系统产水效率降低，增加了运行成本，每年造成近千万元经济损失。因此，本项目拟根据浓盐水深度处理系统实际工况，定制研发绿色高效阻垢剂和配套阻垢工艺，解决膜处理系统结垢难题，提升系统产水能力，节约企业生产成本。

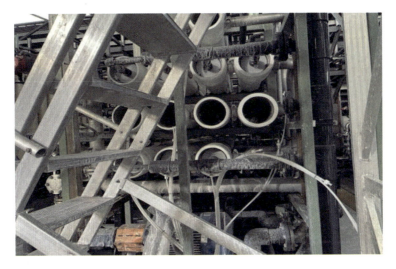

图 4-1　纳滤膜设备结垢严重

某焦化企业生化废水深度处理浓水和循环水排污水深度处理浓水首先汇入调节池，进行水质水量调节，然后由泵提升至一级高密池通过投加 $CaCl_2$ 等药剂进行脱氟、脱硬处理，出水送入二级高密池投加 Na_2CO_3 进一步脱除过量的钙离子，一级高密池和二级高密池产生的污泥送至污泥浓缩装置进行脱水，二级高密池出水自流入中间水池，由泵送入多介质过滤器，利用余压将多介质产水送至臭氧装置，对浓水中的 COD_{Cr} 进行脱除，通过 HCl 调节 pH 后泵入多介质过滤器，再经自清洗过滤器送入超滤（UF）装置，超滤产水浊度小于 0.2 NTU，SDI 值小于 3。UF 产水用泵送入弱酸阳床进一步降硬，产水硬度小于 5 mg/L，弱酸阳床产水再进一级纳滤（NF1）装置；NF1 浓水再经过 NF2 处理，NF1 和 NF2 的产水再经过一级反渗透（RO1）脱盐处理，RO1 浓水经过 RO2 处理，RO2 和 NF2 浓水外送，RO1 和 RO2 产水回用（图 4-2）。

由于脱氟、脱硬、絮凝沉淀等预处理阶段设施空间有限，反应停留时间不足，致使氟、硅、钙、镁等易成垢组分脱除不充分，不断在系统里积累，到达饱和溶度积后即沉淀析出并不断富集生长，最终在膜表面沉积成垢，阻滞分子和离子传质。由于纳滤膜孔径介于超滤和反渗透膜之间，与水垢微粒尺寸接近（10～100 nm），因而成为结垢最严重的环节。水垢不断累积，堵塞膜通道使膜压力不断增大，严重时会破坏膜结构。由于结垢的不利影响，现有的二级纳滤和反渗透设施不能正常运行，产水能力受到严重抑制。经初步研究，膜系统形成的硫酸钙和碳酸钙复合垢致密结实，不溶于酸碱，后期反冲和酸洗等手段难以处理，因此必须使用高效阻垢剂，将结垢离子限制在溶液中，保证膜系统正常运行。图 4-3 为水垢不溶于酸碱难以除去。

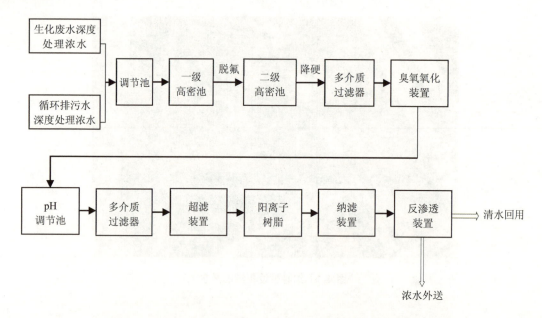

图 4-2　某焦化企业浓盐水深度处理工艺路线

图 4-3　水垢不溶于酸碱难以除去

4.2　阻垢剂作用机理

图 4-4 为阻垢机理示意图。以碳酸钙（$CaCO_3$）垢为例，阻垢剂主要通过晶体畸变和分散作用抑制垢的形成、聚集和生长。$CaCO_3$ 垢在空白溶液中呈现典型的树枝状文石晶

体结构。加入阻垢剂后,文石晶体的生长受到抑制,晶体边缘逐渐变得粗糙,呈不规则形状。当阻垢剂浓度继续增加时,原始的文石晶体结构已基本消失,随着阻垢剂浓度继续增加,球霰石晶体的球状结构逐渐出现,这表明阻垢剂通过晶体畸变作用抑制了文石晶体的正常生长,使其转化为不稳定的球霰石晶体,从而起到阻垢作用。当阻垢剂达到一定浓度时,球霰石晶体球状颗粒数目减小、尺寸增大,表明颗粒之间结合力变弱,阻垢剂具有分散效果。因此,阻垢剂通过晶体畸变作用抑制了 $CaCO_3$ 垢(文石)晶体的正常生长,使其转化为不稳定的球霰石晶体,并通过分散作用抑制垢的聚集沉积以降低其稳定性,从而起到阻垢效果。图 4-5 为阻垢剂作用下碳酸钙垢微观形貌变化。

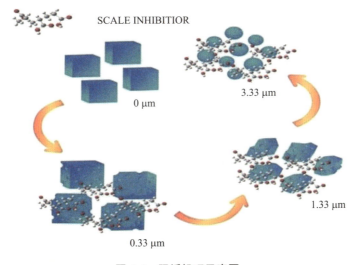

图 4-4 阻垢机理示意图

图 4-5 阻垢剂作用下碳酸钙垢微观形貌变化

目前关于阻垢剂在焦化行业废水膜分离净化中的利用关注较少，缺少对高盐度、高压条件下膜性质和孔径影响因素的研究。因此，本项目针对焦化废水膜净化系统的阻垢研究具有较高的创新性。

4.3 阻垢剂研发技术路线和关键技术

本研究利用天然多糖大分子聚合物和多官能团氨基酸小分子化合物合成环境友好型阻垢剂，用于抑制焦化废水循环膜分离过程的水垢形成。对合成产物进行仪器分析，表征分子结构和产率等性质。以硫酸钙和碳酸钙为研究对象，研究阻垢剂种类和实验条件对其阻垢效率的影响，通过条件优化应用于焦化废水循环利用系统，考察其对膜分离设备结垢堵塞行为的抑制效果。研究高盐度条件下垢晶体形成和生长的动力学和热力学，结合密度泛函理论计算和分子动力学模拟探究阻垢剂的作用机理。

4.3.1 研究方法和实验手段

（1）树枝状大分子聚合物和多官能团小分子化合物合成与表征

1）PSI 合成。如图 4-6 所示，以对甲苯磺酸为催化剂，DMSO 为溶剂，将葡甘聚糖（KGM）与氨基酸混合于 100 mL 圆底烧瓶中并在 120℃下加热回流。24 h 后过滤并用乙醇冲洗，干燥后即得到目标产物 PSI。

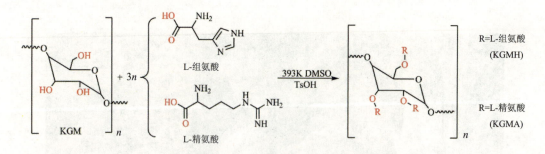

图 4-6　PSI 合成路线

2）SSI 合成。如图 4-7 所示，以氢氧化钠为催化剂，乙醇为溶剂，将香草醛与氨基酸混合于 100 mL 圆底烧瓶中并在室温下搅拌反应。24 h 后过滤并用乙醇冲洗，重结晶后即得到目标产物 SSI。

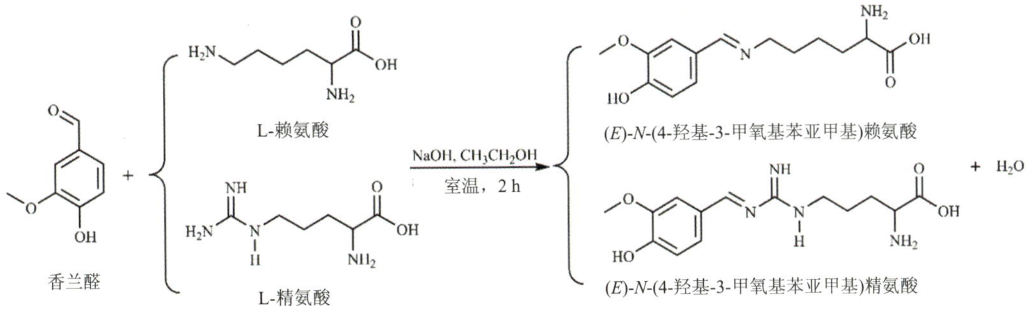

图 4-7　SSI 合成路线

利用核磁共振、红外光谱和凝胶色谱等分析仪器对目标产物进行结构鉴定和表征。

（2）硫酸钙和碳酸钙阻垢测试

自主研制高压动态膜分离过程阻垢实验装置，通过电化学阻抗法研究阻垢剂种类、浓度、盐浓度、温度、压力和膜孔径对硫酸钙和碳酸钙垢抑制作用的影响，并借助扫描电子显微镜、X 射线衍射仪等仪器对垢晶体进行表征，为阻垢机理研究打下基础。阻垢效率（η）可通过式（4-1）计算：

$$\eta = \frac{C_2 - C_0}{C_1 - C_0} \times 100\% \tag{4-1}$$

式中，C_0、C_1、C_2——分别表示不添加阻垢剂过滤后 Ca^{2+} 质量浓度、溶液中初始 Ca^{2+} 质量浓度、添加阻垢时过滤后 Ca^{2+} 质量浓度。

（3）焦化废水循环系统膜分离过程阻垢中试试验

基于前述阻垢试验得到的最优阻垢剂种类、浓度及温度、流量、压力等工况参数，进行为期 1 个月的焦化废水循环系统膜分离过程阻垢中试试验，其间每天记录成垢离子浓度，观察膜结垢情况并计算阻垢效率以评价阻垢剂的工业化应用潜力。

4.3.2　关键技术

（1）新型阻垢剂精准设计合成

针对焦化废水膜处理成垢离子种类多、高盐度、高压及膜孔径差异化特点，精准设计具有三维立体结构树枝状大分子阻垢剂和多官能团小分子阻垢剂，使大分子阻垢剂与成垢离子反应后能被膜截留而不堵塞膜通道，而小分子阻垢剂则可在循环系统内始终发挥阻垢作用，提高产水效率，延长设备寿命。

（2）吸附特征和机理科学研究方法

基于成垢离子与阻垢剂分子吸附并发生化学反应过程的复杂性，兼顾理论计算的合理性和可行性,选择 Dubinin-Radushkevich 等温方程和 Elovich 模型研究螯合反应特性和动力学,并通过密度泛函理论与非平衡格林函数方法自洽计算及 COMPASS 力场下的分子动力学模拟,获得螯合体系稳定构型、能量和理论模型,从而准确阐述阻垢机理。

4.4 阻垢剂研发

(1) 阻垢剂制备

用天然产物多糖和氨基酸制备绿色环保可降解的树枝状大分子阻垢剂 PSI 和多官能团小分子阻垢剂 SSI。PSI、SSI 制备工艺分别见图 4-8、图 4-9。

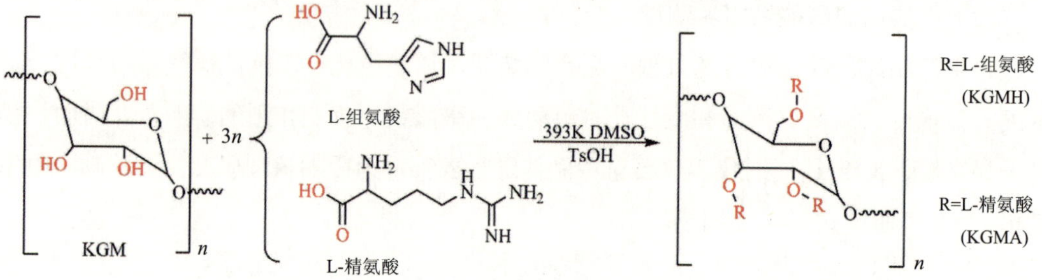

图 4-8 PSI 制备工艺

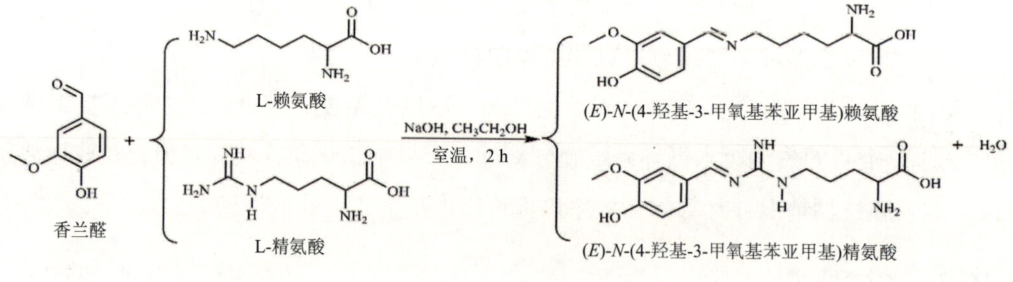

图 4-9 SSI 制备工艺

(2) 性能测试

参照国家标准《水处理剂阻垢性能的测定 碳酸钙沉积法》(GB/T 16632—2019)配制含有原水、纳滤进水和阻垢剂的空白溶液和阻垢溶液。首先将 75 mL 原水(纳滤进水)溶液混合于 250 mL 容量瓶中,分别加入 20 mL 0.5 mol/L $NaHCO_3$ 和 5 mL 0.5 mol/L NaOH,再分别加入阻垢剂分别配制浓度为 20 μmol/L PSI 和 SSI 以配制阻垢剂溶液。作为比较另选 3 种市售阻垢剂(PESA、PBTCA 和 HDTMPA)同时进行阻垢测试。测试溶液分别在 60℃下恒温 10 h，冷却至室温后经 30 μm 滤纸过滤，上清液中钙离子浓度通过 ICP-OES 测定，阻垢效果见图 4-10、图 4-11。

图 4-10　PBTCA、PESA、HDTMPA、PSI 和 SSI 在焦化浓盐水原水中的阻垢效果

图 4-11　PBTCA、PESA、HDTMPA、PSI 和 SSI 在纳滤进水中的阻垢效果

阻垢性能测试结果表明，在浓盐水原水和纳滤进水中，开发的专用阻垢剂 PSI 和 SSI 阻垢效率明显优于市场的阻垢剂，阻垢效率在 95%以上。且使溶液的结垢速率降低 90%以上，将有效抑制滤膜表面的水垢形成，可延长滤膜使用寿命 2~3 倍。图 4-12 为不同阻垢剂在浓盐水原水中阻垢效率与浓度关系，图 4-13 为阻垢剂在浓盐水纳滤进水中阻垢效率与浓度关系，图 4-14 为原水和纳滤进水中结垢速率与阻垢剂种类关系。

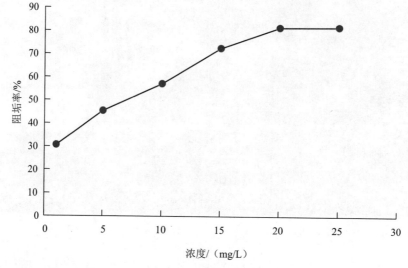

（a）PBTCA 在原水中的阻垢效率

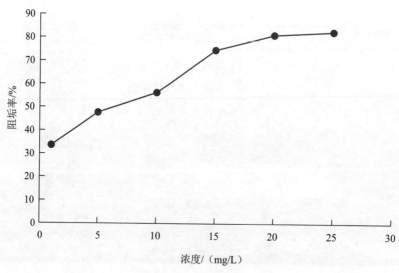

（b）PESA 在原水中的阻垢效率

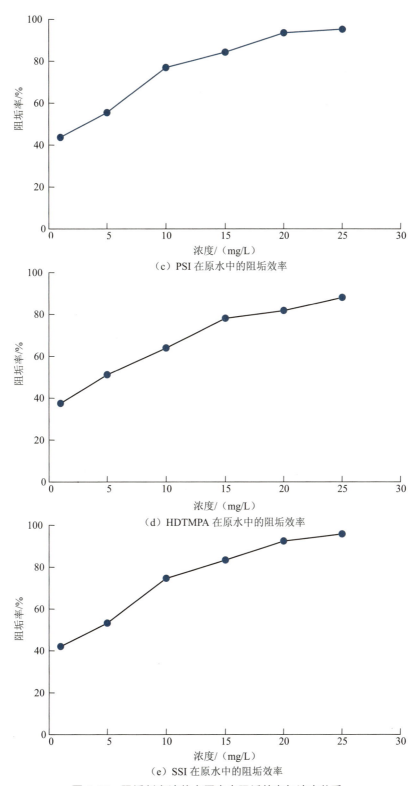

图 4-12　阻垢剂在浓盐水原水中阻垢效率与浓度关系

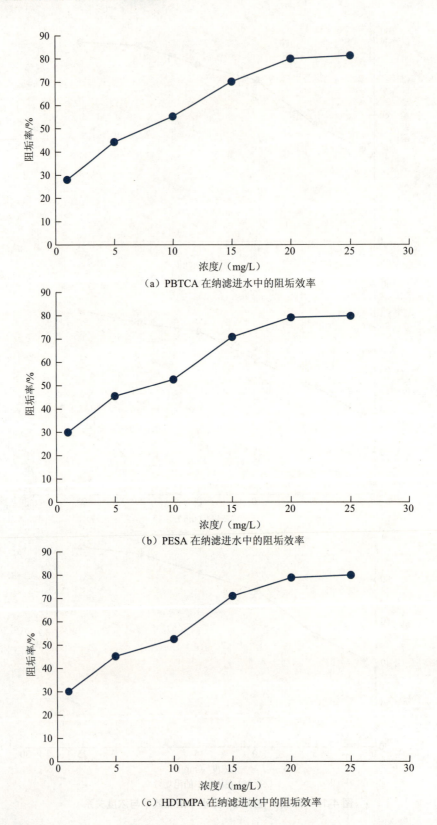

(a) PBTCA 在纳滤进水中的阻垢效率

(b) PESA 在纳滤进水中的阻垢效率

(c) HDTMPA 在纳滤进水中的阻垢效率

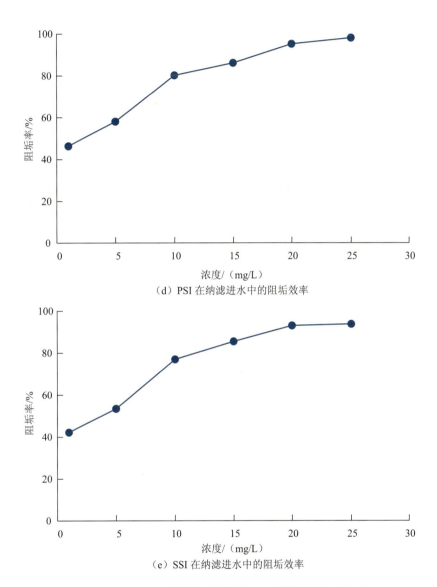

(d) PSI 在纳滤进水中的阻垢效率

(e) SSI 在纳滤进水中的阻垢效率

图 4-13　阻垢剂在浓盐水纳滤进水中阻垢效率与浓度关系

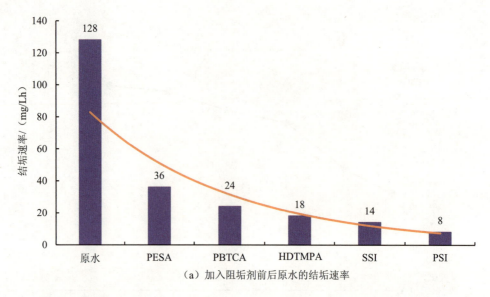

（a）加入阻垢剂前后原水的结垢速率

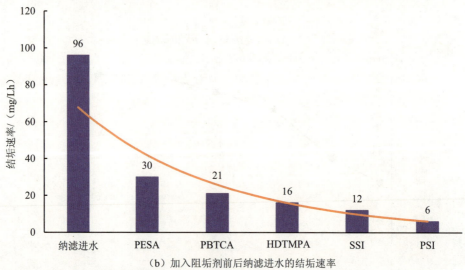

（b）加入阻垢剂前后纳滤进水的结垢速率

图 4-14　原水和纳滤进水中结垢速率与阻垢剂种类关系

4.5　阻垢剂工业化应用

为验证专用阻垢剂的实际使用效果，在某焦化企业浓盐水深度处理系统试投用 1 个月，图 4-15 为中试现场照片。工况及技术指标如下：流量，160 m³/h；pH，7～8；电导率，15 000～20 000 μS/cm；药剂，PSI；滤膜，海德能；药剂投加浓度，20 mg/L；试验周期，1 周；效果，阻垢效率，90%以上；结垢速率，1 mg/Lh 以下；膜通量衰减，小于 10%。阻垢剂效果评价见图 4-16。

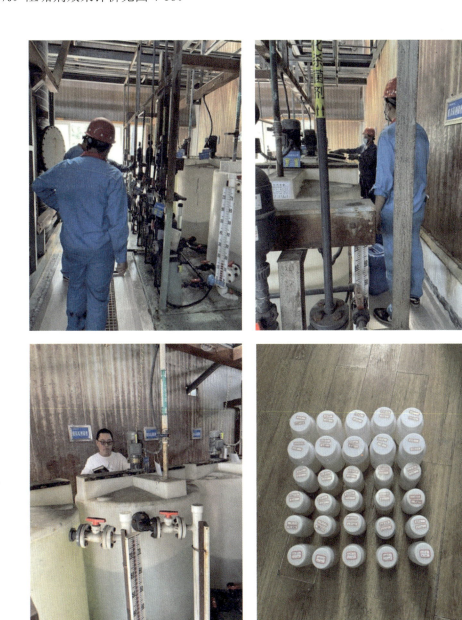

图 4-15　阻垢剂中试现场照片

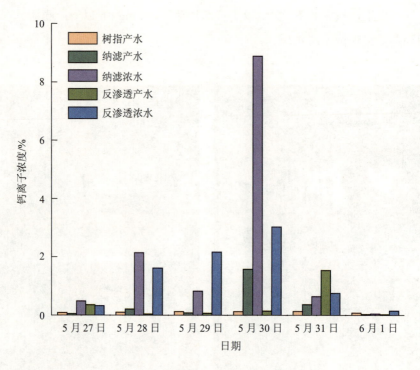

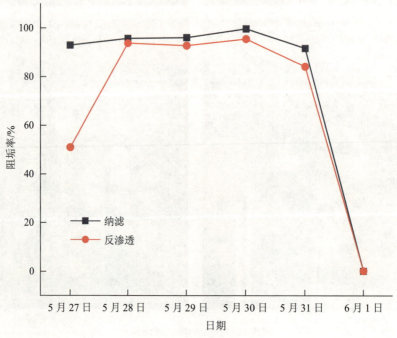

图 4-16 阻垢剂效果评价

4.6 阻垢剂研究结论

本研究以焦化浓盐水原水和纳滤进水为试验对象，选用生态环境部南京环境科学研究所自主研发的 PSI 和 SSI 阻垢剂对其进行阻垢试验和中试，主要研究结论如下：

1）PSI 和 SSI 在原水和纳滤进水中均具有较好的阻垢作用，阻垢率最高可达 96%。

2）阻垢剂效果随浓度增加而增强，但存在阈值，因此最优投加量为 10~20 mg/L。

3）中试结果表明，PSI 阻垢效果明显，能大幅抑制纳滤和反渗透膜结垢，降低膜压力，增加膜通量，提高产水效率，延长膜设备寿命，阻垢效果优于企业现用阻垢剂。

第 5 章
焦化行业减污降碳技术路线研究

内容摘要

独立焦化行业量大面广，颗粒物、VOCs 无组织排放量大，储罐区、酚氰废水 VOCs 排放占比高，精细化管控亟须提升。通过核算不同焦化企业碳排放强度发现，采用干熄焦工艺、布局完善的焦炭-煤化工产业链条，利用焦炉煤气深加工生产液化天然气（LNG）、合成氨等固碳技术，可大幅减少碳排放量。针对 1 000 万 t 焦化产能，实施湿熄焦改干熄焦战略，可节省标煤 260 万 t，减污降碳意义重大。焦化行业实施焦炉烟尘收集治理、酚氰废水加盖密封收集治理、泄漏检测与修复（LDAR）技术、储罐区 VOCs 精准治理等可有效实现减污；实时湿熄焦改干熄焦、优化路线向精细化工转型、废水零排放等可有效降碳，以典型焦化企业为例，采取减污降碳技术路线后，VOCs、CO_2 减排比例分别可达 82.74%、32.76%。

A 市位于黄河中游，有大量焦化企业。将 A 市作为研究对象，探究焦化行业减污降碳技术路线研究。目前该市有两个省控自动检测站点，即 a 自动站和 b 自动站。a 自动站位于城区西北部（老城区）市政府楼顶；b 自动站位于城区东南部（新城区）主要对新城区和来自外市、北部地区污染物的监测。

5.1 A 市主要环境问题

1）2020 年 A 市首要污染物 O_3 的天数为 139 d，硫氮比为 0.72。O_3 污染严重，SO_2 浓度较高，需要制定措施，对 O_3 和 SO_2 浓度严加控制。

2）A 市粗细颗粒物基本各占一半。白天 $PM_{2.5}$ 与 SO_2、CO 协同变化明显，夜间与 NO_2 协同变化明显。对于重污染过程，$PM_{2.5}$ 与 CO、SO_2 具有明显的同源性，可能来源为燃煤或工业排放。

3）A 市 O_3 浓度较高，NO_2 浓度较低且持续下降，VOCs 可能是 O_3 的主要来源。a 自动站位置较高，受到东北部污染高空传输的影响更为明显。

4）A 市春、秋两季夜间 PM_{10} 浓度出现明显的峰值，同时刻 $PM_{2.5}$ 并未出现明显的峰值。

5.2　A 市焦化行业挥发性有机物排放清单

5.2.1　A 市焦化企业现状

A 市共有 6 家大型焦化企业，2020 年度 6 家焦化企业整年各主要产品及副产品详见表 5-1。A 市焦化行业 2020 年年产焦炭 6 883 363.27 t，焦油 256 467.15 t，粗苯 80 124.28 t，硫铵 74 383.06 t，硫渣 6 801.44 t，硫黄 5 087.05 t，甲醇 70 151 t，合成氨 136 444.18 t。

表 5-1　A 市焦化行业 2020 年实际产品产量

企业	产品名称	单位	产量
焦化企业 a	焦炭	t/a	3 725 414.03
	焦油	t/a	142 277.37
	粗苯	t/a	44 205.23
	硫铵	t/a	43 231.70
	硫渣	t/a	6 801.44
	LNG	t/a	114 287.11
	合成氨	t/a	136 444.18
焦化企业 b	焦炭	t/a	633 757
	粗苯	t/a	6 971
	焦油	t/a	19 646
	硫黄	t/a	1 169
焦化企业 c	焦炭	t/a	637 296.37
	焦油	t/a	21 875.16
	粗苯	t/a	6 562.55
	硫铵	t/a	9 295.18
	硫黄	t/a	1 111.71
焦化企业 d	焦炭	t/a	605 472.87
	焦油	t/a	23 735.62
	粗苯	t/a	7 009.5
	硫铵	t/a	4 743.18
	硫黄	t/a	1 380.34

企业	产品名称	单位	产量
焦化企业 e	焦炭	t/a	787 823
	甲醇	t/a	70 151
	焦油	t/a	31 361
	粗苯	t/a	9 700
	硫铵	t/a	11 710
	硫黄	t/a	1 426
焦化企业 f	焦炭	t/a	493 600
	粗苯	t/a	5 676
	煤焦油	t/a	17 572
	硫铵	t/a	5 403
	焦炉煤气	$10^4 \text{ m}^3/\text{a}$	6 369.87

5.2.2 生产工艺流程与 VOCs 排放环节

（1）炼焦生产工艺与 VOCs 排放环节

由备煤车间送来的配合好精煤装入煤塔，经计量后入炭化室内，煤料在炭化室内经过一个结焦周期干馏炼制成焦炭和荒煤气。炭化室内焦炭成熟后，用推焦机推出，经拦焦机导入焦罐车中，由电机车牵引至干熄站提升井架底部再提升至干熄炉顶装入炉内，焦炭与惰性气体（氮气）直接进行热交换；湿法熄焦则是通过熄焦车直接运至熄焦台后利用熄焦水进行熄焦。干馏过程产生的荒煤气汇集到炭化室顶部空间，经上升管、桥管进入集气管，荒煤气在桥管内经氨水喷洒冷却，焦油被冷凝，煤气和冷凝下来的焦油通过氨水一起经吸煤气管道送入煤气净化车间。

炼焦生产工艺流程中 VOCs 排放点主要有焦炉炉顶、装煤地面除尘站排气筒、出焦地面除尘站排气筒、干熄焦除尘站排气筒、湿熄焦塔和焦炉烟囱。炼焦生产涉 VOCs 废气排放情况见表 5-2，炼焦生产工艺流程与 VOCs 排放环节示意图见图 5-1。

表 5-2 炼焦生产（干法、湿法炼焦）涉 VOCs 废气产排情况

序号	产生点	来源	VOCs 废气主要成分构成
1	焦炉炉顶	结焦时炭化室逸散烟气；未进入地面除尘站的装煤和出焦烟气	烷烃、烯烃、苯系物
2	装煤地面除尘站排气筒	炼焦煤快速顶装至炭化室挥发分物质热裂解	烷烃、烯烃、苯系物
3	焦炉烟囱	煤气、甲醇弛放气未能充分热解	烷烃、烯烃、苯系物

序号	产生点	来源	VOCs 废气主要成分构成
4	干熄焦除尘站排气筒	干熄焦过程中逐渐降低，大链烷烃类由于温度较低未能充分热解	烷烃、烯烃、苯系物
5	出焦地面除尘站排气筒	热焦炭中焦油、大链烷烃类未充分热裂解挥发所致	烷烃、烯烃、苯系物
6	一次湿法熄焦	热焦炭中焦油、大链烷烃类急速冷却挥发所致	烷烃、烯烃、苯系物
7	二次湿法熄焦	未熄灭的红焦炭中焦油、大链烷烃类急速冷却挥发所致	烷烃、烯烃、苯系物

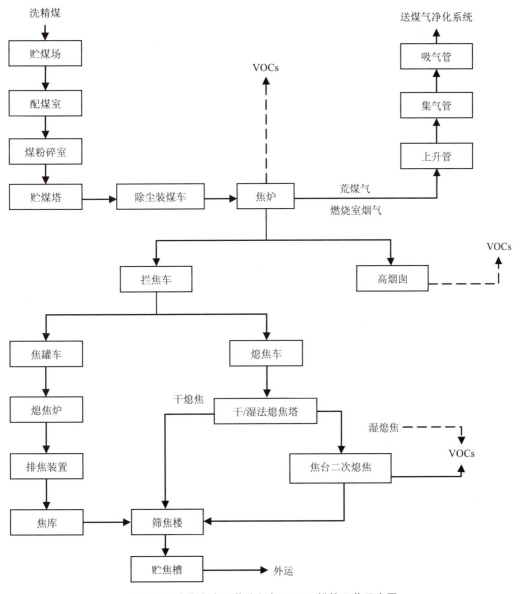

图 5-1　炼焦生产工艺流程与 VOCs 排放环节示意图

(2) 煤气净化生产工艺流程与 VOCs 排放环节

煤气净化车间与焦炉、炼焦生产能力相配套。工艺流程主要有冷凝鼓风、HPF 脱硫、硫铵、终冷洗苯、粗苯蒸馏。

1）冷凝鼓风工段工艺：来自焦炉的荒煤气与焦油和氨水经气液分离器分为荒煤气和焦油氨水，分别经电捕焦油器和焦油氨水分离槽除去焦油和多余水分后，煤气送至脱硫工段、焦油入油库储槽、焦油渣排至焦油渣槽、剩余氨水送至蒸氨装置。

2）HPF 脱硫工段工艺：由鼓风机送来的煤气经循环冷却后进入脱硫塔，与 HPF 脱硫液逆流接触除去硫化氢的煤气被送入硫铵工段；脱硫液从塔底流出，进入反应槽，然后用脱硫液泵送入再生塔，同时自再生塔底部通入压缩空气，使溶液在塔内得以氧化再生。

3）硫铵工段工艺：由脱硫工段来的煤气经煤气预热器进入饱和器，脱去氨和酸雾后送至终冷洗苯工段；由冷凝鼓风工段送来的剩余氨水与蒸氨塔底排出的蒸氨废水换热后进入蒸氨塔，蒸出氨；同时从终冷塔上段排出的含碱冷凝液进入蒸氨塔上部，分解剩余氨水中的固定氨，蒸氨塔底的蒸氨废水用泵抽出，经氨水换热器、废水冷却器后送至酚氰废水处理站。

4）终冷洗苯工段工艺：从硫铵工段来的煤气，首先从终冷塔下部进入终冷塔分二段冷却，上、下段分别用循环冷却水冷却后，进入洗苯塔，煤气经贫油洗涤脱除粗苯后，一部分送回焦炉加热使用，其余送往甲醇生产。

5）粗苯蒸馏工段工艺：从终冷洗苯装置送来的富油依次送经油气换热器、贫富油换热器，再经中压蒸汽加热后进入脱苯塔，在此用再生器产生的直接蒸汽进行汽提和蒸馏。分出的粗苯流入粗苯回流槽，部分用粗苯回流泵送至塔顶作为回流，其余进入粗苯贮槽，再用粗苯产品泵送至油库。

表 5-3 为煤气净化涉 VOCs 废气产排情况，煤气净化系统的大气污染源主要为冷凝鼓风工段槽类设备等的放散气、脱硫工段再生塔产生的尾气、硫铵工段旋风分离器排放的干燥尾气、粗苯蒸馏工段各油槽分离器排出的尾气。煤气净化车间排放的污染物基本呈面源连续性无组织排放。

表 5-3 煤气净化涉 VOCs 废气产排情况

序号	工段名称	产生点	来源	VOCs 废气主要成分构成
1	鼓冷工段	焦油氨水分离装置	机械化氨水澄清槽放散点、剩余氨水槽、上段冷凝液槽、下段冷凝液槽、地下放空槽、循环氨水槽、焦油渣槽放散点排放的焦油、氨水、硫化氢等	非甲烷总烃、氨、硫化氢
		初冷装置	冷凝液槽、初冷器水封槽、地下放空槽放散点排放的氨气、焦油	非甲烷总烃、氨、硫化氢
		电捕焦油器	除掉煤气中夹带的焦油进入机械化氨水澄清槽	非甲烷总烃、氨、硫化氢
		蒸氨	蒸氨废水进入污水处理站	非甲烷总烃、氨、硫化氢
2	脱硫工段	脱硫液循环槽	脱硫液循环槽放散废气	非甲烷总烃、氨、硫化氢
		脱硫再生装置	脱硫富液槽放散点	非甲烷总烃、氨、硫化氢
		脱硫泡沫槽	脱硫泡沫槽放散点	非甲烷总烃、氨、硫化氢
		熔硫釜	粗硫黄库放散	非甲烷总烃、氨、硫化氢
		母液贮槽、满流槽、地下放空槽	母液贮槽、满流槽、地下放空槽放散气	非甲烷总烃、氨、硫化氢
3	硫铵工段	酸焦油渣槽、硫酸高置槽、尾气洗涤塔	酸焦油渣槽、硫酸高置槽、尾气洗涤塔放散气	非甲烷总烃、氨、硫化氢、硫酸雾
4	粗苯工段	粗苯回流槽、粗苯油地槽、粗苯残渣槽、粗苯中间槽	粗苯回流槽、粗苯油地槽、粗苯残渣槽、粗苯中间槽放散	苯系物、非甲烷总烃
5	化产贮罐区	焦油贮槽、粗苯贮槽、洗油贮槽、苯放空槽	焦油贮槽、粗苯贮槽、洗油贮槽、苯放空槽放散	苯系物、非甲烷总烃、氨、硫化氢
6	化产装卸平台	粗苯	粗苯产品装车废气	苯系物、非甲烷总烃、氨、硫化氢

（3）甲醇生产工艺流程与 VOCs 排放环节

甲醇生产工艺包括空分、压缩及脱硫、转化、合成、精馏等部分。空分工段主要由空气的过滤和压缩、预冷和前段净化、冷量制取和空气精馏等工序组成；压缩工段由两部分组成，即焦炉气压缩和甲醇合成气压缩。焦炉气压缩采用往复式压缩机将原料焦炉气经一级、二级压缩送 PDS 湿法脱硫，然后经三级、四级压缩送精脱硫。合成气压缩采用蒸汽透平驱动的离心式压缩机将来自转化的新鲜空气及合成循环气压缩送至甲醇合成工段。来自脱硫工段的焦炉气进入转化工段饱和塔内，被水蒸气饱和后经预热器升温进入转化炉顶部喷嘴；纯氧和次高压蒸汽混合后进行转化，转化气经高压锅炉、低压锅炉和锅炉给水加热器回收能量并降温后，再经冷凝除去冷凝水后，送合成气压缩机升压去甲醇合成。来自甲醇合成气压缩机的合成气加热后进入甲醇合成塔进行催化，经入塔气预热器、甲醇水冷器，进入甲醇分离器，分离出粗甲醇；粗甲醇经预热器后进入预精馏塔排出杂质和冷却水，粗甲醇液经加压精馏塔馏出甲醇气体，经常压塔再沸器后冷凝为精甲醇，由精甲醇泵从精甲醇中间槽送至甲醇罐区装置。

甲醇生产过程中的废气主要有甲醇合成系统弛放气、甲醇合成闪蒸气、精馏系统不凝气等和甲醇罐区无组织排放。甲醇生产工艺流程及 VOCs 排放环节见图 5-2 及表 5-4。

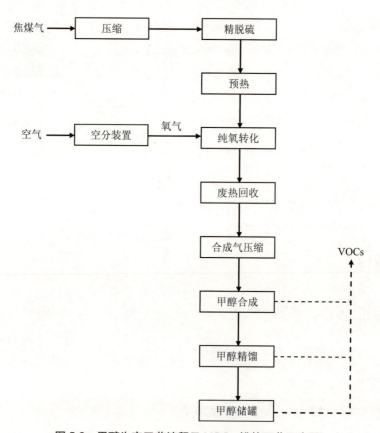

图 5-2　甲醇生产工艺流程及 VOCs 排放环节示意图

表 5-4 甲醇生产涉 VOCs 废气产排情况

产生点	来源	VOCs 废气主要成分构成
甲醇合成	弛放气	H_2、CO、甲烷、甲醇
	闪蒸汽	H_2、CO、甲烷、甲醇
	放空气	H_2、CO、甲烷、甲醇
甲醇精馏	不凝气	H_2、CO、甲烷、甲醇、乙醇
甲醇储罐	粗甲醇罐、成品罐、粗甲醇中间罐管壁通气孔放散	甲醇、甲醛、一甲胺、二甲胺、三甲胺、乙醛、甲酸甲酯、戊烷、丙醛、甲酸乙酯、二甲醚等
甲醇产品装车	甲醇产品装车废气	甲醇等

5.2.3 现状排查及排放量计算

（1）工艺有组织排放

1）有组织废气排放情况。A 市焦化企业涉 VOCs 排气筒主要包括干熄焦除尘排气筒、焦炉废气排气筒、地面除尘站排气筒、尾气洗净塔等。

对 A 市焦化企业内 15 个点位进行 VOCs 实测，包括 12 个排气筒采样，3 个苏玛罐无组织采样。有组织排放 VOCs 废气检测数据见表 5-5。

表 5-5 有组织排放 VOCs 废气监测数据

监测点位	监测时间	监测结果		达标情况
		排放质量浓度/（mg/m³）	标准质量浓度/（mg/m³）	
焦化企业 a：干熄焦除尘排气筒	2020 年 8 月 25 日	5.7	50	是
焦化企业 a：焦炉废气排气筒	2020 年 8 月 25 日	1.715	50	是
焦化企业 a：焦油尾气洗净塔	2020 年 8 月 25 日	2.286	50	是
焦化企业 a：粗苯尾气洗净塔	2020 年 8 月 25 日	5.463	50	是
焦化企业 b：焦炉废气排气筒	2020 年 9 月 1 日	3.674	50	是
焦化企业 b：地面除尘站排气筒	2020 年 9 月 1 日	4.62	50	是
焦化企业 b：VOCs 收集处理管线	2020 年 9 月 1 日	6.49	50	是
焦化企业 c：VOCs 收集处理管线	2020 年 8 月 24 日	3.568	50	是
焦化企业 c：蒸汽管式炉排放口	2020 年 8 月 24 日	2.301	50	是

监测点位	监测时间	监测结果		
		排放质量浓度/（mg/m³）	标准质量浓度/（mg/m³）	达标情况
焦化企业 d：VOCs 收集处理管线	2020 年 8 月 24 日	5.18	50	是
焦化企业 f：焦炉废气排气筒	2020 年 8 月 27 日	5.56	50	是
焦化企业 f：地面除尘站排气筒	2020 年 8 月 27 日	6.141	50	是

2）排放量计算。对 A 市五家焦化企业连续采样，采用双通道采样枪采集 3 个平行样，实测 VOCs 排放质量浓度见表 5-6。通过对工艺有组织排气筒出口的气体流量和污染物的质量浓度进行实测，计算工艺有组织 VOCs 的排放量，计算方法如下：

$$E_{有组织} = \sum_{i=1}^{n}(10^{-6} \times Q_i \times C_i \times t_i) \tag{5-1}$$

式中，$E_{有组织}$ —— 统计期内工艺有组织排放的 VOCs 排放量，kg；

　　　Q_i —— 工艺有组织排放设施 i 排气筒出口实测气体流量，m³/h；

　　　C_i —— 工艺有组织排放设施 i 排气筒出口实测 VOCs 质量浓度，mg/m³；

　　　t_i —— 统计期内该工艺有组织废气排放设备 i 的生产小时数，h；

　　　n —— 统计期内测量次数，次。

对于其余未进行监测的有组织排气筒，采用类比法进行计算。计算结果见表 5-7。

表 5-6　A 市焦化企业实测有组织 VOCs 排放量

监测点位	流量/（m³/h）	VOCs 排放质量浓度/（mg/m³）	运行时间/（h/a）	排放量/（kg/a）
焦化企业 a：干熄焦除尘排气筒	197 805	5.7	8 784	9 903.86
焦化企业 a：焦炉废气排气筒	225 086	1.715	8 784	3 390.82
焦化企业 a：焦油尾气洗净塔	5 000	2.286	8 784	100.4
焦化企业 a：粗苯尾气洗净塔	5 000	5.463	7 297	199.29
焦化企业 b：焦炉废气排气筒	162 020	3.674	8 784	5 228.78
焦化企业 b：出焦地面除尘站排气筒	233 517	4.62	2 928	3 158.89
焦化企业 f：焦炉废气排气筒	168 652	5.56	8 784	8 236.8
焦化企业 f：地面除尘站排气筒	157 434	6.141	5 856	5 661.59

表 5-7 A 市焦化企业类比有组织 VOCs 排放量

企业	排气筒编号	排放量/（kg/a）	类比数据来源
焦化企业 a	1#烟气脱硫排口	3 390.82	焦化企业 a：焦炉废气排气筒
	3#烟气脱硫排口	3 390.82	焦化企业 a：焦炉废气排气筒
	4#烟气脱硫排口	3 390.82	焦化企业 a：焦炉废气排气筒
	1#地面除尘站排口	10 682.62	焦化企业 f：地面除尘站排气筒
	2#地面除尘站排口	10 682.62	焦化企业 f：地面除尘站排气筒
	3#地面除尘站排口	10 682.62	焦化企业 f：地面除尘站排气筒
	4#地面除尘站排口	10 682.62	焦化企业 f：地面除尘站排气筒
焦化企业 b	装煤地面站排放口	820.49	浓度取自安徽某焦化企业装煤地面站 1.2 mg/m³，风量取自焦化企业 b 出焦地面站
焦化企业 c	1#焦炉烟气排放口	5 317.34	焦化企业 f：焦炉废气排气筒
	2#焦炉烟气排放口	5 317.34	焦化企业 f：焦炉废气排气筒
	推焦废气排放口	7 309.79	焦化企业 f：地面除尘站排气筒
	干法熄焦废气排放口	847.11	焦化企业 a：干熄焦除尘排气筒
焦化企业 d	2#焦炉烟气排放口	10 103.64	焦化企业 a：焦炉废气排气筒
	推焦废气排放口	6 944.77	焦化企业 a：地面除尘站排气筒
焦化企业 e	焦炉脱硫烟囱	13 146.56	焦化企业 a：焦炉废气排气筒
	1#推焦装煤排气筒	4 518.16	焦化企业 f：地面除尘站排气筒
	2#推焦装煤排气筒	4 518.16	焦化企业 f：地面除尘站排气筒

（2）工艺无组织排放

1）现状排查。焦化企业无组织排放主要来源集中于装煤过程、出焦过程、熄焦过程、焦炉煤气燃烧废气、煤气净化系统和生产过程中其他的废气无组织排放，主要有：

①装煤烟气的无组织逸散：主要为装煤车在装煤时从装煤口逸散的烟气。

②推焦过程的无组织逸散：最主要的是炭化室炉门打开后散发出残余煤气和出焦时焦炭从导焦槽落入熄焦车中产生的大量粉尘、烟气。

③焦炉炉体烟气的连续性无组织逸散：包括机、焦两侧炉门摘门和对门过程中，炉门砖上的焦油渣高温遇空气燃烧不完全产生烟气。

④化产工段存在多处"跑、冒、滴、漏"，液面敞开等问题，VOCs 未收集，直排大气。

2）污染物排放。根据实测法，对焦化企业 a、焦化企业 f 设置了苏玛罐监测，监测的结果为面源，按照面源计算，根据监测时风速和厂区生产面积核算污染物。结果如表 5-8 所示。

表 5-8　工艺无组织实测法 VOCs 排放量

企业	检测位置	实测质量浓度/（mg/m³）	面积/m²	实测风速/（m/s）	计算量/（kg/a）
焦化企业 a	鼓冷工段	1.016	5 348	2.7	463 920
焦化企业 f	焦炉	1.436 4	2 738	1.2	149 239.89

未监测的企业及点位无组织实测浓度采用 PID 及罐采实测值进行类比法计算，风速按照 2020 年 A 市年平均风速 1.47 m/s 计算。同时，根据前期调研现场 PID 实测结果，一次熄焦平均 VOCs 质量浓度为 1.5 mg/m³，二次熄焦平均 VOCs 质量浓度为 50 mg/m³，其中，二次熄焦的焦炭占总焦炭的比例约为 5%。以烟气为 8 m³/kg 焦炭计算，则湿法熄焦时，100 万 t 产能对应排放 31.4 t VOCs。计算结果见表 5-9。

表 5-9　工艺无组织实测类比法 VOCs 排放量

企业	产污环节	面积/m²	计算量/（kg/a）
焦化企业 a	焦炉	14 400	961 501.69
	湿熄焦	—	58 489
	化产区域	20 000	944 573.73
焦化企业 b	湿熄焦	—	19 900
	焦炉	3 100	206 989.95
	化产区域	6 000	223 127.65
焦化企业 c	焦炉	3 100	206 989.95
	化产区域	3 000	111 563.83
焦化企业 d	焦炉	3 300	220 344.14
	湿熄焦	—	19 012
	化产区域	3 000	111 563.83
焦化企业 e	焦炉	3 600	240 375.42
	湿熄焦	—	24 738
	化产区域	5 000	185 939.71
焦化企业 f	化产区域	3 600	133 876.59
	湿熄焦	—	15 499
	焦炉	2 738	149 239.89

（3）有机液体储存与调和挥发损失

1）现状排查。有机液体储存与调和通常采用储罐，常见的储罐类型有固定顶罐（包括卧式罐和立式罐）与浮顶罐（包括内浮顶罐和外浮顶罐）。固定顶罐 VOCs 的产生主要来自储存过程中蒸发静置损失（俗称小呼吸）和接受物料过程中产生的工作损失（俗称大呼吸）。浮顶罐 VOCs 的产生主要包括边缘密封损失、浮盘附件损失、浮盘盘缝损失和挂壁损失。其中边缘密封损失、浮盘附件损失、浮盘盘缝损失属于静置损失，挂壁损失属于工作损失。A 市 6 家焦化企业主要采用固定拱顶罐与内浮顶罐两种方式进行液体储存，6 家焦化企业有机液体储存与调和挥发损失量见表 5-10。

表 5-10 A 市焦化企业有机液体储存与调和挥发损失量

企业	产品名称	周转量/t	周转量/m³	产污系数/（kg/t）	排放量/（kg/a）
焦化企业 a	焦油	142 277.37	120 574.04	0.16	22 764.379 2
	粗苯	44 205.23	55 256.54	1.228	54 284.022 44
焦化企业 b	粗苯	6 971	8 713.75	1.228	8 560.388
	焦油	19 646	16 649.15	0.16	3 143.36
焦化企业 c	焦油	21 875.16	18 538.27	0.16	3 500.025 6
	粗苯	6 562.55	8 203.19	1.228	8 058.811 4
焦化企业 d	焦油	23 735.62	20 114.93	0.16	3 797.699 2
	粗苯	7 009.5	8 761.87	1.228	8 607.666
焦化企业 e	甲醇	70 151	88 798.73	0.572	50 792.87
	焦油	31 361	26 577.12	0.16	5 017.76
	粗苯	9 700	12 125	1.228	11 911.6
焦化企业 f	粗苯	5 676	7 095	1.228	6 970.128
	焦油	17 572	14 891.53	0.16	2 811.52

2）排放量计算。采用系数法计算储罐的 VOCs 产生量。

$$E_{储罐} = EF \times Q \tag{5-2}$$

式中，$E_{储罐}$——统计期内储罐的 VOCs 产生量，kg；

EF——产污系数（单位体积周转物料的物料挥发损失），kg/t；

Q——统计期内物料周转量，t。

（4）有机液体装载挥发损失

1）现状排查。有机液体物料在装载过程中，容器内的有机液体蒸汽被物料置换而产生 VOCs。A 市 6 家焦化企业有机液体装载主要涉及产品焦油、甲醇、粗苯的汽车装载。目前部分企业公司已在装卸站安装了油气回收装置，但采用顶装工艺装车，由于罐车上装口方形居多，鹤管锥形帽与方形上装口不匹配且覆盖面积偏小，装车废气收集效果欠佳，无法封闭。

2）排放量计算。A 市 6 家焦化企业有机液体装载量见表 5-11，装载过程中 VOCs 产生量用产物系数法计算：

$$E_{装卸} = L_L \times Q \tag{5-3}$$

式中，$E_{装卸}$ —— 统计期内装载的 VOCs 产生量，kg；

L_L —— 装载损失产污系数，kg/m³；

Q —— 统计期内物料装载量，m³。

产污系数取值首选《第二次全国污染源普查产排污核算系数手册》中"252 煤炭加工行业系数手册"和《焦炭生产排放因子汇编文件》（EPA-AP42），查阅不到的产污系数参照我国台湾地区的"公私场所固定污染源申报空气污染防治费之挥发性有机物操作单元排放系数"。A 市焦化企业有机液体装载挥发损失量见表 5-11。

表 5-11　A 市焦化企业有机液体装载挥发损失量

企业	产品名称	装载量/t	装载量/m³	产污系数/（kg/m³）	排放量/（kg/a）
焦化企业 a	焦油	142 277.37	120 574.04	0.739	89 104.22
	粗苯	44 205.23	55 256.54	0.19	10 498.74
焦化企业 b	粗苯	6 971	8 713.75	0.19	1 655.61
	焦油	19 646	16 649.15	0.739	12 303.72
焦化企业 c	焦油	21 875.16	18 538.27	0.739	13 699.78
	粗苯	6 562.55	8 203.19	0.19	1 558.61
焦化企业 d	焦油	23 735.62	20 114.93	0.739	14 864.93
	粗苯	7 009.5	8 761.87	0.19	1 664.76
焦化企业 e	甲醇	70 151	88 798.73	0.572	50 792.88
	焦油	31 361	26 577.12	0.739	19 640.49
	粗苯	9 700	12 125	0.19	2 303.75
焦化企业 f	粗苯	5 676	7 095	0.19	1 348.05
	焦油	17 572	14 891.53	0.739	11 004.84

（5）废水集束、储存、处理处置损失

1）现状调查。在生产过程中产生的废水在集输、储存、处理处置过程中，废水中 VOCs 向大气中逸散。废水集输、储存、处理处置过程 VOCs 产生量计算方法主要包括物料衡算法和系数法。A 市 6 家焦化企业均未对废水进行密闭收集，致使 VOCs 向大气中逸散。6 家焦化企业各产生废水环节每小时废水产生量如表 5-12 所示。

表 5-12　A 市 6 家焦化企业各产生废水环节每小时废水产生量

企业	废水名称	产生量/（m³/h）	污水处理设施年运行时间/（h/a）
焦化企业 a	蒸氨废水	100	8 784
焦化企业 b	蒸氨废水	30	8 784
焦化企业 c	熄焦废水	80	8 784
	深度水	40	8 784
	生化废水	33	8 784
焦化企业 d	熄焦废水	80	8 784
	深度水	40	8 784
	生化废水	25	8 784
焦化企业 e	生产废水	30	8 784
焦化企业 f	生化废水	100	8 784
	深度水	40	8 784
	熄焦废水	150	8 784

2）排放量计算。采用排污系数法计算废水集输、处理、处置过程中 VOCs 产生量，废水收集或处理设施 VOCs 产污系数见表 5-13。

$$E_{0,废水} = \sum_{i=1}^{n}(\mathrm{EF}_i \times Q_i \times t_i) \tag{5-4}$$

式中，$E_{0,废水}$——统计期内废水的 VOCs 产生量，kg；

EF_i——废水收集/处理设施 i 的产污系数，kg/m³；

Q_i——废水收集/处理设施 i 的废水处理量，m³/h；

t_i——废水处理设施 i 的年运行时间，h/a。

表 5-13　废水收集或处理设施 VOCs 产污系数

适用范围	单位排放强度/（kg/m³）
废水收集系统及油水分离	0.6
废水处理厂-废水处理设施*	0.005

注：* 表示废水处理设施指除收集系统及油水分离外的其他处理设施。

蒸氨废水、苯加氢废水和终冷洗苯废水的产污系数按 0.6 kg/m³ 进行计算，其他废水按照 0.005 kg/m³ 进行计算，计算结果如表 5-14 所示。

表 5-14　A 市 6 家焦化企业废水集输、储存排放量

企业	排放量/（kg/a）	企业	排放量/（kg/a）
焦化企业 a	527 040	焦化企业 d	147 036.6
焦化企业 b	158 112	焦化企业 e	158 112
焦化企业 c	179 193.6	焦化企业 f	221 796

（6）冷却塔、循环水系统释放

A 市 6 家焦化企业循环水排污水量结果见表 5-15。

表 5-15　A 市 6 家焦化企业循环水排污水量

企业	循环水产生量/m³	企业	循环水产生量/m³
焦化企业 a	333 792 000	焦化企业 d	411 750
焦化企业 b	1 281 000	焦化企业 e	350 400
焦化企业 c	411 750	焦化企业 f	301 168

因 A 市 6 家企业没有进行过循环水冷却系统出入口 VOCs 浓度检测，因此根据《广东省石油化工行业 VOCs 排放量计算方法（试行）》"2.11 冷却塔、循环水冷却系统释放"章节相关内容，本次计算采用系数法。

$$E_{0,冷却塔} = \sum_{i=1}^{n}(\text{EF} \times Q_i) \tag{5-5}$$

式中，$E_{0,冷却塔}$——统计期内冷却塔的 VOCs 年产生量，kg；

Q_i——统计期内冷却塔 i 的循环水量，m^3；

EF——产污系数，kg/m^3 循环水，取 $7.19×10^{-4}$。

废水收集或处理设施 VOCs 产污系数循环水产污系数为 $7.19×10^{-4}$，2020 年 A 市 6 家焦化企业冷却塔、循环水 VOCs 产生量见表 5-16。

表 5-16　A 市 6 家焦化企业冷却塔、循环水 VOCs 产生量

企业	排放量/（kg/a）	企业	排放量/（kg/a）
焦化企业 a	239 996.49	焦化企业 d	296.05
焦化企业 b	921.04	焦化企业 e	251.94
焦化企业 c	296.05	焦化企业 f	216.54

5.2.4　VOCs 排放分析

经计算，A 市 6 家焦化企业在已经调查、检测的各产 VOCs 环节中，VOCs 排放量汇总如表 5-17 所示。

表 5-17　A 市 6 家焦化企业各排放源项 VOCs 排放量汇总分析

企业	排放源项	2020 年度排放量/（kg/a）
焦化企业 a	工艺有组织	66 497.31
	工艺无组织	1 964 564.42
	有机液体储存、调和、装载挥发损失	176 651.36
	废水集输、储存、处理处置	527 040
	冷却塔、循环冷却系统	239 996.49
焦化企业 b	工艺有组织	9 208.16
	工艺无组织	450 017.6
	有机液体储存、调和、装载挥发损失	25 663.08
	废水集输、储存、处理处置	158 112
	冷却塔、循环冷却系统	921.04

企业	排放源项	2020 年度排放量/（kg/a）
焦化企业 c	工艺有组织	18 791.58
	工艺无组织	318 553.78
	有机液体储存、调和、装载挥发损失	26 817.23
	废水集输、储存、处理处置	179 193.6
	冷却塔、循环冷却系统	296.09
焦化企业 d	工艺有组织	17 048.41
	工艺无组织	350 919.97
	有机液体储存、调和、装载挥发损失	28 935.06
	废水集输、储存、处理处置	147 036.6
	冷却塔、循环冷却系统	296.09
焦化企业 e	工艺有组织	22 182.88
	工艺无组织	451 053.13
	有机液体储存、调和、装载挥发损失	140 459.35
	废水集输、储存、处理处置	158 112
	冷却塔、循环冷却系统	251.94
焦化企业 f	工艺有组织	16 729.19
	工艺无组织	298 615.48
	有机液体储存、调和、装载挥发损失	22 134.54
	废水集输、储存、处理处置	221 796
	冷却塔、循环冷却系统	216.54

5.3　A 市焦化行业温室气体排放

5.3.1　计算方法

焦化行业碳排放现状依据《中国独立焦化企业温室气体排放核算方法与报告指南（试行）》摸清二氧化碳排放底数。对于常规机焦炉，通过进入常规机焦炉燃烧室的焦炉煤气燃烧量、含碳量核算；常规机焦炉放散管及煤气外逸量通常难以监测，通过碳质量平衡法来核算炼焦过程中的 CO_2 排放。以焦炉炭化室到煤气净化与化产品回收工段作为一个相对独立的子系统，根据输入该系统的炼焦原料与输出系统的焦炭、焦炉煤气、煤焦油、粗（轻）苯等进行碳质量平衡核算出子系统的碳损失，并假定损失的碳全部转化为 CO_2 被排放到大气中。煤焦油加工、苯加工精制等生产过程的 CO_2 排放计算公式和数据获取参照《中国化工生产企业温室气体排放核算方法与报告指南（试行）》有关工业生产过程 CO_2 排放量的方法。

焦化行业碳排放核算边界详见图 5-3。碳排放总量计算见公式：

$$AE_{总}= AE_{燃料燃烧}+ AE_{工业生产过程}+ AE_{净调入电力和热力}+\cdots\cdots \quad (5-6)$$

式中，$AE_{总}$ —— 碳排放总量，tCO_2eq[①]；

$AE_{燃料燃烧}$ —— 燃料燃烧碳排放量，tCO_2eq；

$AE_{工业生产过程}$ —— 工业生产过程碳排放量，tCO_2eq；

$AE_{净调入电力和热力}$ —— 净调入电力和热力消耗碳排放总量，tCO_2eq。

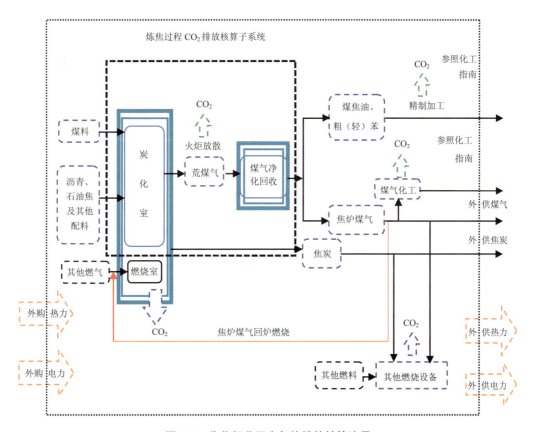

图 5-3　焦化行业温室气体排放核算边界

---

① 指以 CO_2 当量计。全书同。

5.3.2 计算过程

（1）焦化企业 a

焦化企业 a 温室气体排放量计算过程如下。2020 年焦化企业 a 二氧化碳排放量汇总见表 5-18，焦化企业 a 主体活动水平相关数据见表 5-19，焦化企业 a 排放因子相关数据见表 5-20，2020 年温室气体排放报告补充数据见表 5-21。

表 5-18 2020 年焦化企业 a 二氧化碳排放量汇总

指标	排放量/tCO$_2$
燃料燃烧释放量（A）	462 607.58
工业生产过程排放量（B）	1 655 094.12
CO$_2$ 回收利用量（C）	313 478.65
净购入使用的电力热力排放量（D）	24 128.15
企业年二氧化碳排放总量（$E=A+B+C+D$）	2 455 308

表 5-19 焦化企业 a 主体活动水平相关数据

序号	种类	单位	数值	数据来源
1	烟煤消耗量	t	260 914.29	生产月报表
2	中煤消耗量	t	8 961.72	生产月报表
3	汽油消耗量	t	22.0	能源消耗统计
4	柴油消耗量	t	133.0	能源消耗统计
5	洗精煤消耗量	t	5 615 341.62	生产月报表
6	焦炭产量	t	3 725 414.03	生产月报表
7	焦油产量	t	142 277.37	生产月报表
8	粗苯产量	t	44 205.23	生产月报表
9	LNG 产量	t	114 287.11	生产月报表
10	甲醇产量（折纯量）	t	55 241.27	生产月报表
11	外供焦炉煤气	万 m^3	14 149.369 7	生产月报表
12	外购电量	MWh	449 912.527	用电量统计表
13	外购热力	GJ	219 346.82	生产月报表

表 5-20　焦化企业 a 排放因子相关数据

序号	种类	单位	数值	数据来源
1	烟煤低位发热量	GJ/t	19.57	《化工核算指南》缺省值
2	烟煤单位热值含碳量	t/GJ	0.026 18	《化工核算指南》缺省值
3	烟煤碳氧化率	%	93	《化工核算指南》缺省值
4	中煤低位发热量	GJ/t	8.363	《化工核算指南》缺省值
5	中煤单位热值含碳量	t/GJ	0.025 4	《化工核算指南》缺省值
6	中煤碳氧化率	%	90	《焦化核算指南》缺省值
7	洗精煤低位发热量	GJ/t	29.727	《焦化核算指南》缺省值
8	洗精煤单位热值含碳量	t/GJ	0.025 4	《焦化核算指南》缺省值

表 5-21　2020 年温室气体排放报告补充数据

	补充数据		数值	计算方法或填写要求
	1 二氧化碳排放量/t		640 925	1.1、1.2 与 1.3 之和
	1.1 能源作为原材料产生的排放量/tCO$_2$		167 319.08	按《中国化工生产企业温室气体排放核算方法与报告指南（试行）》式（8）计算①
甲醇工序	1.1.1 能源作为原材料的投入量/万 m³ 或 t	焦炉煤气	60 163	煤气、弛放气计量表
		焦粒	15 248	
	1.1.2 能源中含碳量/(t/万 m³)	焦炉煤气	2.277 5	计算值
		焦粒	0.837 0	
	1.1.3 碳产品或其他含碳输出物的产量/t 或万 m³	甲醇	55 799.26	生产报表（折纯量）
		LNG	115 568.56	
	1.1.4 碳产品或其他含碳输出物含碳量/(t/t)	甲醇	0.375 0	缺省值
		LNG	0.720 1	
	1.2 消耗电力对应的排放量/tCO$_2$		45 836	按《中国化工生产企业温室气体排放核算方法与报告指南（试行）》式（13）计算②
	1.2.1 消耗电量/MWh		75 129	热动分厂生产报表
	1.2.1.1 电网电量/MWh		75 129	
	1.2.1.2 自备电厂电量/MWh		—	
	1.2.1.3 可再生能源电量/MWh		—	
	1.2.1.4 余热电量/MWh		—	
	1.2.2 对应的排放因子/(tCO$_2$/MWh)		0.610 1	2015 年全国电网平均排放因子
	补充数据		数值	计算方法或填写要求

	补充数据	数值	计算方法或填写要求
全部甲醇分厂（或车间）合计	1.3 消耗热力对成的排放量/tCO$_2$	427 770	按《中国化工生产企业温室气体排放核算方法与报告指南（试行）》式（14）计算①
	1.3.1 消耗热量/GJ	3 888 821	按生产日报表计算值
	1.3.2 对应的排放因子/(tCO$_2$/GJ)	0.11	对应的排放因子来源采用加权平均，其中：余热回收排放因子为0。如果是蒸汽锅炉供热，排放因子为锅炉排放量/锅炉供热量；如果是自备电厂，排放因子参考"自备电厂补充数据表"中的供热碳排放强度的计算方法；若数据不可得，采用0.11 tCO$_2$/GJ
	2 甲醇产量/t	55 799.26	来源生产月报表，折纯量
	3 二氧化碳排放总量/tCO$_2$	640 925	为各甲醇分厂（或车间）的二氧化碳排放量总和
附：CO$_2$回收利用数据			
甲醇车间	4 CO$_2$回收利用量/tCO$_2$	0	供出甲醇分厂（或车间）核算边界的二氧化碳量，采用实际计量数据
	5 CO$_2$回收利用去向	—	请列明CO$_2$回收利用去向，例如： ——用作化工原料； ——用作食品级CO$_2$； ——用作焊接保护气； ——CO$_2$驱替石油、天然气、煤层气等； ——地质储存

注：
① 式（8）：

$$E_{\mathrm{CO_2\_原料}} = \left\{\sum_{r}(\mathrm{AD}_r \times \mathrm{CC}_r) - \left[\sum_{p}(\mathrm{AD}_p \times \mathrm{CC}_p) + \sum_{w}(\mathrm{AD}_w \times \mathrm{CC}_w)\right]\right\} \times \frac{44}{12}$$

式中，$E_{\mathrm{CO_2\_原料}}$ —— 化石燃料和其他碳氢化合物用作原材料产生的CO$_2$排放，t；

r —— 进入企业边界的原材料种类，如具体品种的化石燃料、具体名称的碳氢化合物、碳电极以及CO$_2$原料；

AD_r —— 原材料r的投入量，t（固体或液体原料）或万m^3（气体原料）；

CC_r —— 原材料r的含碳量，tC/t（固体或液体原料）或tC/万m^3（气体原料）；

p —— 流出企业边界的含碳产品种类，包括各种具体名称的主产品、联产品、副产品等；

AD_p —— 含碳产品p的产量，t（固体或液体产品）或万m^3（气体产品）；

CC_p —— 含碳产品p的含碳量，tC/t（固体或液体产品）或tC/万m^3（气体产品）；

w —— 流出企业边界且没有计入产品范畴的其他含碳输出物种类，如炉渣、粉尘、污泥等含碳的废物；

AD_w——含碳废物 w 的输出量，t；

CC_w——含碳废物 w 的含碳量，tC/t。

②式（13）：

$$E_{CO_2\_净电} = AD_{电力} \times EF_{电力}$$

式中，$E_{CO_2\_净电}$——企业净购入的电力消费引起的 CO_2 排放，tCO_2；

$AD_{电力}$——企业净购入的电力消费，MWh；

$EF_{电力}$——电力供应的 CO_2 排放因子，tCO_2/MWh。

③式（14）：

$$E_{CO_2\_净热} = AD_{热力} \times EF_{热力}$$

式中，$E_{CO_2\_净热}$——企业净购入的热力消费引起的 CO_2 排放，tCO_2；

$AD_{热力}$——企业净购入的热力消费，GJ；

$EF_{热力}$——热力供应的 CO_2 排放因子，tCO_2/GJ。

（2）焦化企业 c

焦化企业 c 温室气体排放量计算过程如下。2020 年焦化企业 c 二氧化碳排放量汇总见表 5-22，焦化企业 c 排放因子相关数据见表 5-23，2020 年温室气体排放报告补充数据见表 5-24。

表 5-22　2020 年焦化企业 c 二氧化碳排放量汇总

指标	排放量/tCO_2
燃料燃烧排放量（A）	58 675.19
工业生产过程产生的排放量（B）	406 086.1
净购入使用的电力和热力排放量（C）	-49 911.62
企业年二氧化碳排放总量（$D=A+B+C$）	414 850

表 5-23　焦化企业 c 排放因子相关数据

序号	种类	单位	数值	数据来源
1	焦炉煤气低位发热值	GJ/万 m^3	167.46	计算值
2	焦炉煤气单位热值含碳量	t/GJ	0.013 6	缺省值
3	焦炉煤气碳氧化率	%	99	缺省值
4	焦炉煤气含碳量	t/t	2.277 4	缺省值

序号	种类	单位	数值	数据来源
5	洗精煤低位发热值	GJ/万 m³	29.727	缺省值
6	洗精煤单位热值含碳量	t/GJ	0.025 4	缺省值
7	洗精煤含碳量	t/t	0.755 1	缺省值
8	焦炭低位发热值	GJ/万 m³	28.469	缺省值
9	焦炭单位热值含碳量	t/GJ	0.029 4	缺省值
10	焦炭含碳量	t/t	0.837	缺省值
11	煤焦油低位发热量	GJ/万 m³	33.496	缺省值
12	煤焦油单位热值含碳量	t/GJ	0.022	缺省值
13	煤焦油碳含量	t/t	0.736 9	缺省值
14	粗苯低位发热量	GJ/万 m³	41.869	缺省值
15	粗苯单位热值含碳量	t/GJ	0.022 7	缺省值
16	粗苯含碳量	t/t	0.950 4	缺省值
17	电力排放因子	tCO_2/MWh	0.667 1	2015 年西北电网平均排放因子

表 5-24　2020 年温室气体排放报告补充数据

	补充数据	数值	计算方法或填写要求
发电机组	1　发电燃烧类型	燃气	燃煤、燃油或者燃气
	2　装机容量/MW	12 MW/台×2 台	单机容量，如果合并填报时请列明每台机组的容量
	3　压力参数/机组类型	B 级	请填写机组类型或压力参数，其中： ——对于燃煤机组，压力参数指：中压、高压、超高压、亚临界、超超临界；并注明是否循环流化床机组、IGCC 机组 ——对于燃气机组，机组类型指：B 级、E 级、F 级、H 级、分布式
	4　汽轮机排汽冷却方式	水冷，闭式循环	——水冷，含开式循环、闭式循环 ——空冷，含直接空冷、间接空冷 ——对于背压机组、内燃机组等特殊发电机组，仅需注明，不需填写冷却方式
	5　机组二氧化碳排放量/tCO_2	128 199	5.1 与 5.2 之和

	补充数据		数值	计算方法或填写要求
发电机组	5.1 化石燃料燃烧排放量/tCO₂		128 199	按《中国化工生产企业温室气体排放核算方法与报告指南（试行）》式（2）计算①
	5.1.1 消耗量/t 或万 m³	焦炉煤气	14 793.114 2	对于入炉燃料中含煤矸石、洗中煤、煤泥等低热值燃料的，需填写低热值燃料重量占比
		辅助燃料	—	
	5.1.2 低热发热量/（GJ/t 或 GJ/万 m³）	焦炉煤气	175.8	
		辅助燃料	—	
	5.1.3 单位热值含碳量/（t/GJ）	焦炉煤气	0.011 358	指南缺省值
		辅助燃料	—	
	5.1.4 碳氧化率/%	焦炉煤气	99	指南缺省值
		辅助燃料	—	
	5.2 购入电力对应的排放量/tCO₂		0	按《中国化工生产企业温室气体排放核算方法与报告指南（试行）》式（13）计算
	5.2.1 消费的购入电量/MWh		0	
	5.2.2 对应的排放因子/（tCO₂/MWh）		0.610 1	2015 年全国电网平均排放因子 0.510 1 tCO₂/MWh
	6 发电量/MWh		96 303.96	来源于企业年报表
	7 供电量/MWh		82 883.37	来源于企业年报表，发电量-发电厂用电量
	8 供热量/GJ		654 183.06	计算值
	9 供热比/%		26.75	计算值
	10 供电煤耗/（t 标准煤/MWh）或供电气耗/（万 m³/MWh）		0.784 2	计算值
	11 供热煤耗/（t 标准煤/TJ）或供热气耗/（万 m³/TJ）		36.290 6	计算值
	12 运行小时数/h	2018 年	6 348	计算值
	13 负荷率/%	2018 年	63.21	计算值

补充数据		数值	计算方法或填写要求
发电机组	14 供电碳排放强度/(tCO$_2$/MWh)	1.293 4	机组供电二氧化碳排放量/供电量，其中：供电二氧化碳排放量=机组二氧化碳排放量×（1–供热比）
	15 供热碳排放强度/(tCO$_2$/TJ)	52.430 8	机组供热二氧化碳排放量/供热量，其中：供热二氧化碳排放量=机组二氧化碳排放量×供热比

注：

①式（2）：

$$E_{CO_2\_燃烧} = \sum_i \left(AD_i \times CC_i \times OF_i \times \frac{44}{12} \right)$$

式中，$E_{CO_2\_燃烧}$ —— 企业边界内化石燃料燃烧CO$_2$排放量，t；

i —— 化石燃料的种类；

AD_i —— 化石燃料品种i明确用作燃料燃烧的消费量，t（固体或液体燃料）或万m³（气体燃料）；

CC_i —— 化石燃料i的含碳量，t/t（固体和液体燃料）或t/万m³（气体燃料）；

OF_i —— 化石燃料i的碳氧化率，%。

（3）焦化企业e

焦化企业e温室气体排放量计算过程如下。2018年焦化企业e二氧化碳排放量汇总见表5-25，焦化企业e主体活动水平相关数据见表5-26，自备电厂2020年温室气体排放报告补充数据见表5-27，甲醇工序2020年温室气体排放报告补充数据见表5-28。

表5-25　2018年焦化企业e二氧化碳排放量汇总

指标	排放量/tCO$_2$
燃料燃烧排放量（A）	764 197.65
工业过程排放量（B）	277 854.43
脱硫过程排放量（C）	16 647.19
净购入使用的电力排放量（D）	40 207.25
净购入的使用热力排放量（E）	–133 216.84
企业年二氧化碳排放总量（$F=A+B+C+D+E$）	965 690

表 5-26　焦化企业 e 主体活动水平相关数据

序号	种类	单位	数值	数据来源
1	运输柴油消耗量	t	42.69	车用油量统计表
2	柴油低位发热值	GJ/t	43.33	《中国化工生产企业温室气体排放核算方法与报告指南（试行）》缺省值
3	运输汽油消耗量	t	18.24	车用油料统计
4	汽油低位消耗量	GJ/t	44.8	《中国化工生产企业温室气体排放核算方法与报告指南（试行）》缺省值
5	中煤消耗量	t	281 797	热动分厂生产报表
6	中煤低位消耗量	GJ/t	14.573	月燃料化验单
7	煤泥消耗量	t	59 043	热动分厂生产报表
8	煤泥低位消耗量	GJ/t	11.155	月燃料化验单
9	热动分厂消耗焦炉煤气	万 m^3	185.12	煤气、弛放气计量表
10	热动分厂消耗焦炉煤气低位发热值	GJ/万 m^3	162.719	煤气、弛放气计量表，每月消耗量加权计算
11	热动分厂消耗弛放气	万 m^3	1 165.23	煤气、弛放气计量表
12	热动分厂消耗弛放气低位发热值	GJ/万 m^3	104.196	煤气、弛放气计量表，每月消耗量加权计算
13	煤气发散量	万 m^3	48.49	煤气、弛放气计量表
14	放散煤气热值	GJ/万 m^3	162.000	煤气、弛放气计量表，每月消耗量加权计算
15	焦化厂消耗焦炉煤气量	万 m^3	18 662.70	煤气、弛放气计量表
16	焦化厂消耗焦炉煤气量低位发热值	GJ/万 m^3	162.412	煤气、弛放气计量表，每月消耗量加权计算
17	焦化厂消耗 2#柜解析气	万 m^3	119.45	煤气、弛放气计量表
18	焦化厂消耗 2#柜解析气热值	GJ/万 m^3	162.000	煤气、弛放气计量表，12 月数据
19	洗精煤消耗量	t	1 287 496.99	生产报表
20	洗精煤低位热值	GJ/t	29.833	根据《中国独立焦化企业温室气体排放核算方法与报告指南（试行）》缺省值计算
21	煤焦油产量	t	34 534.70	生产报表
22	煤焦油低位热值	GJ/t	33.496	根据《中国独立焦化企业温室气体排放核算方法与报告指南（试行）》缺省值计算
23	焦炭产量	t	921 355.50	生产报表
24	焦炭低位热值	GJ/t	28.469	根据《中国独立焦化企业温室气体排放核算方法与报告指南（试行）》缺省值计算

序号	种类	单位	数值	数据来源
25	粗苯产量	t	10 649.3	生产报表
26	粗苯低位热值	GJ/t	41.816	《中国化工生产企业温室气体排放核算方法与报告指南（试行）》缺省值
27	焦炉煤气产量	万 m³	43 611.01	煤气、弛放气计量表
28	焦炉煤气热值	GJ/万 m³	162.397	煤气、弛放气计量表，每月消耗量加权计算
29	甲醇生产焦炉煤气消耗量	万 m³	23 508.12	煤气、弛放气计量表
30	甲醇生产焦炉煤气低位热值	GJ/万 m³	162.369	煤气、弛放气计量表，每月消耗量加权计算
31	精甲醇产量	t	110 135.79	生产报表
32	弛放气产量	万 m³	5 821.169 8	煤气、弛放气计量表
33	弛放气热值	GJ/万 m³	104.229	煤气、弛放气计量表

表 5-27　2020 年温室气体排放报告补充数据表——自备电厂

	补充数据		数值	计算方法或填写要求
机组 1-5	1	发电燃烧类型	燃煤+燃气	燃煤、燃油或者燃气
	2	装机容量/MW	12 MW/台×2 台	单机容量，如果合并填报时请列明每台机组的容量
	3	压力参数/机组类型	高压，循环流化床机组，不是 GCC 机组	请填写机组类型或压力参数，其中： ——对于燃煤机组，压力参数指：中压、高压、超高压、亚临界、超超临界；并注明是否循环流化床机组、IGCC 机组 ——对于燃气机组，机组类型指：B 级、E 级、F 级、H 级、分布式
	4	汽轮机排汽冷却方式	空冷（直接空冷）	——水冷，含开式循环、闭式循环 ——空冷，含直接空冷、间接空冷 ——对于背压机组、内燃机组等特殊发电机组，仅需注明，不需填写冷却方式
	5	机组二氧化碳排放量/t	593 242	5.1 与 5.2 之和
	5.1	化石燃料燃烧排放量/t	593 241.95	按《中国化工生产企业温室气体排放核算方法与报告指南（试行）》式（2）计算
	5.1.1 消耗量/t 或万 m³	焦炉煤气	185.12	对于入炉燃料中含煤矸石、洗中煤、煤泥等低热值燃料的，需填写低热值燃料重量占比
		中煤	281 797	
		煤泥	59 043	
		弛放气	1 165.23	

	补充数据		数值	计算方法或填写要求
机组 1-5	5.1.2 低热发热量/ (GJ/t 或 GJ/万 m³)	焦炉煤气	162.719	年平均值
		中煤	14.573	
		煤泥	11.155	
		弛放气	104.196	
	5.1.3 单位热值含碳量/（t/GJ）	焦炉煤气	0.013 58	缺省值
		中煤	0.033 56	
		煤泥	0.033 56	
		弛放气	0.012 2	
	5.1.4 碳氧化率/%	焦炉煤气	99	缺省值
		中煤	100	
		煤泥	100	
		弛放气	99	
	5.2 购入电力对应的排放量/tCO₂		0	按《中国化工生产企业温室气体排放核算方法与报告指南（试行）》公式（13）计算，同前
	5.2.1 消费的购入电量/MWh		0	
	5.2.2 对应的排放因子/(tCO₂/MWh)		0.610 1	对应的排放因子选用当年或近历史年全国电网平均排放因子
	6 发电量/MWh		140 848.2	来源于企业台账或统计报表
	7 供电量/MWh		119 290.398	来源于企业台账或统计报表
	8 供热量/GJ		1 203 931	来源于企业台账或统计报表
	9 供热比/%		26.62	来源于企业台账或统计报表
	10 供电煤耗/(t 标准煤/MWh) 或供电气耗/(万 m³/MWh)		1.033	来源于企业台账或统计报表
	11 供热煤耗/(t 标准煤/TJ) 或供热气耗/(万 m³/TJ)		37.14	来源于企业台账或统计报表
	12 运行小时数/h		6 302	来源于企业台账或统计报表
	13 负荷率/%		93.13	来源于企业台账或统计报表
	14 供电碳排放强度/(t/MWh)		3.649 3	热电联产机组需填写，机组1供电二氧化碳排放量/供电量，其中：供电二氧化碳排放量=机组二氧化碳排放量×（1−供热比）
	15 供热碳排放强度/(t/TJ)		131.17	热电联产机组需填写，机组1供热二氧化碳排放量/供热量，其中：供热二氧化碳排放量=机组二氧化碳排放量×供热比
全部机组合计	16 二氧化碳排放总量/t		593 242	所有机组排放量之和

表 5-28　2020 年温室气体排放报告补充数据表——甲醇工序

	补充数据		数值	计算方法或填写要求
甲醇工序	1 二氧化碳排放量/tCO$_2$		114 202	1.1、1.2 与 1.3 之和
	1.1 能源作为原材料生产的排放量/tCO$_2$		11 762.60	按《中国化工生产企业温室气体排放核算方法与报告指南（试行）》式（8）计算，同前
	1.1.1 能源作为原材料的投入量/万 m³	焦炉煤气	23 508	煤气、弛放气计量表
		其他原料		
	1.1.2 能源中含碳量/(t/万 m³)	焦炉煤气	2.208 2	计算值
		其他原料		
	1.1.3 碳产品或其他含碳输出物的产量/(t 或万 m³)	甲醇	110 135.79	生产报告（折纯量）
		弛放气	5 821.17	煤气、弛放气计量表
	1.1.4 碳产品或其含有碳输出物含碳量/tCO$_2$	甲醇	0.375 0	缺省值
		弛放气	1.271 6	计算值
	1.2 消耗电力对应的排放量/tCO$_2$		40 685	按《中国化工生产企业温室气体排放核算方法与报告指南（试行）》式（13）计算，同前
	1.2.1 消耗电量/MWh		66 686	热动分厂生产报表
	1.2.1.1 电网电量/MWh		22 069.50	
	1.2.1.2 自备电厂电量/MWh		44 616.60	
	1.2.1.3 可再生能源电量/MWh			
	1.2.1.4 余热电量/MWh			
	1.2.2 对应的排放因子/（tCO$_2$/MWh）		0.610 1	2015 年全国电网平均排放因子
	1.3 消耗热力对应的排放量/tCO$_2$		61 754	按《中国化工生产企业温室气体排放核算方法与报告指南（试行）》式（14）计算，同前
	1.3.1 消耗热量/GJ		561 400	按生产日报表计算
	1.3.2 对应的排放因子/（tCO$_2$/GJ）		0.11	对应的排放因子根据来源采用加权平均，其中： ——余热回收排放因子为 0； ——如果是蒸汽锅炉供热，排放因子为锅炉排放量/锅炉供热量；如果是自备电厂，排放因子参考"自备电厂补充数据表"中的供热碳排放强度计算方法；若数据不可得，采用 0.11 tCO$_2$/GJ
	2 甲醇产量/t		110 135.79	按生产月报表，折纯量

补充数据		数值	计算方法或填写要求
全部甲醇分厂（或车间）合计	3 二氧化碳排放总量/tCO₂	114 202	为各甲醇分厂（或车间）的二氧化碳排放量总和
附：CO₂回收利用数据			
甲醇车间	4 CO₂回收利用量/t	0	供出甲醇分厂（或车间）核算边界的二氧化碳量，采用实际计算数据
	5 CO₂回收利用去向	—	请列明CO₂回收利用去向，例如： ——用作化工料； ——用作食品级CO₂； ——用作焊接保护气； ——CO₂驱替石油、天然气、煤层气等； ——地质储存； ——其他利用方式，请具体说明

5.3.3 计算结果

焦化企业 a、焦化企业 c、焦化企业 e 温室气体排放量计算过程见 5.3.2 节，焦化企业 f、焦化企业 d、焦化企业 b 温室气体排放计算同比。A 市焦化行业 CO_2 排放共计约 600 万 t，占全市 CO_2 排放 28.6%。各企业各类别温室气体排放量如表 5-29 所示。

表 5-29　各企业各类别温室气体排放量　　　　单位：t

类别	焦化企业 a	焦化企业 b	焦化企业 c	焦化企业 d	焦化企业 e	焦化企业 f
化石燃料燃烧排放量	462 608	614 752	58 675	618 185	764 198	478 798
工业生产过程排放量	1 655 094	223 517	406 086	224 766	277 854	174 086
脱硫生产过程排放量	0	13 392	0	0	16 647	10 430
净购入生产过程排放量	24 128	−74 821	−49 912	−75 239	−93 010	−58 274
企业年二氧化碳排放总量	2 455 308	776 840	414 850	781 179	965 690	605 040

A 市各企业单位产品 CO_2 排放强度见表 5-30。A 市焦化行业单位产品 CO_2 排放强度为 0.65～1.30，其中焦化企业 c 和焦化企业 a 单位产品 CO_2 排放强度较小。焦化企业 c 采用干熄焦工艺，与同规模企业相比，单位产品 CO_2 排放强度降低 50% 左右；焦化企业 a　50%

的产能采用干熄焦工艺，布局有较完善的焦炭-煤化工产业链条，利用焦炉煤气深加工生产 LNG、合成氨等固碳技术，大幅减少 CO_2 排放量。

表 5-30 各企业单位产品二氧化碳排放强度

企业	焦化企业 a	焦化企业 b	焦化企业 c	焦化企业 d	焦化企业 e	焦化企业 f
二氧化碳排放总量/（t/a）	2 455 308	776 840	414 850	781 179	965 690	605 040
焦炭产生量/（t/a）	3 725 414	633 757	637 296	605 473	787 823	493 600
单位焦炭二氧化碳排放强度	0.659	1.226	0.651	1.290	1.226	1.226

各企业单位煤炭二氧化碳排放强度见表 5-31。焦化企业 c 采用干熄焦技术，单位煤炭 CO_2 排放强度最小值为 0.51，与同规模企业相比，单位煤炭 CO_2 排放强度值占比 50% 左右，节能效果明显。据测算，A 市焦化行业若全部采用干熄焦工艺可节省标煤 260 万 t 左右。因此实施湿熄焦改干熄焦战略，对于减污降碳意义重大。

表 5-31 各企业单位煤炭二氧化碳排放强度

企业	焦化企业 a	焦化企业 b	焦化企业 c	焦化企业 d	焦化企业 e	焦化企业 f
二氧化碳排放总量/（t/a）	2 455 308	776 840	414 850	781 179	965 690	605 040
煤炭使用量/（t/a）	3 867 202	853 201	813 059	807 663	950 450	660 000
单位煤炭二氧化碳排放强度	0.635	0.911	0.510	0.967	1.016	0.917

5.4 降碳减污对策研究及效果估算

5.4.1 提标改造方案确立

（1）产能整合重组

2018 年 7 月 3 日，国务院印发的《打赢蓝天保卫战三年行动计划》中明确提出加大独立焦化企业淘汰力度、"以钢定焦"等要求。目前，山西、河北、山东等地逐渐通过产能置换及落后产能的淘汰来实现焦化行业整体装备水平的升级。A 市目前 6 家焦化企业中，仅有焦化企业 a 为 300 万 t 以上产能，其余 5 家企业的产能均为 300 万 t 以下，同时存在较大的环境污染问题。坚持环保倒逼、铁腕治污，强化企业主体责任，综合运用质量、环保、能耗、安全等法规标准，倒逼焦化行业淘汰落后产能。

（2）炼焦工序改造

实施焦化产能总量控制，鼓励炉龄较长、炉况较差、规模较小的 4.3 m 焦炉提前淘汰，置换建设 6.8 m 或 7.2 m 的大型焦炉。装煤推焦过程中会产生大量无组织 VOCs，在装煤机侧、推焦焦侧安装除尘站，同时配备数字化联动系统替代人工对讲机的方式，做到装煤推焦时除尘站能够完全有效收集无组织 VOCs。焦化企业对传统湿法熄焦工艺进行干法熄焦改造。对焦炉炉顶进行尾喷，减少焦炉炉顶无组织 VOCs 排放。

（3）化产工序无组织废气收集

化产工序存在大量无组织 VOCs"跑、冒、滴、漏"，亟须进一步治理。对所有的"跑、冒、滴、漏"点进行修复，对敞开的液面进行加盖并安装 VOCs 收集装置，通过洗涤吸收并降温后进入地下焦炉燃烧室燃烧。

（4）装卸区域改装液下装车，并配备油气回收系统

利用液下装车的方式替代顶装工艺装车，并建设油气回收系统对无组织 VOCs 进行收集处理，通过洗涤吸收后进入地下焦炉燃烧室燃烧。

（5）LDAR

对所有管道每半年进行一次 LDAR，15 d 内修复完毕后对修复情况进行效果评估并没有"跑、冒、滴、漏"。对有机液体储罐进行氮封。

（6）生化处理站密闭收集

生化处理站液面敞开，对酚氰废水预处理（调节池、气浮池、隔油池）进行加盖并配备废气收集处理装置，通过洗涤吸收后进入地下焦炉燃烧室燃烧。

5.4.2 废气收集处理转运方案

根据前期调研结果和 A 市焦化企业实际情况，建议焦化企业厂区内 VOCs 放散点主要以密闭收集采用洗涤吸收法和燃烧法进行处理，主要工艺路线为源头治理—废气收集—管道运输—洗涤吸收并降温—风机—管道输送—焚烧。具体处理方式见表 5-32。治理工艺及收集转运流程见图 5-4～图 5-9。

表 5-32　A 市 6 家焦化企业 VOCs 处理方式

序号	车间	处理方式
1	装卸平台+油库工段	液下装车、密闭收集+三级油洗+焚烧
2	甲醇车间	密闭收集+水吸收填料塔+焚烧
3	鼓冷工段	密闭收集+碱洗+酸洗+焚烧
4	脱硫硫铵工段	密闭收集+回压力平衡系统
5	终冷洗苯、粗苯蒸馏	密闭收集+三级油洗+焚烧
6	生化处理站	密闭收集+焚烧

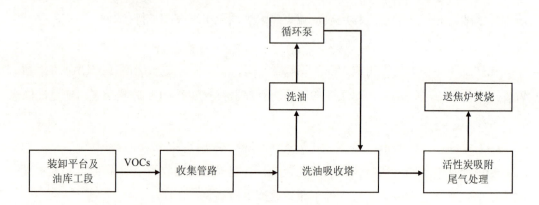

图 5-4　装卸平台及油库工段 VOCs 治理工艺流程

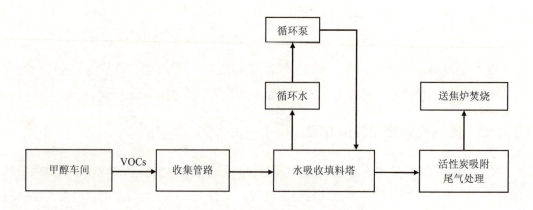

图 5-5　甲醇车间 VOCs 治理工艺流程

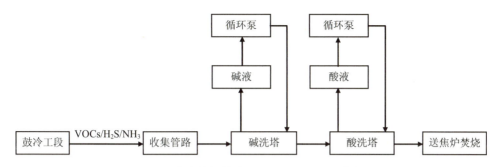

图 5-6　化产车间鼓冷工段 VOCs 治理工艺流程

图 5-7　化产车间脱硫硫铵工段 VOCs 治理工艺流程

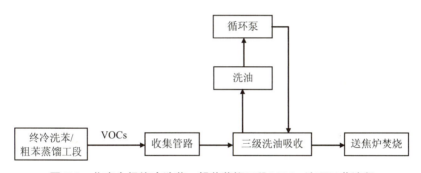

图 5-8　化产车间终冷洗苯、粗苯蒸馏工段 VOCs 治理工艺流程

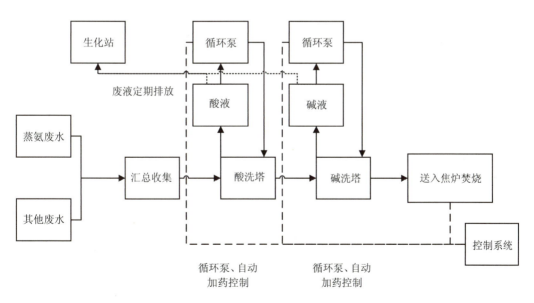

图 5-9　生化站 VOCs 处理工段 VOCs 治理工艺流程

5.4.3 技术路线

焦化行业减污降碳绿色发展主要从两条路径开展。

首先是减污方面，目前企业普遍存在焦炉烟未有效收集治理、装载区域废气收集效果欠佳、酚氰废水处理现场未加盖、管网法兰漏点多等问题，废气外逸明显。因此应全方位实施焦化行业超低排放改造，对照超低排放要求，对原料系统、精煤破碎、筛焦工序、焦炉烟气脱硫脱硝、干法熄焦脱硫、煤气净化系统 VOCs 控制等方面实施超低排放改造；鼓励增设焦炉机侧除尘设施；鼓励装载区采用底部装载；鼓励酚氰废水处理设施（输送沟渠、集水井、调节池、气浮池、隔油池等）加盖密闭；澄清槽、满流槽、粗苯生产等工艺环节、管网法兰杜绝"跑、冒、滴、漏"；加强无组织排放管控与治理，推动焦化行业无组织排放管控一体化技术平台建设，对煤气净化装置开展泄漏检测与修复（LDAR）；优化运输结构，对大宗物料实施"公转铁"运输（图 5-10）。

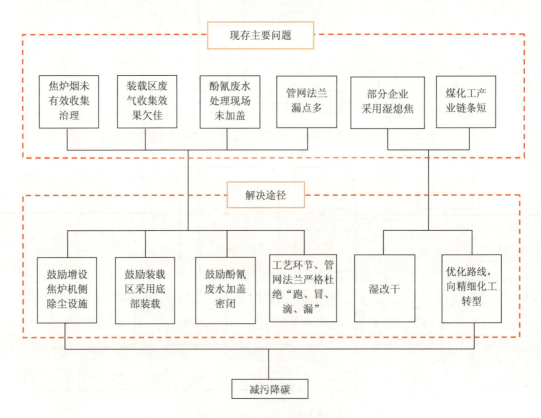

图 5-10　现存主要问题及解决途径

其次是降碳方面，目前部分企业炼焦采用湿熄焦技术，且焦炭-煤化工产业链条较短，产品单一，单位煤炭 CO_2 排放强度值较大，煤耗较高。因此应以传统焦化企业为基础，转型提升，增加附加值，协同减少温室气体及污染物排放；严格控制区域焦炭产能，科学规划焦化产业布局，以环境容量定焦化产能；大力推动"湿法熄焦"改"干法熄焦"，优化技术路线并逐步实施传统煤化工向现代精细化工的转型发展。干熄焦战略及产业长链条对于减污降碳意义重大，加大现有焦化企业、钢铁企业整合力度，提升产业装备水平，大幅减少企业数量，推动企业做精、做强、做大。

5.4.4 效果估算

（1）提标改造后的 VOCs 减排量估算

1）无组织排放。A 市 6 家焦化企业 VOCs 工艺无组织排放主要是由厂区内涉 VOCs 物料"跑、冒、滴、漏"产生的。经计算，2020 年 A 市 6 家焦化企业 VOCs 工艺无组织排放量为 3 833 724.38 kg。通过对厂区"跑、冒、滴、漏"封堵、各类产 VOCs 堆场封闭、抽风至处理设施后送焦炉焚烧深度处理整改方案实施后，按照废气平均收集率为 85%，VOCs 治理设备平均治理效率为 90%，公司 VOCs 年减排量预计可达：3 833 724.38×85%×90%= 2 932 799.15 kg。

2）有机液体储存、调和、装载挥发损失。经计算，A 市焦化企业 2020 年有机液体储存、调和、装载挥发损失年排放 VOCs 量 420 660.61 kg。通过改装液下装车、密闭收集及油洗+两级洗涤降温+送焦炉焚烧深度处理方式处置，VOCs 治理设备平均治理效率大于 95%，可计算 VOCs 年减排量预计可达：420 660.61×95%=399 627.58 kg。

3）废水集输、储存、处理处置损失。A 市焦化企业废水采用密闭管道集输，废水处理均未加盖，VOCs 无组织排放。以 2020 年为基准年，A 市焦化企业废水密闭加盖 VOCs 集中收集处理焚烧后，按照废气平均收集率为 85%，VOCs 治理设备平均治理效率为 95%，可计算公司 VOCs 年减排量预计可达：1 391 290.2×85%×95%=1 123 466.84 kg。

4）冷却塔、循环水系统释放。经计算，2020 年 A 市焦化企业冷却塔、循环水 VOCs 产生量为 241 978.19 kg。以 2020 年为基准年，通过上述整改方案实施后，按照废气平均收集率为 85%，VOCs 治理设备平均治理效率为 90%，A 市焦化企业 VOCs 年减排量预计可达：241 978.19×85%×90%=185 113.32 kg。

5）各企业 VOCs 减排量。各企业 VOCs 减排量估算汇总见表 5-33。

表 5-33　各企业 VOCs 减排量估算汇总分析　　　　　　　　　　单位：kg/a

企业	2020 年度排放量	改造后排放量	改造前后减排量
焦化企业 a	2 974 749.58	694 856.89	2 279 892.69
焦化企业 b	643 921.88	146 898.46	497 023.42
焦化企业 c	543 652.28	129 556.93	414 095.35
焦化企业 d	544 236.13	129 335.49	414 900.64
焦化企业 e	772 059.3	165 699.1	606 360.2
焦化企业 f	559 491.75	130 757.17	428 734.58

（2）提标改造后的二氧化碳减排量估算

通过调研核算，在落实精细化生产及干熄焦技术的焦化企业，单位产品二氧化碳排放强度约为 0.586，A 市 6 家焦化企业在落实精细化生产及干熄焦技术的前提下，二氧化碳排放量为 403.38 万 t，相较于现状二氧化碳减排量为 196.52 万 t，减排比例可达 32.7%，各企业二氧化碳减排量估算汇总见表 5-34。

表 5-34　各企业二氧化碳减排量估算汇总分析　　　　　　　　　　单位：t/a

企业	2020 年度排放量	改造后排放量	改造前后减排量
焦化企业 a	2 455 308.00	2 183 084.40	272 223.60
焦化企业 b	776 840.48	371 406.80	405 433.68
焦化企业 c	414 850.00	373 457.80	41 392.20
焦化企业 d	781 178.93	354 823.00	426 355.93
焦化企业 e	965 690.00	461 650.80	504 039.20
焦化企业 f	605 040.20	289 249.60	315 790.60
合计	5 998 907.61	4 033 672.40	1 965 235.21

基于减污降碳可行路线，形成减污降碳效果及减排比例一览表，如表 5-35 所示。A 市焦化行业采取减污降碳技术后，VOCs、CO_2 减排比例分别达 82.74%、32.76%，环境效益明显。

表 5-35　A 市焦化行业减污降碳效果及减排比例

因子	VOCs	CO_2
减污降碳量	4 641.01 t	196.52 万 t
减排比例	82.74%	32.76%

第三篇 土壤污染治理协同控制

第 6 章
我国污染土壤修复技术应用现状分析

内容摘要

通过调研分析我国污染地块的现状发现，地块数量和规模逐步扩大、修复土方量巨大，且目前仍以能耗、物耗严重的污染源清除和治理技术为主，如固化/稳定化、水泥窑协同处置、热脱附、化学氧化等。对国家"十三五"期间实施的 200 个土壤污染治理与修复技术应用试点项目总结分析，污染地块主要分布在华东、西北、华中和西南地区，以化工类、矿山采选和尾矿类、金属冶炼、铬渣等为主，试点项目中共应用了 11 种修复技术，单一修复技术应用以水泥窑协同处置、固化/稳定化技术为代表，原位修复技术占比不高，多数采用组合的、异位修复技术。本章基于文献检索和省级污染地块管理名录信息，调研分析了长三角地区潜在污染地块数据较多、区域土壤污染风险较高、污染治理修复和风险管控任务较重。

6.1 土壤污染现状及修复行业技术应用特点

近年来，随着我国产业结构的调整及城市化进程的加快，全国大中城市均实施了"退二进三""退城进园"的政策，大批涉及化工、冶金、石油、交通运输、轻工等行业的污染企业先后搬迁或关闭。在大量工业企业搬迁遗留场地的污染土壤再开发利用过程中，污染物会直接对该区域土地上从事生产、生活人员的健康构成威胁。随着我国土壤污染面积不断扩大，更是出现了复合型、混合型的高风险污染区，并呈现城郊向农村延伸、局部向区域蔓延的趋势。根据 2014 年公布的《全国土壤污染状况调查公报》（环境保护部和国土资源部，2014 年），我国土壤污染总的点位超标率为 16.1%，重污染企业用地及周边点位超标率为 36.3%。部分地区土壤污染较重，耕地土壤环境质量堪忧，工矿业废弃地土壤环境问题突出，工矿业、农业等人为活动以及土壤环境背景值高是造成土壤污染或超标的主要原因。据不完全统计，我国污染地块有数万块。

根据生态环境部环境规划院的调研分析，我国存量污染地块数量众多，2020 年修复项目数量已达 2 853 个，其中土壤修复工程项目数量为 668 个，工业场地类土壤修复工程项目数量为 189 个（孙宁等，2021）。行业的调研报告也显示（图 6-1），我国 2022 年修复项目数量已达 3 749 个，其中土壤修复工程类项目数量为 282 个。随着《中华人民共和国土壤污染防治法》的全面实施和深入打好净土保卫战工作的推进，预计未来数年中我国土壤污染修复产业规模会逐步扩大。

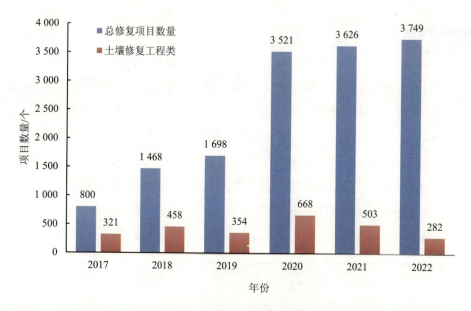

图 6-1 我国修复项目数量统计

《2021 年土壤环境修复行业市场分析报告》显示，2021 年修复工程项目金额排名前 10 的项目合计金额为 28.51 亿元，占全国修复项目总额的 25.11%，且单个项目金额均超过 2 亿元，主要分布在重庆、杭州、合肥等地。选择 2021 年度排名前 27 个合同额较大的项目分析，其污染土壤土方量总计达 539.50 万余 m^3，单个项目土方量为 5.52 万～72.08 万 m^3，平均约 19.98 万 m^3。可以粗略估计，我国每年开展的污染地块修复工程土方量将在 1 000 万 m^3 以上。据估算，我国土壤和地下水修复超过 1 500 万 m^3/a。虽然原位修复技术是应用趋势，但我国目前仍以能耗物耗严重的污染源清除和治理技术为主，主流技术是固化/稳定化、水泥窑协同处置、热脱附、化学氧化、淋洗等（图 6-2 和图 6-3）。

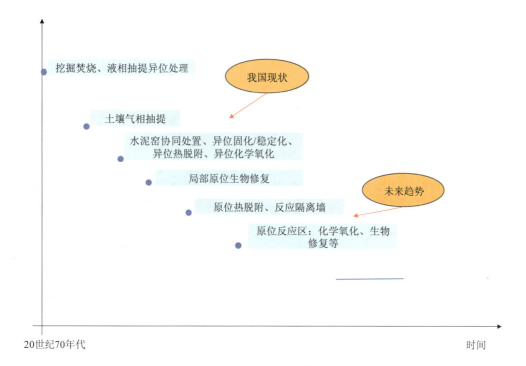

图 6-2 污染土壤修复技术应用趋势分析

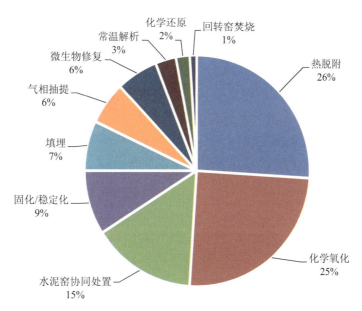

（a）有机污染土壤修复技术统计

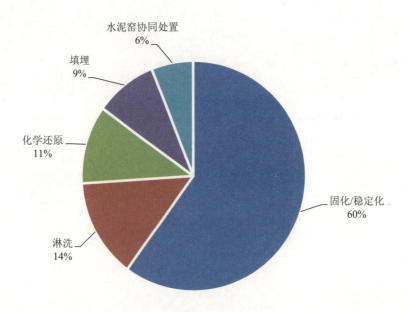

(b)重金属污染土壤修复技术统计

图 6-3　我国污染土壤修复技术应用情况分析

在调研的 2005—2017 年实际修复工程项目中,有机污染土壤主要应用技术为异位热脱附(26%)、异位化学氧化(25%)和水泥窑协同处置(15%),而重金属污染土壤的主要修复技术为固化/稳定化(60%)、淋洗(14%)和异位化学还原(11%),异位热脱附的应用比例已达 26%。美国国家环境保护局(USEPA)在 1982—2014 年统计了近 600 项发达国家异位修复场地项目,采用热脱附技术进行处理的项目约 80 项,占比为 13.5%;赵玲等(2018)经统计发现,我国 2010—2017 年共有 23 个项目采用了这种技术。

提升土壤碳汇能力是削减碳排放、缓解全球气候变化的重要途径。对土壤修复产业的碳排放情况、碳达峰碳中和路径进行分析,对于实现我国污染土壤绿色低碳修复和土地资源可持续利用具有重要意义。

6.2　国家土壤污染治理与修复技术应用试点项目调研分析

《土壤污染防治工作计划》中提出要"分批实施 200 个土壤污染治理与修复技术应用试点项目",以形成可复制、可推广的治理技术经验,也是中央土壤污染防治专项资金支持的重点方向。

通过对我国"十三五"期间在 27 个省(自治区、直辖市)试点实施的 110 个污染地块类项目进行汇总分析得出（图6-4），污染地块主要分布在华东、西北、华中和西南地区，数量分别为27个、24个、21个和14个，主要集中在经济较发达的沿海地区，以及污染较严重的地区。试点项目中的地块污染类型以复合污染为主，占比达51.82%，重金属和有机污染分别占30.9%和14.5%，其他污染物（如氰化物）占比较低（图6-5），这与《全国土壤污染状况调查公报》指出的污染类型以无机型为主、有机型次之、复合型污染比重较小有所差异，主要原因为调研试点项目中的修复对象以工业企业污染场地为主，但《全国土壤污染状况调查公报》的调研范围包括农田、矿区等。

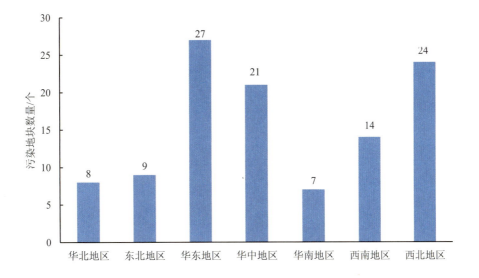

图6-4 污染地块在不同地区间分布情况

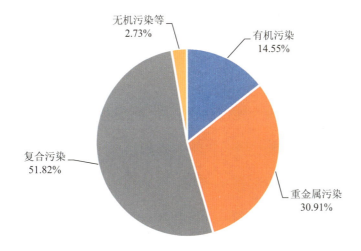

图6-5 地块污染物类型

在调研的试点项目污染地块中（图 6-6），以化工类、矿山采选和尾矿类、金属冶炼、铬渣等为主，分别有 31 个、23 个、14 个和 11 个项目涉及。试点项目中共应用了 11 种修复技术（图 6-7），采用单一修复技术以水泥窑协同处置、固化/稳定化技术为代表，占比总体较小；采用原位修复技术的项目占比也不高，多数采用了组合的、异位修复技术。一方面是由于技术本身应用的限制，如原位淋洗有污染扩散风险，气相抽提等对于场地渗透系数以及各向同性要求较高；另一方面是由于我国场地修复基本要求"修复时间短、工程进度快"，因此限制了需长期防控修复技术的应用。

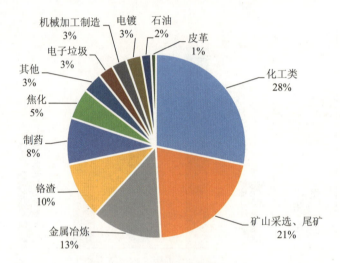

图 6-6　污染地块行业类型

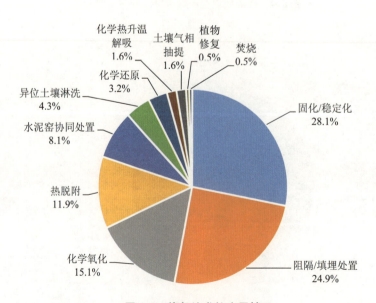

图 6-7　修复技术的应用情况

涉及的修复技术中，固化/稳定化、阻隔/填埋处置、化学氧化和热脱附的占比分别达 28.1%、24.9%、15.1% 和 11.9%，其中重金属污染土壤多侧重采用固化/稳定化、阻隔/填埋处置措施，而有机污染土壤则多采用化学氧化和热脱附技术进行修复，水泥窑协同处置技术则多用于高浓度重金属及复合污染土壤的修复处置。

对可搜集到明确污染土方量信息的 83 个污染地块类试点项目进行了统计分析得出，总计约 689.74 万 m^3 污染土壤或废渣，应用的主要修复技术或处置措施为填埋或阻隔工程、异位固化/稳定化、还原稳定化、异位热脱附、异位化学氧化和水泥窑协同处置等（图 6-8），其对污染土壤处置量分别可达 295.11 万 m^3、179.31 万 m^3、56.89 万 m^3、56.78 万 m^3、42.56 万 m^3 和 40.79 万 m^3。主要还是以异位修复技术为主，针对西北、西南地区的尾矿和铬渣等的处置量均较大，且考虑修复经济成本，多数选择原位阻隔措施或异位固化/稳定化—安全填埋措施处置，而针对化工、农药类的污染地块，则应用异位热脱附、异位化学氧化技术较多；水泥窑协同处置措施主要在复合污染或重度污染土壤修复时考虑。

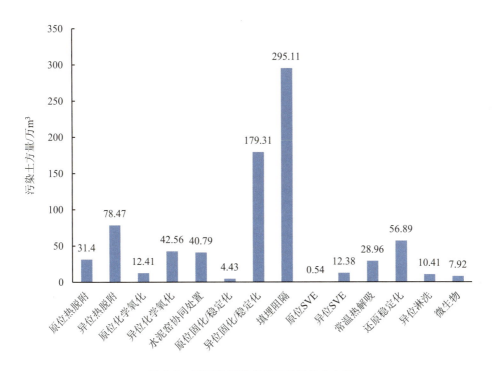

图 6-8　不同修复技术处理的污染土方量

6.3 长三角地区污染地块现状及管理和修复治理情况分析

6.3.1 长三角地区总体污染状况和历史遗留污染地块数量情况

2014年发布的《全国土壤污染状况调查公报》显示，我国土壤环境质量状况总体不容乐观，从污染分布情况来看，长三角部分区域土壤污染问题较为突出。长三角地区土壤污染主要是由农药化肥以及工业污染超标排放造成，该地区的制造业发达，化工行业企业密集，矿产资源丰富，历史上无序或不规范的生产作业活动导致土壤环境污染较为严重，如化工、电子、医药、油漆、电镀、冶炼等行业生产过程会排放重金属和有机污染物，进而引起土壤和地下水环境受到污染影响。加之污染场地地层土质中较高的黏土含量，导致其对于污染物有较强的吸附能力。此外由于该地区地下水位较浅，雨水多，导致污染土壤通常具有较高的含水率。

根据 Jiang 等（2022）的研究结果，长三角地区在 2000 年、2005 年、2010 年、2015 年和 2022 年的污染地块数量分别为 336 个、1 515 个、3 086 个、3 222 个和 4 191 个，2000—2020 年增加了 10 倍以上，保守估计污染土方量巨大。主要密集分布在沿海地区，如上海、嘉兴、绍兴、宁波和南通，在合肥、南京、无锡和杭州等内陆城市也集中出现。潜在污染地块的土壤环境管理工作需要多部门统筹协同，尤其是长三角地区发达的水文地质条件，容易造成水土复合污染，其治理修复和风险管控任务更重、难度更大。

随着我国长三角一体化高质量发展的有力推进，城镇人口密集区危险化学品生产企业搬迁改造、长江经济带化工污染整治等均会产生大量腾退地块。根据《长江三角洲区域一体化发展规划纲要》，到 2025 年，长三角常住人口城镇化率将达到 70%。城镇化发展将对污染土壤的再开发利用产生较大需求，因此，长三角地区面临污染土壤风险管控压力较大与再开发利用的双重矛盾。

6.3.2 建立建设用地土壤污染风险管控和修复名录制度，逐步开展污染地块准入管理

笔者统计分析了长三角地区"三省一市"[①]生态环境部门定期发布的《建设用地土壤污染风险管控和修复名录》，自首次发布至 2023 年 6 月 10 日，该地区纳入名录的污染地块数量共计 488 个，涉及污染地块面积共计 2 993.94 万 m^2。其中，上海、江苏、浙江、安

---

① 指上海市、江苏省、浙江省、安徽省。

徽纳入管理的污染地块分别为 137 个、120 个、167 个、64 个，涉及地块面积分别为 410.61 万 m^2、892.72 万 m^2、898.94 万 m^2、791.67 万 m^2（图 6-9 和图 6-10）。目前，分别有 68 个、42 个、84 个和 24 个已完成治理修复或风险管控，总体完成率约 45.9%。总体来看，浙江省污染地块数量最多，面积最大。地块污染面积最大为 80.17 万 m^2，最小为 60.0 m^2，约 81.4% 的单个污染地块面积低于 10 万 m^2（图 6-11）。

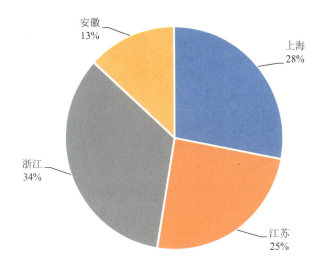

图 6-9　长三角地区各省份污染地块数量占比情况

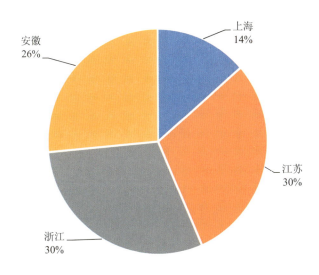

图 6-10　长三角地区各省份污染地块面积占比情况

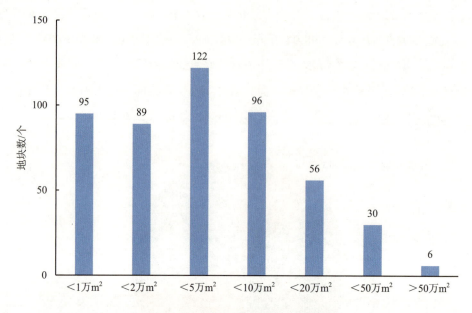

图 6-11　长三角地区各污染地块面积情况

根据乔斐等（2022）的统计研究，长三角地区（未包括安徽省）重金属污染、有机物污染、重金属-有机物复合污染场地数量占比均明显高于珠三角地区和京津冀地区。污染地块的土壤和地下水典型污染物与行业类型密不可分，化学原料及化学品制造业卤代烃和苯系物污染严重，电器机械及器材制造业汞污染突出，塑料和橡胶制品业 PAHs 污染明显，长三角金属冶炼及压延加工业占比突出。从目前进展来看，尽管部分污染地块已开展了风险管控与治理修复，但总体进展缓慢，且部分地区土壤污染风险较高，今后一段时间长三角地区土壤污染风险管控任务较重，同时需考虑复合污染带来的污染加剧。

对"三省一市"污染地块管理名录中已实施污染修复治理或风险管控的 218 个地块的情况进行分析得出，主要涉及 34 个行业，污染地块以 26 化学原料和化学制品制造业、33 金属制品业、31 黑色金属冶炼和压延加工业等为主（图 6-12），主要以单独重金属污染、重金属或无机物+多环芳烃+石油烃复合污染、单一多环芳烃污染、重金属/无机物+多环芳烃等污染类型为主（图 6-13）。进一步地，对 169 个能够搜集到污染土壤土方量（共计约 410 万 m^3）信息的地块进行分析得出，已实施治理的污染地块主要以水泥窑/砖窑协同处置、异位化学氧化、异位固化/稳定化等异位修复技术为主，且以两种或以上技术的组合应用较多，原位修复技术的应用比例仍较低（表 6-1）。

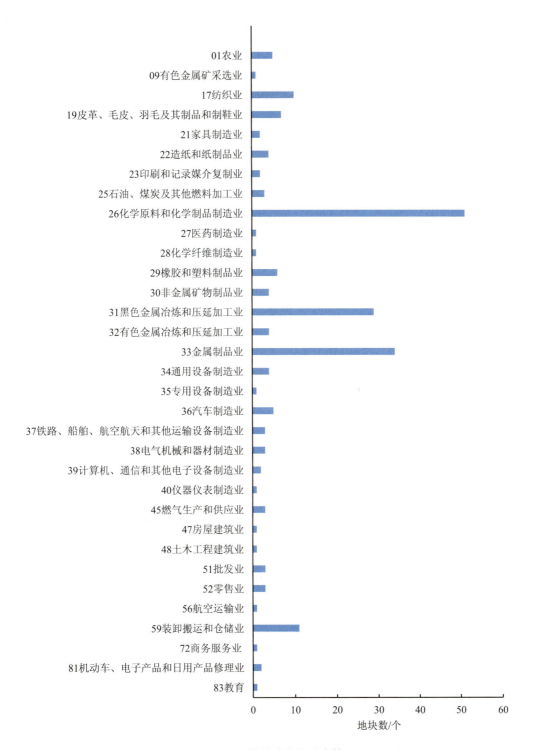

图 6-12 污染地块行业分布情况

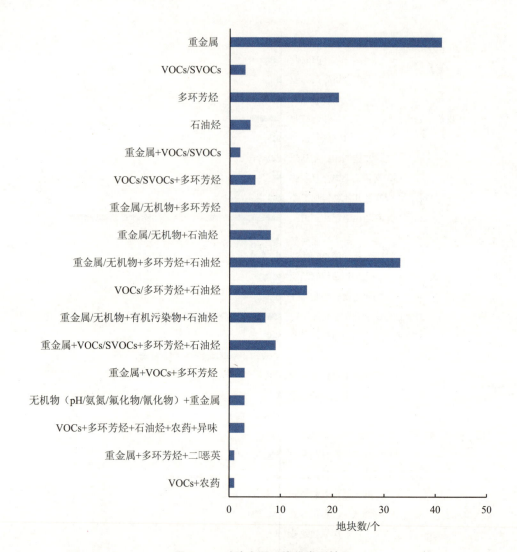

图 6-13 地块主要污染物类型情况

表 6-1 污染土壤修复技术应用情况

修复技术措施	修复土方量/m³	修复项目数量/个
水泥窑/砖窑协同处置+异位修复技术	1 948 682.64	27
水泥窑/砖窑协同处置	565 049.08	42
水泥窑/砖窑协同处置+原位修复措施	29 470.45	3
陶粒窑协同处置	67 835.65	4
两种异位修复技术组合	571 061.85	32
三种异位修复技术组合	440 422.68	7

修复技术措施	修复土方量/m³	修复项目数量/个
异位化学氧化	121 053.87	25
异位固化/稳定化	106 704.86	8
异位化学淋洗	69 974.07	7
异位热脱附	66 551.08	4
异位阻隔填埋	1 242.50	1
异位修复技术+原位修复技术	95 708.48	5
原位热脱附	21 000.00	1
总计	4 104 757.21	166

第 7 章

污染土壤典型修复技术的碳排放分析及减排途径

> **内容摘要**
>
> 围绕污染土壤典型修复技术的碳排放及可能减排途径开展研究。首先，结合修复技术应用特点，分析了其碳排放来源、环节及影响因素；基于生命周期评价方法对典型修复技术开展了清单和系统边界分析，初步建立了典型修复技术碳排放评估常用的碳排放因子数据库。其次，基于文献研究和案例项目数据，对典型异位修复技术的碳排放情况进行比较和估算发现，异位修复技术间的温室气体排放有很大差异，这与应用的能源和设备类型、后续处理技术等有关，如在异位热脱附技术应用过程中，采用降耗的热脱附处理设备和技术措施，可实现碳减排目标；针对 VOCs 污染的地下水，采用基于生物炭的 MNA+BC 组合修复技术，可有效降低能耗和环境影响负荷。最后，提出了我国当前要加强污染地块修复过程中碳排放估算分析的建议。

7.1 修复技术碳排放来源、环节及影响因素分析

不同的修复技术对应各污染地块有不同的适配性，在注重修复效果的同时，修复实施过程也必然会产生不同程度的环境影响。发达国家污染场地修复管理发展时间较久，已重视绿色修复技术的研发应用和政策扶持，倡导可持续污染场地风险管理和多目标决策，强调修复工程的整个生命周期可能对环境产生的影响，不再仅限于修复工程实施单个方面。我国污染土壤的修复治理工作还处于起步阶段，修复技术仍多以高能耗、见效快的异位修复技术为主，修复工程多以实现修复目标、削减污染场地自身风险为侧重点，近些年才开始关注绿色低碳修复技术的研发与应用。

7.1.1 污染场地土壤修复中的碳排放来源及影响因素

污染土壤修复项目的实施主要包括污染地块调查阶段、治理和修复技术方案的比选和确定、修复工程的施工和运行阶段、治理与修复效果评估阶段，以及修复后的长期监管和制度控制阶段。目前，针对污染土壤修复项目中碳排放的研究主要关注项目施工和运行阶段的碳排放问题，缺乏从不同修复方案的全生命周期评价的角度分析修复项目总碳排放量。污染地块土壤修复与管控技术多样，主要可分为原位和异位两大类。针对不同的污染物类型，原位土壤修复技术主要包括原位蒸汽浸提技术、原位固化/稳定化技术、原位生物修复技术、原位纳米零价铁还原技术等；将污染土壤挖掘、转运、堆放、净化、再利用是一种经常采用的离场异位修复过程，主要包括土壤淋洗、热脱附（或热解吸）、焚烧、水泥窑协同处置等。尽管这些修复技术能够针对污染土壤中的特定污染物如重金属、挥发性有机物等起到消除或降低其风险的作用，但在修复方案的比选阶段，更多的还是关注候选修复技术对目标污染物的去除能力、经济适用性和方法的成熟性等方面，而忽视了它们带来一系列新的环境问题如修复药剂的二次污染、水污染、电力需求带来的温室气体排放等。近年来，有部分国内外学者开始关注场地污染土壤修复技术的"碳足迹"，并开始将其纳入污染修复技术筛选矩阵的分析中，综合评价目标污染场地土壤修复的最佳技术方案。

7.1.2 基于生命周期评价方法的污染场地土壤碳排放分析

生命周期评价方法（life cycle assessment，LCA）从20世纪末即被应用到污染场地修复中，逐渐在环境管理决策中受到越来越多的重视，该方法主要是通过对评价对象"从摇篮到坟墓"整个生命周期过程进行跟踪监测，基于的评价方法可以通过对各类污染场地处理处置技术的环境影响、修复过程所产生的二次污染压力和经济社会影响进行量化分析和比较，在一定范围内为污染场地处理技术的选择和环境管理决策提供一定的科学数据和理论依据。可以实现从场地调查、系统运行、长期监测和场地关闭等整个修复活动过程的角度，对污染场地修复活动产生的环境影响进行全面的分析评价。

数十年来，LCA作为量化环境影响的工具被越来越多的人接受，使用全球升温潜能值，这是一种基于量化温室气体排放的相对措施。在大多数行业，如使用各种技术的废物管理和修复，LCA可以帮助选择最佳可用技术，以减轻修复技术的环境负担，确保未来的发展在整个生命周期内优化其环境性能。Nunes等（2016）就利用LCA来比较选择应用于土壤修复的电化学方法处理途径，Lemming等（2010）利用LCA评估了氯乙烯污染场地修复的环境影响。然而，也有少数人使用 LCA 对土壤异位修复技术的温室气体排放和环境影响进行量化评估。Volkwein 等（1999）提出利用生命周期评价方法评价了污染场地修复技术的 14 种环境影响，美国可持续修复论坛于 2011 年提出了九步环境评估指南，为污染场地修复生命周期评价提供了指导规范，Hou 等（2014）将污染场地生命周期评价方法结合可持续评价体系提出环境、社会、经济评价模式，而这种评价模式也被社会广泛认可使用。上述提到的修复技术的生命周期评价，起步较早，发展出了一系列的评价方法，在一定阶段起到了判别环境影响、引导修复技术发展方向的作用。同时，也存在技术间评判标准不一致，比较不全面，对不同影响难以给出归一化综合指标等不足。

目前，污染土壤修复项目的碳排放估算主要是通过"碳足迹"进行定量计算。碳足迹是某一产品或服务系统在其全生命周期内的碳排放总量，或活动主体（包括个人、组织、部门等）在某一活动过程中直接和间接的碳排放总量，以 CO_2 等价物来表示。根据 ISO 14040：2006，生命周期评价可分为 4 个部分：确定目标和范围、生命周期清单（life cycle inventory，LCI）分析、生命周期影响评估（LCIA）、结果分析（图 7-1）。

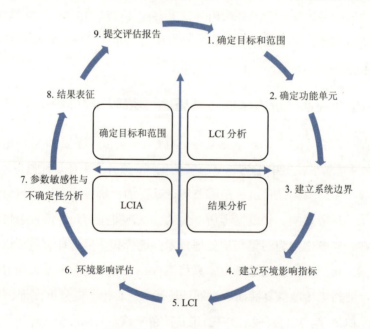

图 7-1　全生命周期 LCA 四步法

（1）确定目标和范围

确定目标和范围是 LCA 过程中至关重要的步骤。确定目标旨在说明开展场地修复生命周期评价的主要目标，以及评估结果的决策支撑领域。通常污染场地 LCA 的目标可分为两种：①用于修复活动开展前的修复方案比选评估；②在修复实施后开展生命周期回顾性评价。前者可作为污染场地修复管理决策支持的依据；后者可提供修复技术的影响基准，从而为进一步改善修复技术提供参照。

确定范围是为了保证研究的空间、时间和评价深度满足规定目标。所有的系统边界、功能单元、评价时间、修复技术流程、LCIA 模型、影响类型等要素都应该在范围界定中表述清楚。Suer 等（2011）认为评价土壤修复最重要的是界定时间和空间范围及评价二次环境过程可能产生的环境影响；而 Lemming 等（2010）则认为范围应包括系统边界、时间边界和技术与环境边界，及 LCA 类型的选择。范围界定准确程度与评价目标的契合度将影响 LCA 结果的可靠性。

（2）LCI 分析

LCI 分析是针对某一系统过程整个生命周期阶段进行数据收集、整理、审核，并将数据与单元过程或功能单元进行关联的过程。

在污染场地修复中特指对地块修复工程在整个生命周期内的能源、材料等的消耗量与向环境的排放进行基于实测数据的客观量化过程。污染场地修复 LCI 分析的核心是建立以功能单位表达的修复系统的输入和输出，其所使用的清单数据的准确性和场地适用性对于最终 LCA 结果的不确定性至关重要。

目前，污染场地特定的 LCI 尚未建立，相关研究多选择通用的 LCI 数据库，如基于国家层面的丹麦 EDIP 数据库、瑞士 Ecoinvent 数据库、美国的 LCI 数据库，或欧盟的参考生命周期数据库（ILCD）等。这些通用数据库包括运输、原材料消耗、能耗等场地修复 LCA 必需的清单数据，但污染场地特有的数据，如活性炭生产、原位化学药剂或反应材料生产等信息缺乏，使得计算的 LCA 结果存在较大不确定性。Volkwein 等（1999）在开发的污染场地修复 LCA 模型中包含 42 种通用 LCA 数据清单，并对 54 项单元过程提供了基础数据。Page 等（1999）在 LCA 框架的案例研究中通过实际工程总结数据、专家咨询等方式构建了清单数据。Cadotte 等（2007）在其构建的 LCI 中包括 4 种修复技术的环境负荷、设备、能耗、电耗，并使用了 Ecoinvent 数据库中的二次环境影响数据。美国能源部也在其网站上公布了 USLCI 数据供下载，其中包含废物管理和污染场地修复模块。这些研究对提供污染场地相关的 LCI 具有一定帮助，但总体来说污染场地 LCI 仍面临着不确定性大、数据可获得性较差等问题（表 7-1）。

表 7-1 典型修复技术实施过程碳排放清单分析

修复技术	LCA 周期阶段	工艺单元	资源使用情况	影响碳排放类型
异位化学淋洗	土壤清挖阶段	污染土壤清挖、短驳转运	土壤清挖所需的机械动力和涉及的运输过程能耗	燃油
	淋洗修复阶段	进料、淋洗处理、出料阶段	淋洗过程中的工艺所需动力和运输过程能耗，设施建设	电能、药剂、燃油、水泥、金属结构
	回填阶段	短驳转运、平整	土壤回填、维护等活动的机械动力和涉及的运输过程能耗	燃油
异位热脱附	土壤清挖阶段	污染土壤清挖、短驳转运	土壤清挖所需的机械动力和涉及的运输过程能耗	燃油
	土壤预处理	污染土壤预处理调节水分	预处理过程所需机械动力和药剂涉及的能耗，设施建设	药剂、燃油、水泥、金属及其他结构
	热脱附处理阶段	进料、热脱附处理、出料阶段	淋洗过程中的工艺所需动力和运输过程能耗，设施建设	电能、药剂、燃油、水泥、金属结构
	回填阶段	短驳转运、平整	土壤回填、维护等活动的机械动力和涉及的运输过程能耗	燃油

（3）LCIA

LCIA 是针对清单分析的输入/输出量化结果开展环境影响评价的过程，用以说明修复工程中各环境交换过程的相对重要性以及每个生产施工阶段或修复技术单元过程的环境影响贡献大小。LCIA 是 LCA 的核心内容，一般包括：①选择影响类型、参数和特征化模型；②将清单分析结果划分到影响类型；③类型参数结果的计算 3 个基本过程。

目前国际上常用的 LCIA 影响类型可分为全球影响和局部影响。其中全球影响主要包括不可再生资源消耗、全球变暖、臭氧层消耗、可更新资源的消耗、酸化、富营养化等；局部影响主要包括固体废物堆积、健康毒性、生态毒性、土地利用等。针对污染场地的特定 LCA 影响类型还包括土壤质量参数变化、生境损害和人类社会扰动等。此外，污染场地 LCIA 影响类型也分为首要环境影响和二次环境影响，前者主要指污染场地目标污染物所直接产生的局部范围内的毒性风险，后者主要指污染场地修复工程实施过程中所产生的对区域乃至全球范围内环境介质的影响。由于涵盖不同的影响类型，采用不同的特征化模型和计算方法，目前国际上存在有较多的 LCIA 模型，采用不同模型开展 LCA 研究也会在一定程度上影响结果的一致性。LCIA 模型种类较多，主要分为中间节点法（环境问题法）和损害终结点法（目标距离法）两大类，瑞士、荷兰、瑞典、丹麦、美国、日本等都开发了基于本国数据库和区域环境标准或排放目标的 LCIA 模型。

LCA 由于需要大量的基础实测数据支撑，对特定行业建设有专门的数据库，其商业化程度相对较高，目前使用较广泛的 Simapro、Gabi 和 BEES 等 LCA 商业软件中包含大部分广泛使用的 LCIA 数据库，可为场地修复 LCA 提供计算工具。3 种软件均采用 LCA 生命周期框架，但使用的 LCI 数据库和 LCIA 方法并不完全统一。

目前，Ecoinvent 数据库（http://ecoinvent.com/）为最新的生命周期清单数据（LCI），其含有超过 4 000 个 LCI 数据集，覆盖领域包括农业、能源供应、交通运输、生物燃料和生物材料、大宗和特种化学品、建材、包装材料、基本和稀有金属、信息通信技术和电子产品以及废物处理，提供了相对完整的 LCI 数据库。我国仍缺少自己的 LCI 数据库和适合国情的 LCIA 方法，但已在数据库方面开展构建探索，由四川大学创建的中国生命周期基础数据库（CLCD）是基于我国基础工业系统生命周期核心模型的行业平均数据库，目标是代表中国生产技术及市场平均水平。中国碳排放核算数据库（CEADs）是在国家自然科学基金委员会、科技部国际合作项目及重点研发计划、英国研究理事会等共同支持下，涵盖中国及其他发展中经济体的多尺度碳核算清单及社会经济与贸易数据库。

（4）结果分析

将生命周期影响评估结果通过图、表等形式表现出来，并对结果进行合理阐释，即 LCA 的结果分析。通常污染场地修复 LCA 结果分析可包括：①首要环境影响的各个类别（主要是健康、生态风险或毒性评估）归一化结果；②二次环境影响的各个类别（全球变暖、酸雨、能源资源消耗等传统 LCA 影响类别）的归一化结果；③综合 LCA 或社会经济 IO-LCA 等其他涉及三次影响的社会经济影响类别结果。也有研究将 LCA 结果进行货币化统一，评估污染场地及其修复活动带来的环境损失，以便于计算环境污染损害、综合对比不同污染场地的环境影响等。

不确定性分析是 LCA 受到质疑或不被推广应用的最大原因之一。通常认为，LCIA 是 LCA 中难度和不确定性最大的部分。有研究学者针对 LCA 的 4 个阶段提出了包括数据来源及可信度、时间跨度、边界选择、权重和估值等共计 15 个尚未解决的关键问题，并根据其对评估结果影响的大小和敏感度进行了排序，认为 LCIA 阶段是整个 LCA 过程中不确定性最主要的来源之一（Reap et al.，2008）。

7.2 污染土壤典型修复技术的碳排放因子库初步构建

7.2.1 典型修复技术的工艺流程和主要碳排放环节分析

项目选择针对重金属污染土壤的异位化学淋洗修复技术,以及有机污染物的异位热脱附修复技术,开展了修复工艺流程细化和关键影响因素分析,判别分析了修复技术实施过程中的主要碳排放环节。

(1) 异位化学淋洗技术

异位土壤淋洗是采用物理分离或化学淋洗等手段,通过添加水或合适的淋洗剂,分离重污染土壤组分或使污染物从土壤相转移到液相的技术,工艺流程如图 7-2 所示。

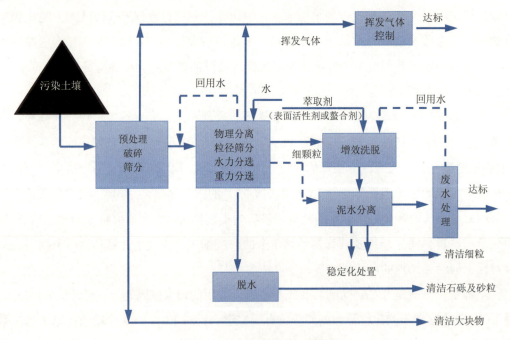

图 7-2 异位土壤淋洗工艺流程

按照污染物分离的方式,异位土壤淋洗可分为物理分离和化学淋洗。

关键影响因素:主要包括土壤细粒(<75 μm 的粉粒/黏粒)含量、污染物的类型和浓度(水溶性和迁移性)、分级/淋洗方式(物理和化学)、水土比(3~20)、淋洗时间(20 min~2 h)、淋洗次数(多级连续或循环)、体系 pH 条件、淋洗剂的选择(无机/有机酸、螯合剂)、化学淋洗废水处理及淋洗剂的回用、运行维护和监测。

主要碳排放环节：①污染土壤清挖转运阶段（短驳至淋洗区）；②进料阶段（预处理、上料装载机）；③淋洗处理阶段（水、电、油消耗）；④出料阶段（短驳转运）；⑤废水处理阶段（电、药剂）；⑥污泥再处置（压滤）。

（2）异位热脱附技术

通过直接方式或间接方式对污染土壤进行加热，通过控制系统温度和物料停留时间有选择地促使污染物气化挥发，使目标污染物与土壤颗粒分离去除，工艺流程如图 7-3 所示。

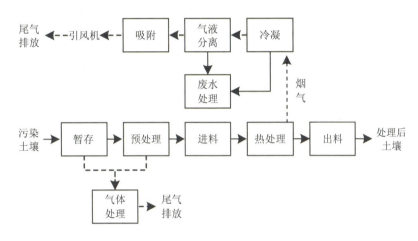

图 7-3　异位热脱附工艺流程

异位热脱附系统按照加热方式分为直接热脱附和间接热脱附。按照加热目标温度可分为高温热脱附和低温热脱附。

关键影响因素：主要包括土壤特性（含水率<25%、粒径<5 cm、pH≥4），污染物特性（有机物<25%、沸点范围）和运行参数（出料温度 100～550℃、停留时间 15～120 min）。

主要碳排放环节：①污染土壤清挖转运阶段（短驳至预处理车间）；②进料阶段（预处理、上料装载机）；③热脱附处理阶段（水、电、油、燃气消耗）；④出料阶段（冷却水、短驳转运）；⑤尾气处理阶段（冷凝、活性炭处置）；⑥水处理阶段（三相分离、污泥再处置）。

7.2.2　典型修复技术的系统边界分析

根据 ISO 提出的 LCA 四步法，开展修复过程碳排放分析，主要内容包括确定目标和系统边界、清单分析、生命周期影响评估、结果表征。

分析污染场地修复项目的系统边界，确定核算边界内相关的生产设施、场所和交通工具等所产生的碳排放情况。系统边界的设定是基于修复技术所涉及的不同环节,结合污染场地修复项目的污染物类型、水平和修复目标、修复后的监测管理等阶段,明确不同修复技术方案的碳源排放清单。典型场地修复 LCA 分析流程如图 7-4 所示,典型修复技术的系统边界描述如图 7-5 和图 7-6 所示。

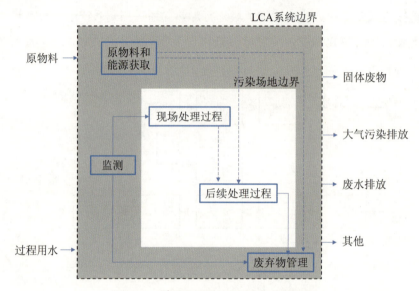

图 7-4 典型的场地修复 LCA 分析流程

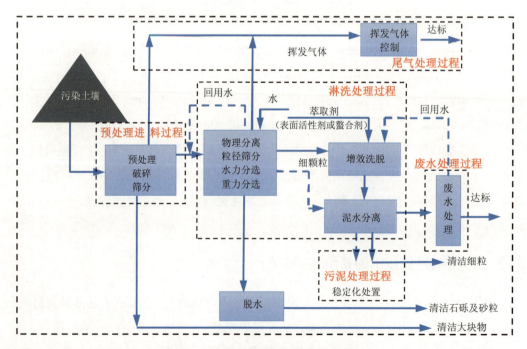

图 7-5 化学淋洗修复过程的系统边界

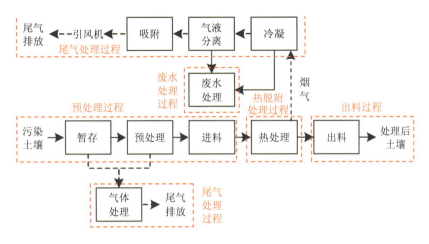

图 7-6 异位热脱附修复过程的系统边界

基于生命周期分析方法和技术实施工艺特点，以异位热脱附技术的实施过程为例，按照原材料/设备生产阶段、污染土壤挖掘与转运阶段、修复施工阶段（包括场地建设）、工程结束/拆除阶段 4 个阶段对异位热脱附技术的实际应用过程进行清单分析，得出结果如表 7-2 所示。

表 7-2 异位热脱附技术实施过程清单分析

清单分析活动环节	具体活动过程	各阶段涉及活动要素
原材料/设备生产阶段	原材料生产	废水处理药剂——次氯酸、碱等
		石灰
		活性炭
		气味抑制剂
		防尘网
		防渗膜
	设备生产	热脱附成套设备
		挖掘机
		运输车
		喷淋设备
		破碎机
		振动筛
		筛分斗
		雾炮机
		提升泵

清单分析活动环节	具体活动过程	各阶段涉及活动要素
污染土壤挖掘与转运阶段	土壤挖掘	挖掘机
		雾炮机
	废水抽提	抽水泵
	土壤转运	运输车
修复施工阶段（包括场地建设）	场地建设	场地及道路硬化
		修复车间及养护区硬化防渗
		办公房
		临时用电基础设施
		药剂储存间
		密闭大棚钢结构建设
		洗车台（含冲洗泵）
		排水沟及水管安装
	修复系统建设	预处理系统组装
		热脱附设备组装
		废水处理系统
	土壤水分调节	挖掘机
		喷洒设备
	土壤破碎	破碎机
	土壤筛分	振动筛
		筛分斗
	加热脱附系统	燃气消耗
		电力消耗
		废水处理
		污泥外运处置
		活性炭外运处置
工程结束/拆除阶段	回填压实作业	挖掘机
		运输车
		压实机
	装备拆除	修复车间钢结构大棚
		热脱附设备组装
		废水处理系统

7.2.3 基于 LCA 的碳排放量估算模型及排放因子库构建

基于 LCA 理论和不同修复技术方案的系统边界，一般主要关注污染地块土壤修复技术相关的材料生产阶段、运输阶段和施工阶段的碳排放量。由于涉及污染场地修复技术的材料生产和运输等环节较多，施工工艺复杂，实景数据获取存在一定的困难，有研究主要采用 PA-LCA（过程分析）和 EIO-LCA（投入产出分析）相结合的混合生命周期评价模型对 3 个主要阶段的碳排放量进行计算。其中，PA-LCA 的碳排放计算公式如下：

$$C = \sum_{i=1} Q_i \times EF_i \tag{7-1}$$

式中，C——碳足迹；

Q_i——i 修复材料或活动的数量或强度数据；

EF_i——单位碳排放因子。

投入产出分析方法则是根据 EIO-LCA 模型，由某经济部门的成本投入得到该部门相应的温室气体排放量即产出。对于碳排放因子数据缺乏的材料，或者上游边界较远的单元过程，如修复原材料的开采、机电设备等这类不易再划分出更具体产品的情况，可采用投入产出分析方法。EIO-LCA 方法得到的计算结果一般为单位货币的 CO_2eq，类似于碳排放因子 EF。因此，可结合 PA-LCA 与 EIO-LCA 分析不同修复技术下各环节的碳排放量。

（1）修复材料或设备生产阶段的碳排放

主要是指对各种材料和设备在生产制造阶段的数量（或成本）与其碳排放因子的乘积，公式为

$$C_1 = \sum_i M_i \times \beta_i \tag{7-2}$$

式中，C_1——材料和设备生产阶段的碳足迹（CO_2eq），t 或 kg；

M_i——第 i 种材料或设备的用量（t 或 kg）或成本（元）；

β_i——第 i 种材料或设备的碳排放因子（CO_2eq），t/t、kg/kg 或 t/元、kg/元。

（2）运输阶段碳排放

主要是指运输车辆耗油所排放的温室气体，包括由场外商家运输到工地的能耗、工程施工阶段的污染土场内运输和场外运输能耗两部分。对于场外运输，主要根据污染土壤或货物的运输量、运输距离和运输方式等信息，结合运输车辆的单位油耗，将总耗油量乘以油的碳排放因子即场外运输碳排放量，不考虑返程油耗；对于场内运输，假设返

程时均为空车进行油耗计算。对于其他运输方式如铁路、飞机运输，则暂时参考 IPCC 的碳足迹计算公式进行核算。

$$C_{2外} = \sum_j \gamma_j \times M_j = \sum_j \left(\gamma_j \times \sum_i \alpha_j \frac{M_{总i}}{M_{载重}} \frac{L_i}{v} \frac{1}{8} \right)$$

$$C_{2内} = \sum_j \gamma_j \times M_j = \sum_j \left(\gamma_j \times \sum_i \alpha_j \frac{M_{总i}}{M_{载重}} \frac{2L_i}{v} \frac{1}{8} \right) \quad (7\text{-}3)$$

式中，$C_{2外}$、$C_{2内}$ —— 分别表示场外运输、场内运输阶段的碳足迹（CO_2eq），t 或 kg；

γ_j —— 第 j 种油料的碳排放因子（CO_2eq），t/t 或 kg/kg；

M_j —— 第 j 种油料的消耗量，t 或 kg；

$M_{总i}$ —— 第 i 种货物的总质量，t 或 kg；

$M_{载重}$ —— 车辆的载重量，t 或 kg；

L_i —— 第 i 种货物的运输距离，km；

v —— 运输车辆的行驶速度，km/h；

α_j —— 车辆每台班消耗第 j 种油料的质量，t 或 kg；

$\frac{1}{8}$ —— 每班车耗油量转换为小时耗油量的系数。

（3）修复施工阶段碳排放

在不同修复技术现场施工流程图的基础上，结合项目现场的其他必要的机械施工工作，计算施工阶段耗油、耗电或燃气、电力等所引起的温室气体排放。计算公式可参考如下：

$$C_3 = \sum_k \gamma_k \times M_k = \sum_k \left(\gamma_k \times \sum_l \sum_r \alpha_{rk} V_{总l} \times t_{rl} \frac{1}{8} \right) \quad (7\text{-}4)$$

式中，C_3 —— 施工阶段的碳足迹（CO_2eq），t 或 kg；

γ_k —— 第 k 种能源（柴油、汽油、电、燃气等）的碳排放因子（CO_2eq），t/t，kg/kg，kg/m³；

M_k —— 第 k 种能源的消耗量，t、kg 或 m³；

$V_{总l}$ —— 第 l 个单项工程的总工程量，m³；

t_{rl} —— 第 r 种机械在第 l 个单项工程上的生产率，台班/m³；

α_{rk} —— 第 r 种机械每台班消耗第 k 种能源的质量，t、kg 或 m³；

$\frac{1}{8}$ —— 每班车耗油量转换为小时耗油量的系数。

（4）总碳排放量

不同修复技术全生命周期的碳排放量，由上述 3 个阶段的碳排放量加和得到。

$$C = C_1 + C_2 + C_3 \tag{7-5}$$

碳排放因子（carbon emission factor）是指生产或消耗单位质量物质伴随的温室气体的生成量，是表征某种物质温室气体排放特征的重要参数。以往不同研究中采用的碳排放因子数据主要来源于 CLCD 数据库、ELCD 数据库、IPCC 文件、国内外公开文献数据及 EIO-LCA 模型参数等，一般均需要购买获取。

通过搜集分析包括《IPCC 国家温室气体排放清单指南（2006）》《中国产品全生命周期温室气体排放系数集（2022）》《省级温室气体清单编制指南》《建筑碳排放计算标准》《绿色建筑奥运建筑评估体系》以及中国工程院和国家部委咨询报告、相关温室气体排放核算方法与报告指南、国内外文献研究等资料，初步构建了可用于典型异位修复技术的碳排放因子库（表 7-3）。

不同活动要素间的碳排放因子（CO_2eq）核算单位并不一致，如天然气的单位为 kg/m^3、电力为 $kg/(kW·h)$，而运输方式和机械设备则分别为 $kg/(t·km)$ 和 kg/台班。根据不同资料来源和研究结果，也分别列出了可取用的高值或低值水平。表 7-3 为化石能源、钢材和基础设施建设用材料的碳排放因子数据。

表 7-3 常见能源材料的碳排放因子情况

序号	类型	名称	单位	碳排放因子 低值	碳排放因子 高值
1	化石能源	固体燃料—煤炭	kg/kg	2.405	2.761
2		石油	kg/L	1.98	2.167
3		天然气	kg/m^3	1.503	1.657
4		汽油	kg/kg	2.031	3.06
5		煤油	kg/kg	2.094	
6		柴油	kg/kg	2.171	3.82
7		液化石油气	kg/kg	0.504 2	1.848
8		燃料油	kg/kg	2.27	
9		煤气	kg/kg	1.302	
10		电力	kg/(kW·h)	0.581	1.063
11		热力	t/GJ	0.11	

序号	类型	名称	单位	碳排放因子 低值	碳排放因子 高值
12	钢材	大型钢材（型钢）	kg/kg	1.722	2.649
13		中、小型材（角钢、扁钢、钢模板等）	kg/kg	1.381	2.655
14		热轧钢筋（螺纹钢、圆钢）	kg/kg	2.208	2.617
15		冷轧钢丝（冷拔钢丝）	kg/kg	2.757	
16	基础设施建设材料	水泥	kg/kg	0.538	1.34
17		砂石	kg/t	2.037	
18		C_{20}～C_{25}混凝土	kg/m^3	358.7	400.7
19		1:3 水泥砂浆	kg/m^3	10	378.44
20		砖	kg/千块	418	504
21		砌块	kg/m^3	162.44	250
22		混凝土砖（240 mm×115 mm×90 mm）	kg/m^3	334.8	
23		页岩空心砖（240 mm×115 mm×53 mm）	kg/千块	294.5	
24		聚氯乙烯（PVC）	kg/kg	1.72	8.653
25		聚乙烯	kg/kg	0.6	
26		涂料	kg/kg	1.08	2.6
27		竹胶板	kg/m^2	33.1	
28		乳胶漆	kg/kg	6.9	
29		油漆	kg/kg	3.6	
30		石灰	kg/kg	0.683	1.2
31		石灰石	kg/t	5.394	
32		沥青防水卷材	kg/m^2	12.95	

污染土壤不同运输方式间的碳排放因子差异较大（图 7-7），表现为航空运输最高，达 1.09 kg/（t·km），而铁路运输最低为 0.009 4 kg/（t·km），相差高达 100 倍。不同运输车辆间，根据使用的燃油类型和车辆载重，柴油取用的碳排放因子比汽油略高（图 7-8）。修复工程实施过程中常使用的挖掘机、推土机、自卸车等设备，还有发电机、电焊机等设备，单个台班的碳排放量均不可忽视。需要指出的是，目前搜集到的修复工程使用药剂产品碳排放因子数据尚不充分（图 7-9），分析发现常用的稳定化药剂如活性炭、过磷酸钙、氧化镁、氧化铝等，其生产制备过程引起的碳排放量相对较高。

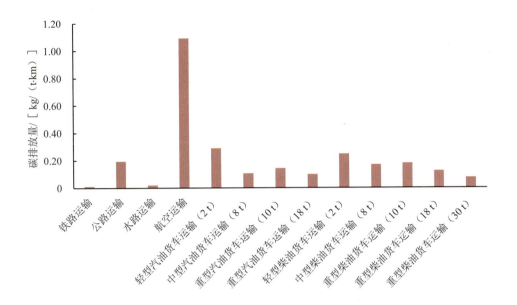

图 7-7　不同运输方式的碳排放因子数据

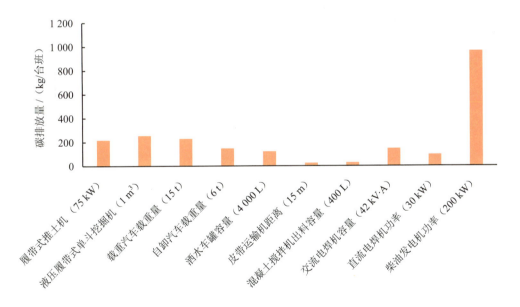

图 7-8　不同机械设备的碳排放因子数据

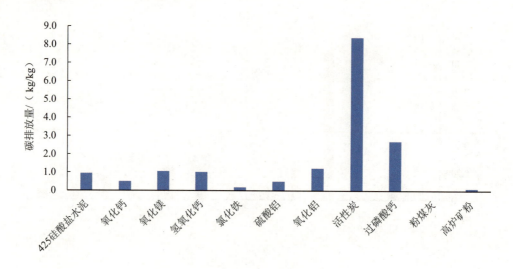

图 7-9　不同修复药剂的碳排放因子数据

7.3　基于生命周期的典型污染土壤修复技术碳排放量分析

关于污染地块土壤修复过程中的碳排放的研究工作国内还处于起步阶段，尚无较多的实践结果。有些研究者在开展污染场地绿色可持续修复工作时，将减少二氧化碳排放等指标列入了修复评估框架内容。结合前述我国污染地块修复技术的应用现状，项目开展过程中对污染土壤典型修复技术的碳排放情况进行了国内外典型文献的调研分析，主要包括不同异位修复技术的碳排放情况比较、国内典型异位修复碳排放估算结果，并结合实际异位热脱附技术应用案例，开展了修复过程碳排放量核算分析。

7.3.1　典型污染土壤异位修复技术的碳排放量比较分析

任何修复或管理现场污染风险的技术都具有环境效益，因为其可以消除或减少人们与污染物的接触。温室气体排放是气候变化的重要足迹，近些年在气候变化框架公约下，各国陆续提出要实现的温室气体减排目标。一般来说，CO_2、N_2O 和 CH_4 是主要的温室气体，而 CO_2 是衡量温室效应的主要指标。土壤修复活动的各个环节都会导致温室气体排放，这包括设备的运行和能源的使用，人员、材料和设备的运输，以及消耗品的生产。

核算项目所有阶段的排放量可采用生命周期评估（LCA）方法。然而，还是较少有人使用 LCA 对土壤异位修复技术的温室气体排放和环境影响进行量化评估。研究方法一般为检索文献数据库中与使用 LCA 来估计异位土壤修复技术的温室气体排放有关的同行评审文献。检索的重点可设置为较广泛用于污染土壤修复的技术措施，例如，①挖掘和处置，这涉及从受污染的地点清除污染物质（土壤、固体废物），并运送到允许的场外处理或处置设施；②原位热解吸，这是一个物理分离过程，被污染的土壤被加热以挥发水和有机污染物；③土壤原地异位蒸汽萃取（SVE），在这种情况下，挖掘出的土壤通常被放置在地上的管道网格上，对其施加真空以促进有机物的挥发；④异位生物修复，通常涉及将挖掘出的土壤放置在处理区，并进行充气，以强化微生物群对有机污染物的降解；⑤焚烧，利用高温挥发和燃烧受污染土壤中的卤化物和其他难降解有机物；⑥异位土壤淋洗，通过将污染物溶解或悬浮在溶液中，或通过粒径分离、重力分离和洗涤将其集中到较小粒级的土壤中，从而去除污染物。

Amponsah 等（2018）的整合研究分析了近 457 篇参考文献，并进一步缩小检索分析 140 篇与特定土壤修复技术生命周期评估有关的论文，最后仅采用了 31 篇（包括 63 个案例研究）对生命周期内的温室气体排放进行了某一形式定量估计（表 7-4）。

在所参考的文献中，温室气体排放通常是根据下面公式来估计的。为了对文献中的温室气体排放量进行统一比较，研究将其归一化为所处理的土壤体积（t CO_2eq/m³）。

$$归一化的温室气体排放 = \frac{全生命周期CO_2总排放量（tCO_2eq）}{污染土壤处理体积（m^3）} \tag{7-6}$$

对全球变暖（气候变化）的关注日益增加，促使全球各地区作出重大努力，以减少化石燃料消费等各种活动造成的温室气体排放。因此，在绿色和可持续修复的实践中，全球变暖影响是一个生命周期影响类别，并逐渐成为比较修复技术可持续性的重要因素。确定特定修复技术生命周期中对全球变暖影响最大的阶段，为制定战略和方法以减少能源消耗和温室气体排放提供了机会。

目前，绿色且低碳的新土壤修复技术已逐渐被研发和应用，且具有更高的修复效率和更低的温室气体排放。然而，在修复项目的整个生命周期中，挖掘设备和其他运输需求所需的柴油提取的来源和性质可能会严重影响新技术的整体全球变暖影响。上游开采方式的变化可能与实际修复技术的变化一样，对环境的影响也很大。因此，技术改进必须结合实际的技术更新，以及为产业链上游的材料和能源获取设计更清洁的方法。因此，这些新技术大多是发展中的技术，还没有进入工程化和产业化应用。

表 7-4 不同修复技术的温室气体排放计算结果

案例研究	修复处理方法或技术	污染物类型	污染土方量/m³	温室气体排放量（CO$_2$eq）/kg	归一化后结果/(kg/m³)
案例 1	挖掘和处置	碳氢化合物	6 300	2.67×10^3	4.24×10^{-4}
案例 2	挖掘和处置	石油碳氢化合物（HC）	14 000	1.20×10^6	8.57×10^{-2}
案例 3	挖掘和处置	石油碳氢化合物（HC）	80 000	5.20×10^6	6.50×10^{-2}
案例 4	挖掘和处置	石油碳氢化合物（HC）	6 150	2.20×10^4	3.58×10^{-3}
案例 5	挖掘和处置	多氯联苯、多环芳烃、氯化物	6 241	7.47×10^5	1.20×10^{-1}
案例 6	挖掘和处置	多氯联苯、多环芳烃、氯化物	4 786	6.09×10^5	1.27×10^{-1}
案例 7	挖掘和处置	多氯联苯、多环芳烃、氯化物	2 896	4.30×10^5	1.48×10^{-1}
案例 8	挖掘和处置	多氯联苯、多环芳烃、氯化物	1 673	3.15×10^5	1.88×10^{-1}
案例 9	挖掘和处置	多氯联苯、多环芳烃、氯化物	766	2.28×10^5	2.98×10^{-1}
案例 10	挖掘和处置	多氯联苯、多环芳烃、氯化物	375	1.91×10^5	5.09×10^{-1}
案例 11	挖掘和处置	多氯联苯、多环芳烃、氯化物	212	1.75×10^5	8.25×10^{-1}
案例 12	挖掘和处置	多氯联苯、多环芳烃、氯化物	165	1.36×10^5	8.24×10^{-1}
案例 13	挖掘和处置	多氯联苯、多环芳烃、氯化物	99	8.16×10^5	8.24
案例 14	挖掘和处置	一般	14 973	3.77×10^6	2.52×10^{-1}
案例 15	挖掘和处置	重金属	280 000	6.20×10^6	2.21×10^{-2}

案例研究	修复处理方法或技术	污染物类型	污染土方量/m³	温室气体排放量（CO₂eq）/kg	归一化后结果/(kg/m³)
案例 16	挖掘和处置	重金属	280 000	$4.70×10^6$	$1.68×10^{-2}$
案例 17	挖掘和处置	重金属	280 000	$3.60×10^6$	$1.29×10^{-2}$
案例 18	挖掘和处置	重金属	280 000	$4.20×10^6$	$1.50×10^{-2}$
案例 19	挖掘和处置	氯化溶剂	14.3	$1.43×10^1$	—
案例 20	挖掘和处置	矿渣、灰分	—	$2.25×10^3$	—
案例 21	挖掘和处置	废槽渣	542 500	$9.12×10^3$	$1.68×10^{-5}$
案例 22	挖掘和处置	BTEX 和 PTH	4 400	$1.29×10^1$	$2.93×10^{-3}$
案例 23	挖掘和处置	铅（Pb）	1 270	$8.16×10^5$	$6.43×10^{-1}$
案例 24	挖掘和处置	持久性有机污染物	220	8.70	$3.95×10^{-2}$
案例 25	挖掘和处置	PAHs	15 000	82.5	$5.50×10^{-3}$
案例 26	挖掘和处置	石油碳氢化合物（HC）	720	70	$9.72×10^{-2}$
案例 27	挖掘和处置	铅（Pb）	$1.20×10^{10}$	$3.70×10^6$	$3.08×10^{-7}$
案例 28	挖掘和处置	矿渣、灰分	57 726.9	$1.00×10^4$	$1.73×10^{-4}$
案例 29	挖掘和处置	氯化乙烯	1 120	$1.20×10^5$	$1.07×10^{-1}$
案例 30	挖掘和处置	石油碳氢化合物（HC）	6 500	$2.80×10^5$	$4.31×10^{-2}$
案例 31	挖掘和处置	PAHs、TPH、PCBs、二噁英	31 200	660	$2.12×10^{-2}$
案例 32	挖掘和处置	PAHs、TPH、PCBs、二噁英	31 200	170	$5.45×10^{-3}$

案例研究	修复/处理方法或技术	污染物类型	污染土方量/ m^3	温室气体排放量（CO_2eq）/ kg	归一化后结果/ (kg/m^3)
案例 33	挖掘和处置	PAH、矿物油	1 505	$3.77×10^5$	$2.50×10^{-1}$
案例 34	挖掘和处置	PCBs、PAHs	40 300	$3.95×10^6$	$9.80×10^{-2}$
案例 35	挖掘和处置	PCBs、PAHs	274 700	$5.24×10^6$	$1.91×10^{-2}$
案例 36	挖掘和处置	PCBs、PAHs	117 200	$1.44×10^7$	$1.23×10^{-1}$
案例 37	挖掘和处置	PCBs、PAHs	123 400	$1.52×10^7$	$1.23×10^{-1}$
案例 38	生物修复	BTEX	420	$9.74×10^2$	$2.32×10^{-3}$
案例 39	生物修复	多氯联苯	600	$7.20×10^4$	$2.30×10^{-1}$
案例 40	生物修复	多氯联苯	600	$7.50×10^4$	$2.40×10^{-1}$
案例 41	生物修复	柴油	2 880	$3.60×10^6$	1.25
案例 42	生物修复	碳氢化合物	900	$5.00×10^5$	$5.56×10^{-1}$
案例 43	生物修复	持久性有机污染物	220	1.57	$7.14×10^{-3}$
案例 44	生物修复	持久性有机污染物	220	1.80	$8.18×10^{-3}$
案例 45	生物修复	TPH 和 BTEX	55 293	$5.16×10^2$	$9.33×10^{-6}$
案例 46	生物修复	石油碳氢化合物（HC）	112	$1.49×10^4$	$1.33×10^{-1}$
案例 47	生物修复	石油碳氢化合物（HC）	112	$7.26×10^3$	$6.48×10^{-2}$
案例 48	生物修复	石油碳氢化合物（柴油）	8 000	$6.20×10^5$	$7.75×10^{-2}$
案例 49	生物修复	锌	28 224	$5.63×10^2$	$1.99×10^{-5}$

案例研究	修复/处理方法或技术	污染物类型	污染土方量/ m^3	温室气体排放量（CO_2eq）/ kg	归一化后结果/ (kg/m^3)
案例 50	生物修复	PAH，矿物油	1 810	$6.95×10^4$	$3.84×10^{-2}$
案例 51	热脱附	重金属	74 000	$1.57×10^7$	$2.12×10^{-1}$
案例 52	热脱附	汞	10 000	$3.57×10^2$	$3.57×10^{-2}$
案例 53	热脱附	持久性有机污染物	3	7.13	$1.78×10^{-2}$
案例 54	热脱附	多种污染物	25 254	$2.38×10^4$	$9.42×10^{-4}$
案例 55	焚烧	矿渣、灰分	—	$2.32×10^3$	—
案例 56	焚烧	多氯联苯	600	$6.50×10^5$	2.08
案例 57	焚烧	多氯联苯	34 000	$4.32×10^2$	$2.44×10^{-2}$
案例 58	土壤蒸汽提取	重金属	280 000	$1.20×10^7$	$4.29×10^{-2}$
案例 59	土壤蒸汽提取	碳氢化合物	900	$3.80×10^5$	$4.22×10^{-1}$
案例 60	土壤清洗	重金属	280 000	$3.80×10^6$	$1.36×10^{-2}$
案例 61	土壤清洗	重金属	280 000	$3.60×10^6$	$1.29×10^{-2}$
案例 62	土壤清洗	重金属	280 000	$3.90×10^6$	$1.39×10^{-2}$
案例 63	土壤清洗	铅（Pb）	4 275	$5.01×10^5$	$1.17×10^{-1}$

结合汇总分析结果可以看出（图 7-10），焚烧、挖掘和处置、气相抽提的温室气体排放量在 6 种异位修复技术中相对较高。焚烧技术有着最高的平均温室气体排放值，达到 0.7 t CO_2eq/m^3，而热脱附的平均值最低，为 0.07 t CO_2eq/m^3。这可能主要是由于高温加热和焚烧污染的土壤，焚烧的能源消耗占主导地位。挖掘和处置技术通常需要用到大型设备，如挖掘机和短驳运输，导致较高的燃料消耗。土壤蒸汽萃取法利用污染物的相变，通过传质来收集萃取井中的气相污染物，虽然它的操作温度比焚烧低，但它仍然是一种使用高温加热使得污染物气化的方法，导致了较高的能源消耗。此外，异位修复技术间的温室气体排放有很大差异，这可能与所选择后续处理技术的不同有关。如果使用焚烧和长距离传输，其温室气体排放可能会上升到较高的水平；然而，如果使用现场热脱附或土壤清洗，能源消耗可以大大减少，从而降低该排放值。

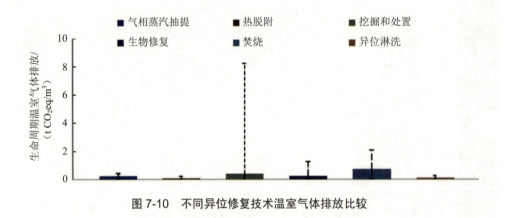

图 7-10　不同异位修复技术温室气体排放比较

对于异地处置措施，在处理的生命周期中，被处理的污染土壤与场地的距离是选择原地和异地处理的关键因素。与场地的距离较远，需要更多的能源消耗来完成运输，其在修复过程的整个生命周期碳排放中是相当重要的。少数作者认为燃料供应在温室气体排放方面可以忽略不计，而多数研究者则认为它很重要。此外还有研究表明，在计算过程中对上游过程（如材料和化学品提取）贡献的假设会影响研究得出的结论。例如，在一些研究中，基于现场或场外处理技术通常需要的基础设施（建筑工程、曝气系统、营养液系统和渗滤液收集系统）被认为是一个小问题，而事实上它被发现是更相关的碳排放来源。

由于修复技术发展迅速，对低碳排放治理技术给予了一定的关注，已经建立生命周期清单数据库的温室气体排放数据集可能需要定期更新。然而，各种 LCI 数据集之间存在很大的差异，即使只是电力技术的数据。许多因素会影响 LCI 数据集，如修复方法、当地条件、系统边界和数据来源等。因此，一些 LCI 数据集可能是不连贯的。因此，依靠过时的生命周期清单数据可能会产生误导。

7.3.2 我国污染土壤治理过程中典型修复技术碳排放量分析研究

在碳达峰碳中和背景下，考虑我国当前污染地块修复过程中，主要还是以异位修复技术的应用为主，国内学者也开始关注不同技术实施过程中的能源消耗、碳排放等经济效益分析。薛成杰等（2022）对我国修复项目中主要使用的 7 种技术进行了碳排放量比较，得出不同修复技术的碳排放量在 $-10\sim500$ kg CO_2eq/t 污染土壤，平均约为 192.77 kg CO_2eq/t 污染土壤（取高值计算），以气相抽提技术碳排放量最大，生物修复、固化/稳定化技术相对较低。若按照我国每年有 1 000 万 m^3 污染地块土壤需修复治理估算，则这部分土壤可能的碳排放总量将达 300 万 t CO_2eq 以上。周实际等（2022）对应用重金属稳定化修复技术的工程项目碳排放核算结果也表明，稳定化每吨污染土壤的碳排放量为 34.78 kg；且稳定剂原材料产生的碳排放是该技术实施过程最主要的碳排放来源，占总碳排放量的 86.26%。

表 7-5 常用土壤修复技术的案例碳排放对比

序号	修复技术	成本/（元/m^3）	碳排放量/（kg/t）
1	热脱附技术	600~2 000	200
2	气相抽提技术	400 元/kg NAPL	500
3	水泥窑协同处置	800~1 000	230~460
4	化学淋洗技术	—	64.5
5	固化/稳定化技术	500~2 000	44.9
6	化学氧化/还原技术	500~1 500	50
7	生物修复技术	500~1 000	-10~30

根据孟豪等（2022）的调研，目前主要应用的各传统修复技术，如热脱附、水泥窑协同处置、填埋等的碳排放量（以污染土标煤消耗量估算）均较大，污染地块修复过程碳排放量在区域碳排放中的占比已不容忽视。孟豪等（2022）和孟豪等（2023）分别结合北京市（2006—2021 年）和天津市（2015—2021 年）实施的土壤修复工程项目中各技术处置土壤方量情况，研究估算两市因土壤污染修复排放 CO_2 分别为 58.34 万 t 和 125.39 万 t。

Hou 等（2016）采用 LCA 方法研究评估了异位热脱附和异位固化/稳定化修复技术在我国南方农田汞污染土壤治理过程中的碳排放情况发现，1 t 污染土采用常规高温热脱附、煤基粉末活性炭稳定化处理时，分别约 357 kg 和 365 kg CO_2eq 的温室气体（GHG）排放，通过分别采用柠檬酸辅助低温热脱附、生物质炭固化/稳定化等，对两种修复技术进行改进和效果比较得出，柠檬酸辅助低温热脱附方法可将 GHG 排放减少至 264 kg CO_2eq，而生物质碳基材料也可将固化/稳定化工艺的温室气体排放量减少至 105 kg CO_2eq，为了减少两种修复技术的碳排量，说明采用合理碳减排措施有明显效果。

研究案例中，生命周期评价的功能单位为修复 1 t 汞污染农田土壤，土壤中汞污染物的平均含量为 134 mg/kg。假设了表层 0.3 m 厚的土壤存在汞超标情况，受污染土壤总量为 10 000 m^3。根据所使用的过程模型，生命周期评价的时间尺度设为 100 年。修复过程涉及的用量数据分别从文献、小试实验、施工单位及设备供应商等方面获取，修复上游原材料及下游污泥处置等的数据来源于 3.1 版本的 Ecoinvent 单元过程数据库，对少部分缺失直接信息来源的数据作了假设，过程中的电耗按照国家电网标准计算，其他没有清单数据的，则按照国际平均标准进行了取值。使用 Simapro 8.0 生命周期评价软件，生命周期影响评价（LCIA）采用配方影响评价方法。以异位热脱附为例的分析 LCA 分析过程结果见表 7-6、表 7-7。

表 7-6　生命周期清单中使用的数据

相关修复技术	生命周期流程	数值
通用	一般初始汞浓度	134 mg/kg
	到进口表土取土坑的距离	10 km
高温热脱附	到汞废弃物永久性处置设施的距离	600 km
	残留的汞浓度	0.7
	到储藏堆位置的距离	10 km
	热脱附处理效率	24 t/d
	用电量（排气排水处理）	19.8 kW·h
	用电量（热烘箱）	450 kW·h
柠檬酸辅助低温热脱附	到柠檬酸供应商的距离	400 km
	热脱附处理效率	24 t/d
	柠檬酸施用量（CA∶Hg 物质的量比）	15∶1
	残留的汞浓度	1.1

表 7-7　处理 1 t 汞污染土壤的生命周期清单结果

	LCA 分类	高温热脱附	柠檬酸辅助低温热脱附
原材料 （生产）	PAC/kg	1.1	1.1
	塑料/kg	0.25	0.25
	铁/kg	1.6	1.6
	混凝土/kg	0.02	0.02
药剂 （生产）	金属去除剂/kg	1.78	1.78
	氢氧化钙/kg	1.78	1.78
水	水/m³	0.1	0.1
动力 （施工环节）	运输-汽油/（t·km）	51	13
	电力/kW·h	237	144
回填 （回填环节）	含 Hg 的 PAC 处理土回填/kg	1.1	1.1
污泥处理	Hg 污泥/kg	3.6	3.6
	Hg 污泥处理设施建设费用/美元	5	5
	Hg 污泥处理设施永久使用 100 年管理费用/美元	14	14
CO_2 排放量	kg CO_2eq/t 污染土	357	264

分析结果表明，热脱附修复过程中污染土的回填运输是碳排放的主要环节，与高温热脱附（700℃，30 min）相比，在入窑炉之前采用柠檬酸预处理污染土壤，400℃下处理 60 min，可以达到同样修复治理效果；低温热处理不会使土壤性质发生重大变化，修复后的土壤可以进行回填利用。此外，每吨污染土再采用柠檬酸辅助低温热脱附处理可实现碳减排 26%。

案例采用 ReCiPe 模型对每种修复技术的总体环境影响及生命周期评价结果的不确定性分析表明（Hou et al.，2016），酸辅助低温热脱附的总体环境影响可减少 25%，这是因为酸辅助低温热脱附能耗降低，且保留了土壤原有性质被破坏程度，可进行原位再利用。贡献分析结果表明（Hou et al.，2016），电力消耗对碳排放影响最大，热脱附技术的改进将主要在减少电力使用方面。另外，通过对热脱附系统的余热进行回收再利用，也可以提高能量效率。

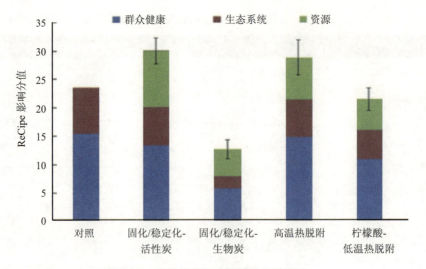

图 7-11 四种修复技术的总体环境影响

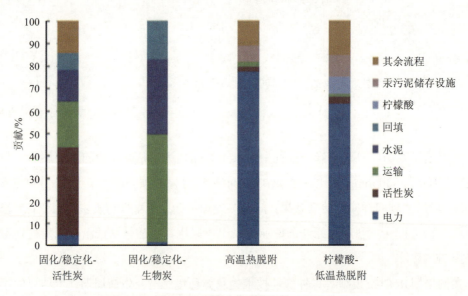

图 7-12 不同修复技术组成环节对总体影响的贡献

具体项目执行时,可结合考虑对污染土壤进行干燥预处理,以降低水分含量,使用低排放的运输车辆,以及尽可能地实现余热资源回收利用,将会实现碳排放的有效减排目标。

7.3.3 基于清单分析的异位热脱附技术碳排放核算案例分析

我们分别选择了不同地区的 3 个应用异位热脱附技术的典型污染地块修复工程开展了碳排放量核算分析（表 7-8），污染土方量分别为 9 107 m^3、10 000 m^3 和 30 000 m^3，每个项目总 CO_2 排放量分别为 154.47 万 kg、169.90 万 kg 和 525.32 万 kg，折算单位污染土的 CO_2 排放量为 169.62～175.11 kg/m^3，总体与前述研究得出的排放水平相近。

进一步对项目工程不同阶段的碳排放量情况分析发现（图 7-13），主要排放环节在热脱附处理、基础设施建设、污染土壤预处理环节，碳排放量分别占总量的 68.70%、16.43% 和 12.37%。因此，在该技术实际应用过程中，需注意在以上 3 个环节，尤其是热脱附系统组成和效率方面，采用节能降耗的设备和技术措施，以实现碳减排目标。

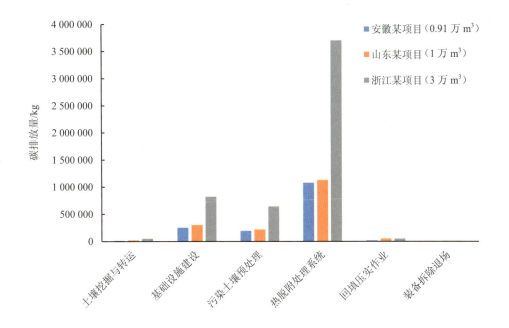

图 7-13　不同修复阶段碳排放量分析

需要指出的是，为更好对异位热脱附及其他修复技术应用过程的全生命周期碳排放情况进行评估，今后还需对工艺应用各阶段进一步细化、对工艺涉及的原材料和产品生产过程碳排放进行评估，最终获得相对全面准确的结果。

表 7-8 典型异位热脱附修复项目碳排放量核算结果

清单分析活动环节	活动过程	活动涉及要素	活动要素单位	活动要素特征描述	碳排放因子	安徽某项目（9 107 m³）	碳排放量/kg 山东某项目（10 000 m³）	浙江某项目（30 000 m³）
污染土壤挖掘、运输	土壤挖掘	挖掘机	m³	kg/m³，按合班核算	251.37	4 578.45	7 541.10	18 852.75
		雾炮机（10 kW）	m³	电耗，功率参数×台班×工期	1.063	116.17	127.56	382.68
	废水抽提	抽水泵（5 kW）	t	电耗，每小时水流量	1.063	53.15	79.73	265.75
	土壤转运	运输车（6 t）	m³	载重距离/台班	144.68	6 588.00	9 645.33	28 936.00
修复施工过程	基础设施建设	修复车间及养护区硬化防渗	m²	碎石垫层+商品混凝土/面积	60.105	144 252.00	120 210.00	180 315.00
		药剂储存间	m²	碎石垫层+商品混凝土/面积	60.105	3 005.25	3 606.30	9 015.75
		密闭大棚混凝土基础建设	m²	碎石垫层+商品混凝土/面积	60.105	48 084.00	90 157.50	300 525.00
		密闭大棚钢结构建设	m²	每平方米用钢量/面积	2.6	52 318.90	81 568.90	325 318.90
		洗车台	m²	含砖砌水泥砂浆刷集水坑	水泥砂浆 378.44 kg/m³，砖块为 504 kg/千块	1 765.76	1 765.76	1 765.76
		排水沟及水管安装	m	水管水龙头	水泥砂浆 378.44 kg/m³，管材按 8.653 kg/kg	194.41	194.41	194.41

清单分析活动环节	活动过程	活动涉及要素	活动要素单位	活动要素特征描述	碳排放因子	碳排放量/kg		
						安徽某项目（9 107 m³）	山东某项目（10 000 m³）	浙江某项目（30 000 m³）
修复施工过程	修复系统建设	预处理系统组装建设	kW·h	电耗、电焊机功率数量	1.063	79.73	79.73	79.73
		热脱附设备组装建设	kW·h	电耗、电焊机功率数量	1.063	318.90	318.90	637.80
		废水处理系统建设	kW·h	电耗、电焊机功率数量	1.063	79.73	79.73	79.73
	土壤水分调节	挖掘机拌混	m³	按 kg/台班，每天处理 400 m³	251.37	5 723.07	8 379.00	25 137.00
		石灰药剂	m³	按 1%添加比例，按 1.2 kg/kg	1.2	174 854.40	192 000.00	576 000.00
	土壤破碎	破碎机	m³	按 kg/台班，每天处理 600 m³	251.37	3 815.38	4 189.50	12 568.50
	土壤筛分	振动筛分设备	m³	按 kg/台班，每天处理 600 m³	251.37	7 630.76	8 379.00	25 137.00
	热脱附系统	燃气消耗	m³	燃气消耗	1.657	905 417.94	828 500.00	2 982 600.00
		电力消耗	kW·h	电力消耗	1.063	145 211.12	265 750.00	637 800.00
		废水处理	kW·h	活性炭消耗，每 t 水按 3 度电	1.063	3 189.00	4 783.50	15 945.00
		尾气处理	kg	活性炭消耗，按 2 t 每万 m³ 土	8.38	15 084.00	16 760.00	50 280.00
	修复后土壤	修复后土壤喷洒设备	m³	电力消耗，喷淋设备参数/工期	1.063	7 175.25	5 979.38	11 958.75

清单分析/活动环节	活动过程	活动涉及要素	活动要素单位	活动要素特征描述	碳排放因子	碳排放量/kg		
						安徽某项目（9 107 m³）	山东某项目（10 000 m³）	浙江某项目（30 000 m³）
工程结束/拆除	回填压实作业	挖掘机	台班	按合班，回填工期	251.37	4 578.45	15 082.20	15 082.20
		运输车	m³	载重/距离	0.241 1	2 196.00	7 234.00	7 234.00
		压实机	台班	按合班，回填工期	251.37	7 630.76	25 137.00	25 137.00
	装备拆除	修复车间钢结构大棚	台班	电耗，电焊机功率/数量	1.063	111.62	159.45	159.45
		预处理系统拆除	台班	电耗，电焊机功率/数量	1.063	111.62	159.45	159.45
		热脱附设备拆除	台班	电耗，电焊机功率/数量	1.063	478.35	956.70	1 435.05
		废水处理系统拆除	台班	电耗，电焊机功率/数量	1.063	79.73	159.45	159.45
项目 CO_2 总排放量						1 544 721.867	1 698 983.565	5 253 162
折算为 kg/m³						169.619 179 4	169.898 356 5	175.105 4

7.4 基于生命周期的污染地下水修复技术环境影响及减排分析

7.4.1 研究背景

生物炭（BC）是一种碳材料，通常通过在缺氧条件下对生物质进行热解而制得。BC 具有多孔结构、大比表面积和丰富的功能基团，被视为一种用于污染物吸附和降解的绿色材料（Zhu et al., 2022）。对于地下水修复，可以将 BC 悬浮液注入地下，形成渗透性吸附屏障（PAB），以吸附污染物，从而降低从 PAB 流出的污染物浓度（Liu et al., 2020）。此外，将生物质废料转化为 BC 可以满足废物管理的要求，利用 BC 副产品（如合成气和生物油）可以提供热能和电力，从而节约非可再生能源（如天然气和烟煤）的使用。

监测自然衰减（MNA）是一种被动的修复选择，依赖于自然过程，如生物降解、扩散和稀释，以减少土壤和地下水中污染物的浓度。MNA 展示了降低 VOCs 浓度的潜力，被视为一种经济高效且环保的修复策略，但 MNA 可能需要数年甚至几十年才能清理一个现场（Declercq et al., 2012）。USEPA《超级基金补救报告》介绍，2015—2017 年选择地下水修复方案的决策文件中有 20% 选择了 MNA（USEPA, 2020）。在一项涉及 147 个氯化溶剂污染场地的回顾中，有 57 个场地采用了单独的 MNA 治理措施，而 90 个场地结合其他技术进行治理（McGuire et al., 2004）。

生命周期评价（LCA）评估和量化产品或过程在其整个生命周期中的环境影响。大多数修复 LCA 涉及土壤修复，而地下水修复的研究较少（Visentin et al., 2019）。地下水修复 LCA 的示例包括原位生物修复、原位化学还原、渗透反应屏障和抽取处理（Bayer et al., 2006）。目前尚未对 BC 和 MNA 用于 VOCs 污染地下水的生命周期环境影响进行全面的检查和量化。此外，大多数 LCA 未对现场污染所带来的主要影响进行量化，建议引入生命周期成本（LCC）以评估修复的经济绩效（Jin et al., 2021）。

为了回答生物炭（BC）和监测自然衰减（MNA）是否以及如何"绿色"，以一个被多种 VOCs 污染且浓度达每升数百毫克的封闭杀虫剂制造厂地下水为案例，并正在进行 MNA，但需要积极地修复（如 BC）以达到清理水平。抽取处理（PT）是一种传统的修复污染地下水的方法，将地下水抽取到地上处理系统中。PT 被设定为比较的基准情景。因此，本研究旨在：①比较 MNA+BC、BC 和 PT 的整体、主要和次要环境影响；②分析影响它们次要环境影响的环境热点；③比较它们的生命周期成本并确定成本高的项目；④探讨关键变量对它们次要环境的影响，并提出优化策略。

7.4.2 研究方法

7.4.2.1 场地历史和修复情境

研究地点位于江苏省的一家封闭式杀虫剂制造厂。水位埋深约为-4 m（地下）。含水层主要由粉砂组成，深度约 20 m，含有粉质黏土的含水层位于-24～-33 m。其他水文地质参数包括含水率为 26.33%，水力导率为 0.001 05 cm/s，地下水梯度为 0.008，达西速度为 0.73 cm/d，实际速度为 1.83 cm/d。该现场的概念模型如图 7-14 所示。

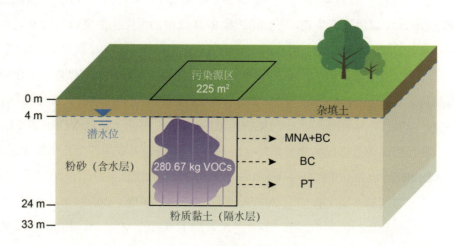

图 7-14 场地概念模型

2010—2012 年进行了现场调查，发现土壤被多种 VOCs 污染，包括氯化溶剂、苯、甲苯、乙苯和二甲苯（BTEX）。2013—2015 年，在地基降水排水后，对受污染的土壤进行了挖掘，并采用适用于处理受 VOCs 污染的土壤的原位热脱附法进行处理（Ding et al., 2019）。然而，2015 年 3—5 月的补充调查在地下水中检测到高浓度（10^2 mg/L）的 VOCs。

由于 VOCs 浓度高、地下水埋深浅且含水层厚，采用主动修复技术在短时间内难以修复地下水。2015 年 6 月，利益相关方和专家团队决定采用五年期的 MNA（2016—2021 年）作为地下水初步修复方案，探索地下水中 VOCs 的自然衰减效果。MNA 的结果表明，污染源区域监测井 VOCs 总浓度由 236.89 mg/L 下降至 76.2 mg/L，但仍未达到《地下水质量标准》（GB 14848—2017）中Ⅳ类水标准，需要采用主动修复措施。

基于该地块调查修复历史，本研究构建了 3 种情境，以探索该场地的绿色修复方案，并为其他 VOCs 污染地下水的绿色修复提供参考：①MNA+BC：MNA 将 VOCs 浓度降低到较低水平，然后注射 BC 悬液形成 PAB，将低浓度 VOCs 处理达到Ⅳ类水标准。②BC：

在 MNA 之前应用 BC，将高浓度 VOCs 处理达到Ⅳ类水标准。③PT：在 MNA 之前应用 PT，将高浓度 VOCs 处理达到Ⅳ类水标准。

7.4.2.2 生命周期分析过程

按 ISO 14040 的步骤开展 LCA：目标和范围、清单分析、影响评估和解释。

（1）目标和范围

LCA 的目标是评估 MNA+BC、BC 和 PT 修复 VOCs 污染地下水的环境影响，涉及 BC 生产、建设和修复实施阶段资源能源消耗以及环境排放相关的影响。功能单位为处理污染源区地下水中 273.03 kg VOCs。系统边界考虑了 BC 生产到修复实施，包括 BC 制备、修复建设实施以及采样分析（图 7-15）。

（2）清单分析

前景数据（如 BC 剂量）来自实验室小试、现场示范、公开文献和设备供应商。背景数据（如电力生产）主要源于 Ecoinvent v3.5 数据库（Wernet et al.，2016；Ding et al.，2022）。

（3）影响评价

采用 ReCiPe 2016 的中点和端点方法开展影响评价（Huijbregts et al.，2017）。中点法将生命周期清单转化为 18 个环境影响指标，如全球变暖、平流层臭氧损耗和人体致癌毒性等。端点法将 18 个影响类别归类至人类健康、生态系统和资源 3 个损害类别，最终集成一个分数。端点法便于对不同情境进行比较，但比中点法具有更高不确定性。所有计算在 SimaPro 9.0 软件中进行（PRé，2023）。

（4）解释

开展敏感性分析以研究输入变量的变化对输出结果的影响。分析的输入变量为电力结构和 BC 吸附量，因为电力消耗和修复材料性能被认为是影响修复生命周期评价结果的重要因素（Jin et al.，2021；Ni et al.，2020）。

7.4.3 结果与讨论

7.4.3.1 生命周期评价

基于处理 273.03 kg 地下水中源区 VOCs 的功能单位，对 MNA+BC、BC 和 PT 进行了生命周期评价，以量化其整体、一级和二级环境影响。整体环境影响以一级和二级影响的综合形式呈现。

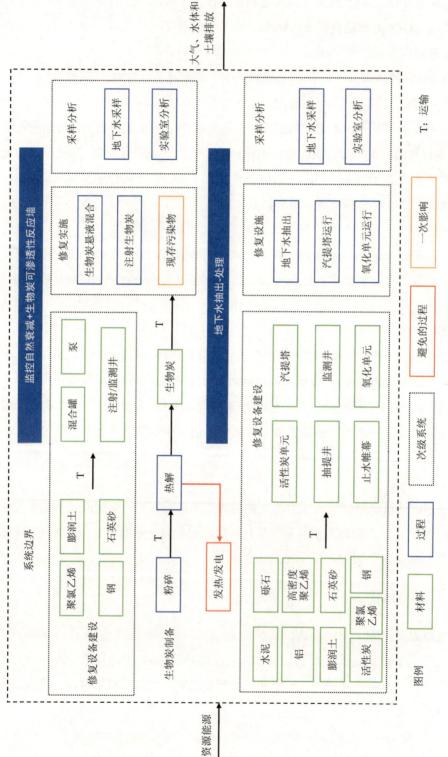

图 7-15 修复方案的系统边界

（1）整体环境影响

三种方案的综合一级和二级环境影响如图 7-16 所示，kPt 是 ReCiPe 环境影响的单位，较高的 kPt 值反映了更大的环境负担。在所有方案中，主要的损害类别是人类健康，它与全球变暖、人体毒性、细颗粒物形成等类别相关，这表明在使用这些修复方法时，人类健康的影响值得最关注。kPt 值的顺序为 PT＞BC＞MNA+BC，表明应用 PT 来修复受 VOCs 的地下水比 BC 和 MNA+BC 对环境影响更大。PT 需要建设和运营抽取系统和地上处理设施，这会消耗相当大的资源/能源并产生有毒排放物。BC 方案主要包括 BC 的生产以及注入/监测井的建设。在 BC 的生产过程中，利用 BC 副产品可以产生热能和电力，避免使用化石燃料和相关的环境负担。一项土壤修复的生命周期评价研究观察到，基于 BC 的稳定/固化（S/S）的环境影响比基于粉末活性炭的 S/S 低。对于 MNA+BC、MNA 已将 VOCs 质量浓度由 236.89 mg/L 降至 76.2 mg/L，从而节省了后续的 BC 用量，并因此降低了环境影响。然而，在 MNA+BC 中，现有污染造成的一级环境影响也是显而易见的，占总影响的 14.36%。

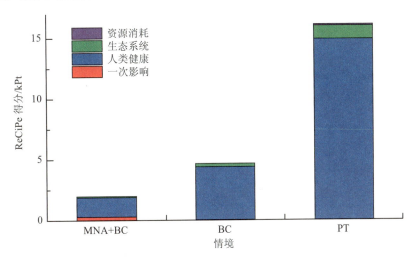

图 7-16　ReCiPe 终点结果中各方案的综合一次和二次环境影响

（2）一级环境影响

在 MNA+BC 的持续期间，潜在受体摄入了 1.46 kg 的 VOCs，导致残疾调整寿命损失（DALY）为 0.017 年。因此，如果将 MNA+BC 与限制地下水使用的制度控制相结合，MNA+BC 的影响将进一步减少。Jin 等（2021）在修复镉污染农田土壤时计算出的 DALY 为 0.11～4 年，通过食用农作物摄入，远高于本研究的数值，这是因为镉的 $\partial_{Damage}/\partial_{Intake}$ 远高于 VOCs。

如图 7-17 所示，1,2-二氯乙烷是对一级环境影响的主要 VOCs，在 MNA+BC 和 BC 中分别占 72.87%和 84.54%，这与 1,2-二氯乙烷的相对高浓度（9.96±10.85 mg/L）和 $\partial_{Damage}/\partial_{Intake}$（0.13 a/kg）有关。因此，降低 1,2-二氯乙烷浓度可以在很大程度上减轻对人类健康的毒性影响。

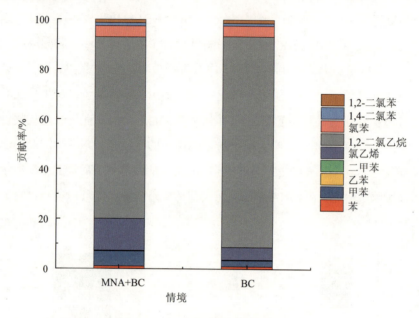

图 7-17　一次环境影响的污染物构成

（3）二级环境影响

为了比较给定影响类别下不同方案的大小，相对比较的 ReCiPe 中间结果显示于图 7-18 中。

MNA+BC 和 BC 在除用水消耗外的 18 个类别中表现优于 PT，用水消耗主要是由用于制备 BC 悬浮液的自来水引起的。对于全球变暖，MNA+BC 和 BC 产生的二氧化碳当量排放量相对于 PT 分别为 6.55%和 17.9%，表明 MNA+BC 和 BC 是相较于 PT 而言的低碳污染物土壤修复策略。BC 在平流层臭氧消耗方面呈负值（环境信用），这是由于使用 BC 副产品避免了热能和电力的生成，从而抵消了来自其他源的 CFC_{11} 排放。这种抵消效应在其他类别中也存在，如化石资源稀缺性，对于 MNA+BC 和 BC 而言，分别相当于 PT 的 7.7%和 16.42%。

（4）二级环境影响的热点分析

为了探索每个方案的优化策略，进行了热点分析以确定对 ReCiPe 结果的主要贡献者（图 7-19）。

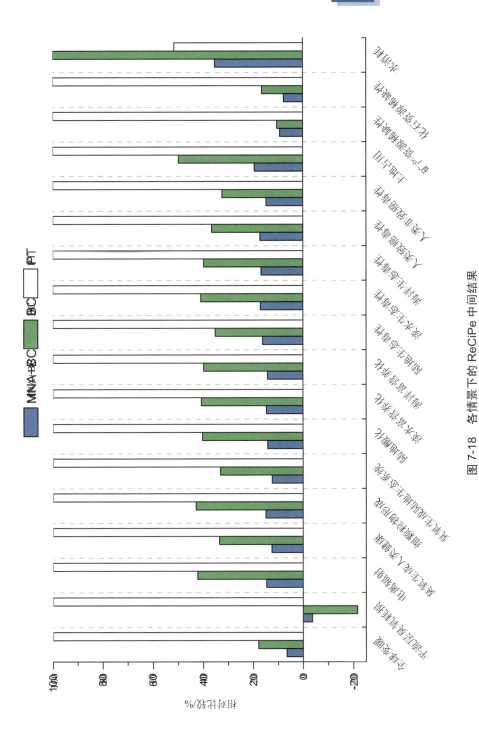

图 7-18 各情景下的 ReCiPe 中间结果

注：结果以相对比较的形式表示，具有最大影响的情景为 100%，其他情景相较于该情景的百分比。

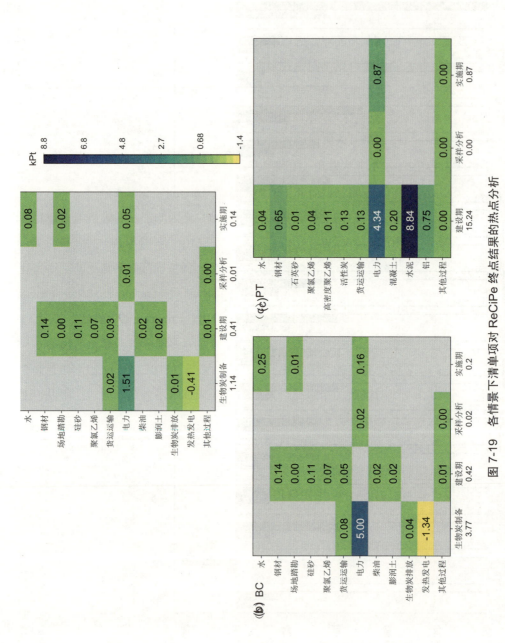

图7-19 各情景下清单项对ReCiPe终点结果的热点分析

注：灰色单元格表示该项在子系统中不存在，子系统的总kPt值标记在刻度标签下方。PVC：聚氯乙烯，HDPE：高密度聚乙烯，GAC：颗粒活性炭。

在 MNA+BC 和 BC 方案中，BC 的生产具有相对较高的 kPt 值，而用于热解的电力是环境热点。虽然在 MNA+BC 和 BC 的建设阶段存在许多项目，但每个项目的 kPt 值相对较低。以前的生命周期评价研究还确定了电力供应是环境影响的主要驱动因素，如场地修复、BC 生产、废水处理和 PFAS 负载阴离子交换树脂再生。然而，使用 BC 副产品产生的避免热能和电力生成会导致负的 kPt 值，从而抵消了其他项目的环境影响。在 PT 方案中，用于建设的水泥和电力以及运行所需的电力导致了相对较高的 kPt 值，从而导致 PT 的高环境影响。

针对全球气候变化的不断增长的关注和在归一化分析中确定的人类致癌毒性类别的重要性，进一步分析了全球变暖和人类致癌毒性的影响热点。对于 MNA+BC 和 BC 方案中的全球变暖，热解所用的电力是主要因素，分别产生了 41.09 tCO_2eq 和 135.77 tCO_2eq 的排放，而避免的热能和电力产生了 -18.75 tCO_2eq 和 -61.96 tCO_2eq 的排放。通过对电力 Ecoinvent 过程的分析，CO_2eq 的排放主要来自硬煤的开采和准备过程，CO_2 和 CH_4 是主要的温室气体。对于 PT，最大的 CO_2 排放者是用于建设的水泥，排放量达到 341.32 t，主要来自熟料生产过程。在 PT 中，用于建设和运行的电力排放的 CO_2eq 排放量次之。

7.4.3.2 敏感性分析

敏感性分析用于评估输入变化对结果产生的二次环境影响的影响。所考虑的参数包括电力生成来源、BC 吸附能力和井材料，以及运输距离。

（1）电力生成来源的影响

电力被确定为所有方案中环境影响的主要贡献者，这是基于中国的电网计算的。预计高比例的可再生能源可能会减少研究方案中的环境影响。因此，研究了来自不同地区的电力生成来源对环境影响的影响。如图 7-20 所示，基于不同地区计算的 kPt 值顺序为美国＞中国＞日本＞欧洲＞巴西，这与它们的电力生成来源结构有关。

巴西在很大程度上依赖水电作为发电的可再生能源，份额一直保持在 60% 以上。在欧洲，非可再生能源（如煤炭、天然气、核能）的份额 1990—2020 年从 83.51% 下降到 62.75%，而可再生能源（如水电和风能）的份额从 15.73% 增加到 27.24%。日本主要依赖非可再生能源发电，但近年来一直在寻求可再生能源（如太阳能光伏）。中国主要依赖非可再生能源作为电力来源。然而，1990—2020 年，非可再生能源（如煤炭和石油）的份额呈下降趋势，从 80.07% 下降到 67.31%，而可再生能源（如水电和风能）的份额从 19.49% 增加到 24.19%。中国最近制定了"双碳"目标，将进一步推动该国向可再生能源转变。美国的电力生成基本上基于非可再生能源（如煤炭、天然气和核能），占总电力

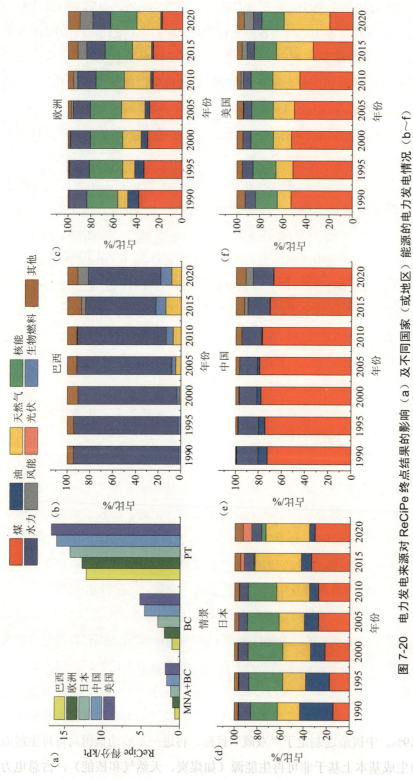

图 7-20 电力发电来源对 ReCiPe 终点结果的影响（a）及不同国家（或地区）能源的电力发电情况（b~f）

基于国际能源署 2020 年的数据，百分比低于 5%的被合并为"其他"组。

生成来源的 78.66%～83.67%，导致其在所有方案中具有最高的 kPt 值。总体而言，使用高比例的可再生能源能够显著减少研究方案的环境足迹。

（2）BC 吸附能力和井材料的影响

敏感性分析还评估了生物炭吸附能力和井材料的变化对结果产生的影响（图 7-21）。在 MNA+BC 或 BC 方案中，BC 的生产导致较高的 kPt 值，因此减少 BC 用量可以优化 BC 的性能。一种方法是提高 BC 的吸附能力。本研究制备的 BC 的吸附能力被表征为相对较低的 5.63 mg/g。研究了 BC 吸附能力在 5～100 mg/g 范围内对 MNA+BC 和 BC 的环境影响的影响。当 BC 的吸附能力从 5 mg/g 增加到 20 mg/g 时，BC 方案的 kPt 值急剧下降，然后趋于稳定。因此，开发具有大于 20 mg/g 吸附能力的 BC 可以显著降低 BC 方案的环境影响（并减少注入量和治理持续时间）。MNA+BC 对 BC 的吸附能力不太敏感，因为 MNA 已经将残留的 VOCs 浓度降低到很低的水平，后续的 BC 用量低于 BC 方案。因此，建议进行更多的研究来探索合成 BC 的最佳条件，如原料、热解条件和改性方法，以制备具有高吸附能力的 BC 用于吸附 VOCs（Li et al.，2020）。

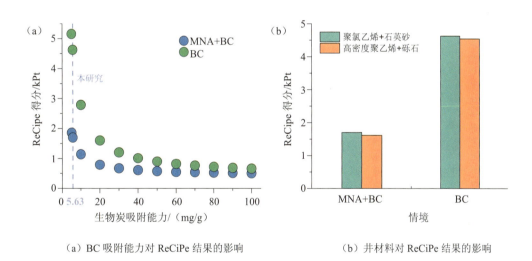

（a）BC 吸附能力对 ReCiPe 结果的影响　　　　（b）井材料对 ReCiPe 结果的影响

图 7-21　不同材料对 ReCiPe 结果的影响

（3）运输距离的影响

这里给出的研究场景涉及多种运输距离，包括现场访问距离、花生壳运输至热解厂的距离，以及生物炭和建筑材料运输至现场的距离。如图 7-22 所示，将运输距离加倍或减半对这 3 种研究场景的 kPt 值影响较小。运输距离对环境影响的不敏感性也在将挖掘的土壤从现场运输至填埋场的情况以及将生物炭和石灰从工厂运输至治理镉污染稻田现场的情况中发现（Song et al.，2018）。

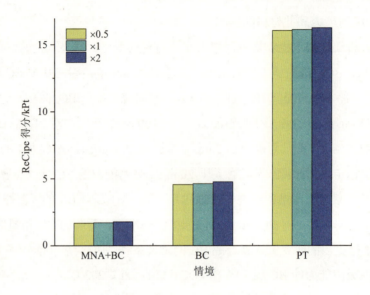

图 7-22　运输距离对 ReCiPe 结果的影响

7.4.4　研究结论

该研究评估和量化了 MNA+BC、BC 和 PT 在处理 VOCs 污染地下水方面的生命周期环境影响和成本，并得出以下结论：

1）总体环境影响的顺序为 PT＞BC＞MNA+BC，但 MNA+BC 的一次环境影响较大，其中 1,2-DCA 是主要贡献因子。

2）在 18 个中间阶段影响类别中，MNA+BC 和 BC 在 17 个类别中优于 PT，仅在水消耗方面劣于 PT。PT 产生的 CO_2eq 排放量是 MNA+BC 或 BC 的 5 倍以上。

3）热解用电是 MNA+BC 和 BC 方案的主要环境影响因素，但通过使用生物炭副产品进行避免的热能和电能发电可以抵消其他来源的环境负荷。在 PT 方案中，建筑中的水泥、电力和钢材以及操作用电消耗是环境热点。

4）PT 具有最高的成本，水泥和电力是最昂贵的项目。MNA+BC 和 BC 的成本要低得多，其中电力是最昂贵的项目，通过避免热能和电能发电可以节省其他项目的大部分成本。

5）减少研究方案的环境影响的方法包括纳入机构控制措施，使用可再生能源和其他再生或替代材料，并开发具有高吸附能力的生物炭。

7.5 加强污染地块修复过程中碳排放分析的建议

7.5.1 采用基于 LCA 的方法评估实际污染地块的修复过程碳排放

建议采用基于全生命周期清单分析的方法，通过调研统计并汇总该技术在不同地区和不同土壤污染特征下，量化其实施过程各环节电力、燃油、燃气、机械和材料等的消耗情况，结合碳排放因子库数据构建，以期能够定量评估该技术实施全过程的碳排放量，基于清单分析各环节碳排放的特点，提出具有可操作性的减排措施和路径；通过全面评估该技术的碳排放水平和实施关键环节的碳减排控制措施有望能够实现"减污降碳"的目标。主要建议如下。

（1）加强场地修复项目碳排放核算评价研究，加强修复项目数据的收集、数据库建立与更新

选择国内典型地区和行业若干个技术应用的修复项目，如长三角地区、退役钢铁行业污染地块，结合实际工程能耗数据收集，运用全生命周期评价方法，确定技术的系统边界，开展该技术的碳排放清单分析，建立碳排放分析计算方法，构建基于全生命周期分析的修复技术碳排放估算体系。逐步开展主要污染土壤修复技术的碳排放核算分析工作，构建从业修复单位间相对统一的碳核算技术标准，并要求上市公司发布年度修复项目碳核算报告。坚持减污降碳，实施减污降碳协同增效行动，探索开展碳排放影响评价、碳排放监测等工作。逐步建立我国土壤污染修复工程碳排放的数据库和管理平台，并逐步加强动态监管制度的建立。

（2）结合碳排放关键环节识别，优化施工过程组织管理，采用碳减排技术措施

基于全生命周期分析该技术各环节的碳排放水平，识别关键的碳排放环节，从技术、设备、管理和人员等方面提出有针对性的减排措施，科学治污、精准减排。建议重点探索电力和燃气消耗量大、临建设施多、药剂和材料用量大等方面，在完成修复目标的前提下，优化筛选修复技术和推行施工过程碳减排管理措施。

（3）将碳排放核算纳入修复技术方案制订和多目标效果评估体系，鼓励绿色低碳修复技术、材料和装备的研发应用

建议尽快编制《污染土壤修复项目碳排放核算技术指南》指导文件，加强修复工程项目实践经验总结，将污染土壤修复技术的碳排放分析工作纳入修复技术方案的前期论证和后期效果评估体系，可全方位、多角度地构建综合性评估体系。鼓励绿色低碳的专

业设备研发、生物基和可降解修复材料、基于自然的解决方案和全生命周期评估的技术方案优化、采用清洁能源替代技术和余热资源回收利用等，更加科学、精准地推动绿色低碳修复技术、材料和装备的可持续应用。

（4）在污染土壤修复项目集中地区创新治理模式，推动建立智慧化、数字化修复中心和管理系统

随着未来需要修复的污染地块数量增多，以及用地开发的进程需求，综合考虑土壤污染风险、规划用地功能、区域环境条件、地块开发进程等因素，因地制宜建立"修复工厂""处置中心"，对污染土壤采用收集后集中处置方式，可避免传统治理模式存在的修复效率低、修复能耗和成本高、碳排放量大的问题。同时，集中统一化管理、规模化运营，可提高污染土壤修复处置效率、避免传统修复过程带来的二次污染和环境影响风险，实现污染修复过程的智慧化、信息化管理，有望构建多种形式的修复技术、材料和装备研发与应用平台，更好地服务于区域的规划整治开发过程。

7.5.2 LCA 在污染地块应用中需注意事项

LCA 方法在过去很多年中，得到了快速发展和广泛应用，但在系统边界的确定、时间尺度的选择、功能单位的确立、数据来源的寻求、环境危害种类、权重因子的确定、评价方法的选择等方面仍不够完善。

（1）系统边界的确定

系统边界设定时应将所有方案所涉及的场景都考虑在内，这是不同修复技术之间进行比较性分析的前提。目前，我国现行的污染场地修复工程普遍仍以异位修复为主，如我国的处置方式中以焚烧和填埋为主。在场地修复评价时系统边界的确定要将提供回填土的场地和危险废物填埋场包括在内。污染土壤运输到填埋场和清洁土从干净场地运输到开挖区域过程中的所产生的环境影响效应都纳入评价体系中。

（2）时间尺度的选择

时间界限的确定条件是根据研究目标，将所有研究涉及的修复行为和产生环境影响的时间过程都考虑在内。在进行不同修复技术环境影响比较时，时间尺度的设定尤其重要。对于时间尺度的选择，可能没有很明确的指导方法。有研究者提出以修复活动开始年作为评价的时间尺度，这充分考虑到当不采取修复措施作为方案之一进行比较的情况。

时间框架的选择对结果影响很大，应该根据备选技术特点确定合理的时间尺度。有的技术开始阶段产生的环境影响值很高，但是随着时间的延续，直到修复结束，影响值是逐渐减小的；而某些技术，如填埋处理会对环境持续产生的影响。这两类技术进行比

较时，时间尺度确定得是否合理会影响结果的准确性。

（3）功能单位的确立

大多研究中选择以处理土壤地下水的体积或质量作为评估功能单位。但这种方式定义功能单位有两个问题。首先，对于原位修复技术，无法准确获得处理地下水的量。其次，无法评价修复的程度。也有研究建议，通过引入场地相关的影响指标来表征修复程度。这些指标包括污染物浓度、pH、土壤粒径分布、有机质含量、离子交换量等。

第四篇 长三角地区碳达峰行动

第 8 章

区域碳排放测算研究

内容摘要

本章梳理总结国内外碳排放测算方法研究进展，分析碳排放与主要影响因素的关系，研究区域碳排放达峰的背景、意义和国内外研究方法。将静态面板门限模型（the static panel threshold model）和 STIRPAT 扩展模型结合，构成了门限-STIRPAT 扩展模型。针对碳排放预测方面，主流方法有两大类：一类是构建经济模型预测碳排放量；另一类关于碳排放预测的方法是建立碳排放与影响因素关系的模型，通过设置不同的发展情景进行模拟预测。

8.1 碳排放测算方法研究

厘清碳排放峰值，首先要探明能源消费与碳排放之间的关系。学者的研究多集中在能源消费利用与碳排放之间的关系。针对能源消费所产生的碳排放测算，国外学者们的研究相对较早，他们提出了能源消费碳排放的估算方法，如排放系数法等诸多方法（张德英等，2005）。其中，对化石能源产生碳排放量的估算最常用的是物料平衡法与模型法（余建清等，2012）。物料平衡法的理论基础为能量守恒定律，常用于生活与生产过程中各种物料的使用情况的一种定量分析方法（钟悦之，2011）。另一种经常使用的方法为碳排放系数法，其是计算生产单位产品所排放的气体数量的一种方法，其中的排放系数也可以称作排放因子（刘明达等，2014）。模型法是建立一个模拟研究对象生态系统的生物地球化学模型，便于对二氧化碳等气体进行核算。此外，生命周期法主要通过原料与能源的投入与废弃物的产出来评价其对环境的影响，因该法要追踪从投入到产出的整个过程，故如果对某个过程考虑不全，必将导致计算误差或错误。决策树法是运用树状图来作出决策的方法，适用于研究大型、关系复杂的问题，通过决策树可以厘清要素间的关系及确定碳排放源。实测法即对排放源进行实地测定，对相关碳排放量进行核算汇总，该方法在实施过程中需要耗费大量的人力、物力、财力，可能会导致实际值与测算值出现误差等。

Green（2000）在文献中提到目前碳排放量的绝大多数因化石燃料引起，占 80%～90%，所以一次化石燃料燃烧带来的碳排放量是其研究的重点。因此，在测算某一地区或者区域碳排放量时，由能源消费产生的碳排放量应该受到绝对的重视（Lin et al.，2016）。在能源消费碳排放的计算过程中，化石燃料的划分对于能源碳排放有着至关重要的作用。化石燃料的分类根据种类多少可以划分为煤炭、石油、天然气三大类或者原煤、焦炭、原油、汽油及其他石油制品等细分小类。而针对上述分类的能源消费碳排放测算方法主要有实测法以及排放系数法等较为常用的方法。在众多方法中，碳排放系数法在学者研究中应用最为广泛。而不同学者的研究中碳排放系数又不同，同时各个机构发布的标准也是千差万别。我国目前关于能源消费碳排放的研究大多以 IPCC 公布的系数为碳排放测算的主要依据。

8.2　碳排放与主要影响因素的关系研究

从以往的研究总结发现，碳排放影响因素多种多样，影响碳排放的因素主要有人口、经济、能源消费、产业结构以及技术进步等方面。

国外研究中最早始于 Yoichi Kaya 关于碳排放影响因素的研究，Kaya 于 1989 年首提著名的 Kaya 恒等式。其恒等式表示，二氧化碳的排放主要取决于人口（P）、经济发展水平（G）、能源强度（IE）及碳强度（IC）（杨慧，2012）。Kaya 的一大特点是结构简单，操作较容易，可用于某地区经济社会活动与碳排放之间的关系。学者们对该恒等式认同度较高，并逐渐围绕该恒等式展开关于碳排放影响因素的研究。

国外学者对影响碳排放因素进行了相关研究并且已取得些许发展成果。Birdsall（1992）与 Knapp 等（1996）均提到人口的不断增长会引发更多的能源需求，同时还会破坏自然环境，改变土地利用方式，这些都会导致二氧化碳排放量的飙升。Shi（2003）与 York 等（2003）也对人口因素进行研究，均采用 STIRPAT 模型探究人口增长与碳排放之间的相关关系。两者都对人口变化对碳排放变化的弹性系数进行测算，结果发现前者的弹性系数比后者高约 50%。

Chung 等（2004）与 York（2003）均得出城市化进程作为影响碳排放的重要因素，

对碳排放量起正向的促进作用。相反的是，Liddle（2004）与 Chen 等（2008）则得出城市化进程会导致居民偏向公共交通与设施的使用与利用频率，会对能源消费以及碳排放有负向抑制作用。Fan 等（2008）从国家发展阶段角度入手，通过比较处于不同发展层次的国家人口变动以及经济与技术发展对碳排放的影响，得出国家发展阶段的不同将会导致碳排放量产生变化。Dalton 等（2008）从城市化、人口年龄构成以及家庭因素入手，探讨不同的人口因素会影响碳排放量。麻省理工学院学者 D.W.Tester（2005）基于 Kaya 恒等式，对 1980—1999 年中国、英国、日本等国家的碳排放驱动因素进行定量分析，得出人口与经济水平的不断攀升是中国碳排放快速增长的主要诱因，而能源强度与碳强度有助于碳排放总量的减少。除此之外，Ang 等（2004）采用 LMDI 分解法对 1985—1990 年中国制造行业碳排放量进行研究，结果表示工业的不断发展对研究期内的碳排放表现出正向影响，而能源强度的作用方向与之相反。Liddle（2004）对碳排放影响因素进行归纳，将 12 个影响碳排放影响因素归为四大类，即规模效应、活动效应以及结构效应与能源强度效应，其中，影响最大者为能源强度。Knapp 等（2003）通过构建 STIRPAT 模型对 1992—2010 年美国加利福尼亚州的碳排放数据进行研究，经过岭回归拟合后发现经济发展水平、人口城镇化率以及人口总数与能源结构的变化会引发碳排放量的增多。Johnston 等（2009）提出要实现 70%左右的节能减排总目标，指出能源强度以及碳排放强度的下降速率比以往高几倍，其中促使碳排放变化的因素主要有经济增长、人口数量变化以及技术进步等。

国内学者对碳排放影响因素的研究开始相对较晚。李国璋等（2008）借助 LMDI 模型，分区域对影响中国能源强度变动的因素进行分析，研究结果发现对我国能源强度变动影响较大的是技术水平；彭俊铭（2012）基于 Kaya 等式对珠三角地区能源碳足迹影响因素进行分解，得出经济水平的不断增长是影响珠三角地区碳足迹增长的重要驱动力这一结论，同时指出随着能源效率的不断提升将有可能抑制碳足迹的无序增加。此外，杨嵘等（2012）采用 LMDI 模型构建了类似 Kaya 等式的恒等式，其中包括能源消费结构、能源强度、碳排放系数以及经济水平；模型确立后，随后从地区与产业层面对 1995—2009 年我国西部地区碳排放定量分解；研究结果显示，经济水平进步与能源强度的不断减弱分别对碳排放有正向和负向作用。宋杰鲲（2012a）对山东省能源消费碳排放量测算，随后采用 LMDI 方法将影响因素分解为六大类，并得出分阶段与累积效应，得出人均 GDP 的逐年效应对碳排放量贡献率最大。袁鹏（2012）同样采用 LMDI 分解法对影响辽宁省碳排放因素进行分解，所得结论为：经济水平提升对碳排放量的变化起到决定性作用，高耗能产业对碳排放量有正向的促进作用，而能源效率的作用方向与其相反。朱勤等

（2006）使用 LMDI 分解模型对我国改革开放到 2005 年主要能源消耗产生的碳排放量进行分析，得到影响碳排放量变化的因素有经济增长、能源与产业结构、人口总数以及能源利用效率。李国志等（2010）基于 LMDI 模型从人口规模、经济发展以及能源效率中挑选出对碳排放影响最大的因素为经济水平进步。赵云泰等（2011）采用省级面板数据对各地能源消费产生的碳排放进行空间自相关分析，并得出不同省份的碳强度变化情况，指出可能存在能减排潜力。温景光（2010）以 1990—2009 年陕西省碳排放时间序列数据为依据，采用 STIRPAT 模型分析人口变化、城镇化进程以及经济社会能源结构对江苏省碳排放的影响，其结果表明对抑碳因素的提升与协同发展对江苏省碳排放峰值到来以及低碳经济的实现具有重要意义。刘源等（2010）基于 LMDI 因素分解方法从家庭生活消费以及产业部门能源消费两方面入手，他指出能源强度的控制对节能减排具有重大意义；陈庆（2012）将研究对象缩小到武汉市，对影响武汉环境的影响因素进行分解，结论为人类发展对环境的影响最大，第三产业占比的不断增多有助于减少环境污染，并以此为依据提出可行的政策与建议。

8.3 碳排放峰值预测研究

8.3.1 研究背景

2020 年 9 月 22 日，习近平主席在第七十五届联合国大会一般性辩论上宣布，中国将提高国家自主贡献力度，采取更加有力的政策和措施，二氧化碳排放力争于 2030 年前达到峰值，努力争取 2060 年前实现碳中和。习近平主席还提出了后疫情时代推动世界经济绿色复苏的设想，各国要树立创新、协调、绿色、开放、共享的新发展理念，抓住新一轮科技革命和产业变革的历史性机遇，推动疫情后世界经济"绿色复苏"，汇聚起可持续发展的强大合力。这是中国首次提出实现碳达峰碳中和的目标，引起了国际社会的极大关注。由于中国是世界最大的碳排放国，占世界能源碳排放总量比重的 28.8%，对全球碳达峰碳中和具有至关重要的作用。

2020 年中央经济工作会议将做好碳达峰碳中和工作列为 2021 年 8 项重点任务之一，明确提出要抓紧制定 2030 年前碳排放达峰行动方案，支持有条件的地方率先达峰。要加快调整优化产业结构、能源结构，推动煤炭消费尽早达峰，大力发展新能源，加快建设全国用能权、碳排放权交易市场，完善能源消费双控制度。要继续打好污染防治攻坚战，实现减污降碳协同效应。要开展大规模国土绿化行动，提升生态系统碳汇能力。2021 年

3月15日，中央财经委员会第九次会议进一步明确提出，实现碳达峰碳中和是一场广泛而深刻的经济社会系统性变革，要把碳达峰碳中和纳入生态文明建设整体布局，拿出抓铁有痕的劲头，如期实现2030年前碳达峰、2060年前碳中和的目标。重点对能源体系、重点行业、绿色低碳技术、绿色低碳政策和市场体系、绿色低碳生活、生态碳汇能力、国际合作等7个方面进行了部署。会议还强调，实现碳达峰碳中和是一场硬仗，也是对党治国理政能力的一场大考。要加强党中央集中统一领导，完善监督考核机制。各级党委和政府要扛起责任，有目标、有措施、有检查。要认识到降碳工作的长期性和艰巨性，增强绿色低碳发展的本领。

"十四五"是实现我国碳排放达峰的关键期，也是推动经济高质量发展和生态环境质量持续改善的攻坚期，必须按照党中央的要求和部署，加快制订并落实国家碳排放达峰行动方案，作为降碳减污总抓手和"牛鼻子"，实现碳达峰与经济高质量发展、构建新发展格局、深入打好污染防治攻坚战高度协调统一。

碳达峰是指某个地区或行业年度二氧化碳排放量达到历史最高值，然后经历平台期进入持续下降的过程，是二氧化碳排放量由增转降的历史拐点，标志着碳排放与经济发展实现脱钩，达峰目标包括达峰年份和峰值。碳中和是指某个地区在一定时间内（一般指一年）人为活动直接和间接排放的二氧化碳，与其通过植树造林等吸收的二氧化碳相互抵消，实现二氧化碳"净零排放"。碳达峰与碳中和紧密相连，前者是后者的基础和前提，达峰时间的早晚和峰值的高低直接影响碳中和实现的时长和实现的难度；而后者是对前者的紧约束，要求达峰行动方案必须要在实现碳中和的引领下制定。

二氧化碳排放主要来自化石能源消费，因此，碳达峰和碳中和的关键是实施能源消费和能源生产革命，持之以恒减少化石能源消费。对于我国而言，煤炭是化石能源消费的主体，煤炭燃烧产生的二氧化碳占我国二氧化碳排放总量的70%以上，因此近期能源结构转型的重点在于严格控制煤炭消费。各地应制定"十四五"及中长期煤炭消费总量控制目标，确定减煤路线图，保持全国煤炭消费占比持续快速降低，大气污染防治重点区域要继续加大煤炭总量下降力度。按照集中利用、提高效率的原则，近期煤炭削减重点要加大民用散煤、燃煤锅炉、工业炉窑等用煤替代，大力实施终端能源电气化。研究表明，2030年前实现碳排放达峰面临严峻挑战，要实施碳达峰与碳中和一体谋划。在坚决遏制各地上马"两高"项目冲动、进一步加大节能力度的同时，必须全面加快非化石能源发展速度，以风电和太阳能发电为重点，保证未来10年年均新增装机容量1.2亿kW左右，到2030年全国风电和光电总装机规模达到17亿kW左右，非化石能源占比达到26%，才能确保实现2030年前碳达峰的目标。

经济发展、能源强度和能源结构是决定碳排放水平的重要因素。经济高质量发展和人民对美好生活的向往决定了能源消费需求增长，供给侧结构性改革决定了碳排放强度，二者共同决定了我国 2030 年前碳达峰路径。

从发展阶段来看，我国到 2035 年基本实现社会主义现代化需要保持经济中高速增长。按照党的十九届五中全会战略安排，到 2035 年，我国经济实力、科技实力、综合国力将大幅跃升，经济总量将再迈上新的大台阶。世界银行、国际货币基金组织、国家信息中心等多家国内外研究机构预测结果显示，"十四五""十五五""十六五"期间我国经济将继续保持中高速发展水平，经济增速预期目标分别为 5.0%~6.0%、4.5%~5.2%、3.9%~4.5%。我国经济总量和增速都将长期保持较快增长态势，能源消费总量也将随之增长。

能源消费增量将长期保持高位，主要增量为电力的刚性需求。自"十一五"时期我国将能耗强度下降作为约束性指标以来，节能工作取得显著成效，节能空间也逐渐收窄。目前能源主管部门研究提出"十四五"期间单位 GDP 能耗下降 13.5% 的预期，按照"十五五"期间继续保持同等力度推算，2030 年能源消费总量将较 2020 年增长 20% 以上，达到 60 亿 t 标准煤。电力将是未来 10 年能源增长的主体，占 70%~80%。用电增长主要集中在居民生活、5G 基站及大数据等新型基础设施、其他服务业等方面，分别占增量的 33%、16%、24%，而这些新增用电与国计民生直接相关，属于刚性需求，是支撑我国经济转型升级和未来居民生活水平提高的重要保障。

到 2030 年非化石能源占比达 26%，才能同时满足能源消费增量需求和碳达峰目标要求。2019 年，我国能源消费构成占比分别为煤炭 57.7%、石油 18.9%、天然气 8.1%、非化石能源 15.3%。为实现经济社会发展和碳达峰等多重目标，在能耗强度下降到一定程度时，必须将能源结构调整作为主要降碳措施。据测算，非化石能源占比平均每年至少增加 1 个百分点，到 2030 年达 26%，才能够实现碳排放在 2029 年达峰，但达峰很不稳定，将存在 3~4 年的峰值平台期，年均碳排放减少量仅几千万吨，仅相当于 1~2 个重大建设项目的碳排放量，极易出现因重大项目集中布局建设等情况导致峰值延迟或反复冲高的现象。总体判断，实现 2030 年前碳排放达峰面临严峻形势。因此，开展碳排放效率及其影响因素研究，可为政府提出高效碳减排政策提供科学依据，有助于保障碳减排目标的顺利实现，对促进经济低碳高效发展具有重要的意义。

8.3.2　国内外研究进展

早在 20 世纪 90 年代，学者 Wilfrid Bach 研究发现，1990 年 38 个经济发达的工业化国家占全球二氧化碳排放量份额的 67%，认为全球排放量的增加大部分源于经济发达地区。Sissiqi T A（2000）经过分析得出结论：在大多数高碳排放的亚洲国家里，二氧化碳排放量的增加与能源消费的增加基本一致，且在不同的经济发展阶段，由于经济结构的差异，碳排放与经济增长的关系有所不同。2006年气候经济学家Nicholas Stern发表的研究报告指出，若按现有模式发展下去，到21世纪末全球平均气温可能会升高2～3℃，全球GDP比重下降5%～10%，而贫穷国家的GDP下降则会超过10%；若立即采取减排措施，在2050年前将温室气体浓度维持在450×10^{-6}～550×10^{-6}的水平上，其减排成本大约仅为全球GDP的1%。有学者对全球各地区以及重点国家的能源消费的碳排放数据进行分析，并预测未来煤炭、石油、天然气三大能源消费的碳排放量。结果显示，到2020年，全球能源消费的碳排放量为105亿t，年平均增速为2.3%；到2030年，全球能源消费的碳排放量为124亿t，年平均增速为1.8%。此外，美国能源部二氧化碳信息分析中心和国际能源署等众多机构对全球碳排放也做了大量的基础性工作。

国内外学者研究碳排放效率问题主要使用了数据包络分析模型（Data Envelopment Analysis，DEA）、数据包络窗口分析模型、SBM-DEA模型（Slack Based Measure-Data Envelopment Analysis，SBM-DEA）、超效率SBM-DEA模型和三层次元边界DEA模型等方法。数据包络分析模型，现已被广泛应用到碳排放效率领域。Zhang等（2008）应用数据包络窗口分析模型计算了中国碳排放效率及减排潜力，发现西北地区碳减排潜力最大。袁凯华等（2017）使用SBM-DEA模型分析了中国省域碳排放效率，发现多数省域碳排放效率呈上升趋势，南方省域综合效率上升速度比北方快。王兆峰等（2019）使用超效率SBMDEA模型与Malmquist指数分析了2010—2016年湖南省14市的碳排放效率时空特征，发现碳排放效率存在明显的空间差异。Feng等（2017）提出了三层次元边界DEA模型，首次将效率分解为结构效率、技术效率和管理效率，并将其用于中国碳排放效率研究。结果表明，由于结构无效、技术无效和管理无效，中国碳排放效率相对较低。

碳排放效率的研究尺度多集中在国家尺度或省域尺度，从城市尺度研究碳排放效率的较少。钱志权等（2015）使用Malmquist-Luenberger指数方法测算了1995—2012年东亚地区碳排放效率，发现碳排放效率总体呈下降趋势，各经济体间的差异较大，且呈扩大趋势。袁长伟等使用超效率SBM模型计算了中国省域交通运输碳排放效率，并分析了其时空特征及影响因素，结果表明碳排放效率变化符合环境库兹涅茨（EKC）曲线，且存在明显的空间集聚特征。节能技术水平对碳排放效率具有明显的正向作用。

国内外在碳排放情景预算等问题研究上取得了一定的成果。日本学者Kaya首次提出的Kaya恒等式将CO_2排放与人类活动联系起来，由此产生的Kaya分解法被广泛用于研究预测碳排放峰值（王金南等，2010；邓宣凯等，2014；杨秀等，2015），添加了其他相关的影响因素，用协整方程预测未来 CO_2 排放量（冯宗宪等，2016），而且一些研究使用蒙特卡洛模拟方法突破情景分析（叶玉瑶等，2014）中的静态局限，动态预测了 CO_2 排放量变动（林伯强等，2010），传统的 EKC 曲线认为随着经济增长，碳排放总量会呈倒"U"形，使用 EKC 模型并加入其他固定效应的扩展模型的学者通过城市碳排放拐点分析计算出了达峰时间（吴立军等，2016；郑海涛等，2016）。部分已有研究使用评估未来 CO_2 排放的 LEAP 模型估算了城市或部门的未来 CO_2 排放量（Yu et al.，2015；Lin et al.，2018）。IPAT 模型（杜强等，2012）虽有效地揭示环境压力与人类活动的各种驱动因素之间的关系，但其中驱动因素弹性是相同的，其随机形式-STIRPAT 模型随之被开发并广泛应用。学者们在 STIRPAT 模型中加入了其他排放因子（王凯等，2017），被用于度量城市碳排放和各驱动因素之间的关系（黄蕊等，2013；彭智敏等，2018），进行城市碳达峰预测（张乐勤等，2013；刘晴川等，2017；Wu et al.，2018；吴青龙等，2018），但其中驱动因素弹性是固定的。已有研究将 Hansen（1999）提出的静态面板门限模型（the static panel threshold model）和 STIRPAT 扩展模型结合，构成了门限-STIRPAT 扩展模型（王泳璇，2016；Dong et al.，2019）。

在碳排放峰值预测领域，学者文献多集中在区域层面，比较常见的有国家、省域、市域层面（Lu et al.，2015）。除此之外，还有关于相关行业的测算，以上这些研究大多使用的数为时间序列数据，对未来该地区碳排放峰值的预测较少，对达峰影响因素进行控制的文献更是少之又少。近几年来，学者们对碳排放峰值的关注度逐渐提升。中国是碳排放量最大的国家，对其发现现状与未来的峰值预测显得尤为重要。

针对碳排放预测方面，主流方法有两大类：一类是构建经济模型预测碳排放量。相关学者进行了以下研究。赵巧芝等（2017）以我国 30 个行业碳排放量为研究对象依托投入产出模型估计不同发展情景下的碳排放量；陈文颖等（2004）借助 MARKAL-MACRO 方法进行了类似研究与预测；王勇等（2017）借助 CGE 模型预测我国不同发展情景下碳排放峰值，并得到 2030 年时我国碳排放量达峰这一结论；赵息等（2013）借助离散二阶差分法作出同样研究；姜克隽等（2008）借助 IPAT 方法探讨中国低碳经济发展的实现路径并做出情景分析。情景分析法作为一种定性分析与定量分析相结合的研究方法，尽可能地克服了不确定因素的影响，涉及不同情景用于分析，在碳排放峰值方面使用较为广泛（云雅如等，2012）；姜克隽等（2016）借鉴 IPAC 模型判断中国 2020 年附近碳排放达峰的可能性，该学者对能源消费碳排放进行充分研究，证明了该目标的可实现性；朱婧等（2015）使用情景分析法以及脱钩模型对河南省济源市的碳排放情况进行研究，探讨该城市未来低碳经济发展的有效途径。

另一类关于碳排放预测的方法是建立碳排放与影响因素关系的模型，通过设置不同的发展情景进行模拟预测。宋杰鲲（2012b）基于最小二乘法建立我国碳排放与其影响因素的 STIRPAT 模型，指出下阶段节能减排的重点方向。魏一鸣等（2008）也采用同样方法进行预测，将经济发展、人口变化以及城镇化水平、能源利用状况整合到 STIRPAT 模型中，对我国不同区域的碳排放量作出预测，李虹等（2016）借助 STIRPAT 模型对多个节能减排目标下的中国碳排放强度进行分析与预测；邓小乐等（2016）也在 STIRPAT 方法的基础上对西北五省碳排放峰值作出预测；Lester 等（2009）基于 Kaya 恒等式预测了不同发展情景下美国的碳排放量，并提出政策建议。

为了突破传统情景分析法的静态局限，也为了避免主观性造成的二氧化碳排放峰值预测的局限，国内外学者还使用蒙特卡洛模拟和机器学习的方法动态预测二氧化碳排放量的变动。王泳璇等（2016）使用蒙特卡洛模拟方法预测中国 2030 年碳排放情形。赵成柏等（2012）使用人工神经网络方法预测中国未来的二氧化碳排放量。印度学者 Sangeetha 等（2018）利用基于粒子群优化算法的人工神经网络来预测印度未来的能耗和对应的 CO_2 排放量。钱昭英等（2018）使用灰色预测模型直接预测贵州喀斯特山区农业碳排放量和对应的二氧化碳排放量。

第 9 章

长三角地区碳排放模型构建与情景设定

内容摘要

本章结合门限回归模型与 STIRPAT 模型，构建基于能源强度角度的门限-STIRPAT 模型，预测长三角地区二氧化碳排放情况，从经济社会发展和减排相关的两类因素考虑设定了 3 种碳排放情景（基准情景、低碳情景、强化低碳情景）。通过情景预测，2020—2050 年，温室气体排放总量预计呈先上升、至达峰、后下降的排放趋势。人口、能源结构、人均 GDP、产业结构对碳排放均具有正向促进作用。人口规模效应和人均产出效应促进碳排放的增长，人均产出效应对碳排放增长的驱动效果更加显著，而工业碳强度效应是长三角地区碳减排的主要驱动力，较大程度地抑制了碳排放的高速增长，不同情景预测的结果表明，技术进步对碳减排的促进作用较为显著。

通过对碳排放的文献综述，发现现阶段研究主要通过 STIRPAT 模型分解出人口、人均 GDP 和能源强度等主要指标，并根据城市发展特点加上城镇化率、产业结构等其他扩展指标，全面描述和解释现实情况中城市碳排放影响模型。国内外相关研究主要采用 Kaya 恒等式、协整检验、IPAT、STIRPAT 模型等计量方法，但是都不能反映城市追求发展的同时技术水平的提升可能会导致城市碳排放的突变性变化特征。为贴合现实，本研究结合门限回归模型与 STIRPAT 模型，选取以能源强度代表的技术水平因素作为门限变量，加入人口、城市居民经济水平等控制变量，构建基于能源强度角度的门限-STIRPAT 模型，能够解决复杂的非线性、结构突变等问题，从而反映城市在技术水平的不同阶段对碳排放影响程度的变化。

9.1 门限-STIRPAT 模型的理论基础

9.1.1 门限-STIRPAT 模型

传统的 STIRPAT 模型由 IPAT 模型发展而来，公式表示为

$$I = aP^b A^c T^d e \tag{9-1}$$

式中，I、P、A 和 T—— 分别表示区域的碳排放量、人口、经济发展水平和技术因素；

a—— 模型系数；

b、c、d—— 分别为变量 P、A、T 的指数；

e—— 模型误差项。

其对数形式为

$$\ln I = m + b\ln P + c\ln A + d\ln T + \varepsilon \tag{9-2}$$

式中，$m = \ln A$，$\varepsilon = \ln e$。

已有研究大多只考虑了研究区域的各影响因素与碳排放量之间固定的对数线性关系，而忽视了二氧化碳排放量在某一发展水平前后和某解释变量并不是一成不变的因果关系，而是会在某个特定时期该解释变量对碳排放的影响程度会发生改变。本章将 STIRPAT 模型与面板门限回归模型结合在一起，加上人口和居民富裕程度作为模型的解释变量；参考李国志（2010）认为技术对二氧化碳排放的影响呈阶段性变化特征，选取技术水平变量同时作为门限变量和受门限变量影响的解释变量，构成门限-STIRPAT 模型，进而对城市碳排放量达峰进行预测。在实际应用中，常以对数形式表示，因此本章设定门限-STIRPAT 模型（假设是单个门限）为

$$\ln C = m + b\ln P + c\ln A + d_1 \ln T \times I(\ln T \leqslant \gamma) + d_2 \ln T \times I(\ln T > \gamma) + \varepsilon \tag{9-3}$$

式中，$I(\ )$ 为示性函数，相应条件成立时取 1，不成立时取 0；为了与示性函数区分开，用 C 表示城市二氧化碳排放量。

9.1.2 门限效应检验

门限回归模型由 Hansen 提出，经常用于描述复杂、非线性以及结构性变化的随机系统。该模型的主要目的是发现非线性模型中门限变量可能在某一边界点前后对因变量产生不同程度的影响。经过进一步完善，Hansen（1999）提出了静态面板数据门限回归模型的计量分析方法并进行实证。改进后的门限回归模型能够真实地反映当门限变量处于

某边界点前后两个阶段时,回归模型中参数估计结果会发生改变,可以看作阶段性变化,更加贴切地描述由于研究领域的飞速发展而导致的现实多变的情况。

在门限回归模型应用在某一研究领域前,需要建立门限效应的两个不同含义的假设检验:一是门限效应的显著性检验;二是门限估计值的真实性检验。

在门限效应检验时,模型检验的原假设为 $H_0: d_1=d_2$,对应备择假设为 $H_1: d_1 \neq d_2$。Hansen 提出使用下面的检验统计量:

$$F_1(\gamma) = \frac{S_0 - S_1(\hat{\gamma})}{\hat{\sigma}^2} \tag{9-4}$$

式中,S_0——在服从门限效应不存在的原假设时得到的残差项平方和;

S_1——接受具有门限效应备择假设下的残差项平方和;

$\hat{\sigma}^2$——扰动项方差的一致估计。

然而在无门限效应的原假设条件下,门限参数不可识别。因此,Hansen(1999)利用自抽样法(Bootstrap)来获得统计量的渐近分布并通过获得 P 值来检验统计量。在原假设成立的条件下,此时,$d_1=d_2$ 表明模型不存在门限效应,模型退化为线性模型。如果拒绝 $H_0: d_1=d_2$,则认为存在门限效应。

对门限估计值的真实性进行检验(以单门限为例),即检验 $H_0: \gamma_1=\gamma_2$。Hansen(1999)使用极大似然法检验门限值,对应似然比检验统计量为

$$\text{LR}(\gamma) = \frac{S_1(\gamma) - S_1(\hat{\gamma})}{\hat{\sigma}^2} \tag{9-5}$$

式中,$S_1(\hat{\gamma})$、$\hat{\sigma}^2$——分别为原假设下进行参数估计后得到的残差平方和、残差方差,在显著性水平为 α 时,当 $\text{LR}(\gamma) \leqslant -2\ln(1-\sqrt{1-\alpha})$,不能拒绝原假设。

9.2 模型变量说明和数据来源

9.2.1 变量说明

被解释变量:选择城市二氧化碳排放量作为被解释变量。城市二氧化碳排放量用各地区化石能源消费(终端消费+中间投入)和调入电力产生的二氧化碳排放量表示,单位为万 t,用 C 表示。

解释变量与控制变量:根据 STIRPAT 模型分解出来的碳排放影响因素,选取人口数

量和居民富裕程度作为控制变量；选取技术水平为受门限变量影响的解释变量，构成模型的解释变量和控制变量。

人口总量，用城市常住人口（P）表示，单位为万人。城市二氧化碳是由城市中人类生产生活过程中产生的。相较于户籍人口，城市常住人口更能反映城市在各个生产活动以及生活能源消费对应的人口规模。

居民富裕程度，用人均GDP（A）表示，单位为万元。GDP反映这一时期城市的生产活动成果（生产活动中伴随二氧化碳的产生），而这些成果会用于居民和政府最终消费，人均GDP更加直接表征城市人口的经济消费水平，由地区生产总值除以常住人口得出（2005年不变价）。

技术水平，用能源强度（万元生产总值能耗）（T）表示，单位为kg。能源强度可以认为是一个时期内每生产万元的产品与服务时所使用到的能源量，能源量的多少关系着碳排放量的多少。选取能源强度作为受门限变量影响的解释变量，构成技术水平视角下的门限-STIRPAT模型。

门限变量：使用门限回归模型时，门限变量可以选取作为控制变量的技术水平作为门限变量，表征含义同上（表9-1）。

表9-1 模型各变量说明

变量	定义	单位	符号
城市二氧化碳排放量	城市能源消费碳排放量	万t	C
人口规模	城市常住人口数量	万人	P
经济发展水平	GDP与人口的比值	万元	A
技术水平	能源强度/万元能耗	kg	T

9.2.2 数据来源

二氧化碳排放量由能源消费量和碳排放系数计算得来的，其中城市能源消费量是由《中国能源统计年鉴》的地区能源消费量统计部分直接或间接获得的，碳排放系数是对IPCC给出的碳排放系数根据我国热值调整而来的。人口和人均地区生产总值均来自各地区以及所属省份的统计年鉴数据，缺失数据采用插值法或者前一年的增长率或增量确定。

9.3　碳排放达峰的组合情景设计

为了更全面地预测长三角地区二氧化碳排放情况，从经济社会发展和减排相关的两类因素考虑设定了3种碳排放情景。

（1）基准情景

参考长三角地区目前应对气候变化以及能源相关的政策文件，按照常规发展速度预测人口、人均GDP、碳排放强度、能源消耗强度、能源结构、产业结构6个因素的变化。

（2）低碳情景

以基准情景为基础，除推行各项气候变化应对和能源优化政策外，还要促进低碳转型，在碳排放强度、能源消耗强度、能源结构、产业结构方面取得一定突破。

（3）强化低碳情景

基于低碳情景进一步加强调控，积极出台各项低碳措施，在碳排放强度、能源消耗强度、能源结构、产业结构方面取得重大进展，全面开启低碳发展之路。

使用门限-STIRPAT模型，确定人口、人均GDP、碳排放强度、能源消耗强度、能源结构、产业结构6个碳排放影响因素，并设定低、中、高3种变化率来对各影响因素进行预测，3种碳排放预测情景下各因素变化速度见表9-2。

表9-2　3种碳排放预测情景下各因素变化速度

数据名称	基准情景	低碳情景	强化低碳情景
人口（P）	高	中	低
人均GDP（A）	高	中	中
碳排放强度（T）	低	中	高
能源消耗强度（PS）	低	中	高
能源结构（Es）	低	中	高
产业结构（Is）	低	中	高

9.4　碳排放达峰情景预测结果

由图9-1分析可知，基准情景、低碳情景和强化低碳情景下江苏省分别于2027年、2026年和2023年达到峰值，峰值分别为8.73亿t、8.14亿t和8.02亿t。其中基准情景下，2020—2027 年江苏省碳排放呈缓慢增长趋势，于 2027 年达到排放峰值；2027—2050 年碳排放量开始缓慢下降，到 2050 年达到 2.95 亿 t。低碳情景下，2020—2026 年浙江省碳排量处于小幅波动状态，于 2026 年达到排放峰值；2026—2050 年碳排放开始迅速降低。强化低碳情景下，江苏省碳排放于 2023 年达峰，比基准情景下的达峰时间提前了 4 年，2023 年后碳排放迅速下降，至 2050 年降到 1.46 亿 t。

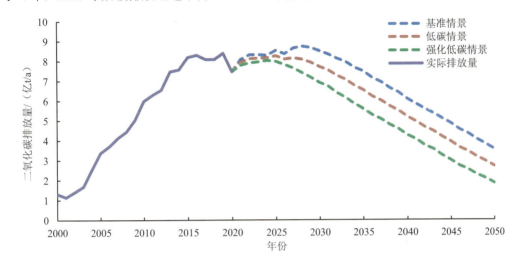

图 9-1　江苏省 3 种情景下碳排放峰值预测

由图 9-2 分析可知，基准情景、低碳情景和强化低碳情景下浙江省分别于 2026 年、2025 年和 2025 年达到峰值，峰值分别为 4.66 亿 t、4.56 亿 t 和 4.52 亿 t。其中基准情景下，2020—2026 年浙江省碳排放处于小幅波动状态，于 2026 年达到排放峰值；2026—2050 年碳排放量开始缓慢下降，到 2050 年达到 0.99 亿 t。低碳情景下，2020—2025 年浙江省碳排量呈缓慢增长趋势，于 2025 年达到排放峰值；2025—2050 年碳排放开始迅速降低。强化低碳情景下，浙江省碳排放于 2025 年达峰，比基准情景下的达峰时间提前了 1 年，2025 年后碳排放迅速下降，至 2050 年降到 0.37 亿 t。

由图 9-3 分析可知，基准情景、低碳情景和强化低碳情景下安徽省分别于 2024 年、2023 年和 2023 年达到峰值，峰值分别为 2.35 亿 t、2.31 亿 t 和 2.28 亿 t。其中基准情景下，2020—2024 年安徽省碳排放呈缓慢增长趋势，于 2024 年达到排放峰值；2024—2050 年碳排放量开始缓慢下降，到 2050 年达到 0.54 亿 t。低碳情景下，2020—2023 年安徽省碳排量呈缓慢增长趋势，于 2023 年达到排放峰值；2023—2050 年碳排放开始迅速降低。强化低碳情景下，安徽省碳排放于 2023 年达峰，比基准情景下的达峰时间提前了 1 年，2023 年后碳排放迅速下降，至 2050 年降到 0.11 亿 t。

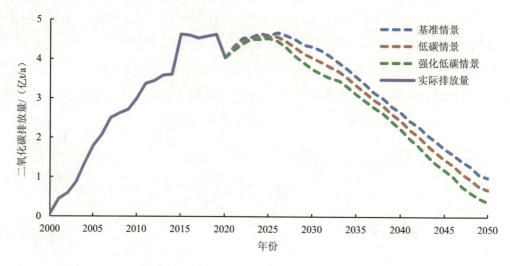

图 9-2　浙江省 3 种情景下碳排放峰值预测

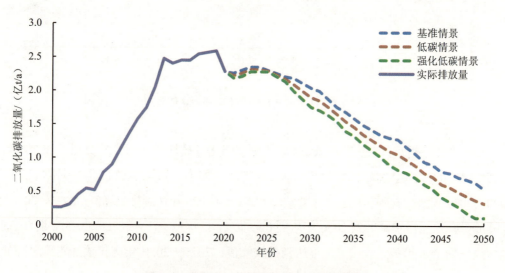

图 9-3　安徽省 3 种情景下碳排放峰值预测

由图 9-4 分析可知，基准情景、低碳情景和强化低碳情景下上海市分别于 2028 年、2025 年和 2022 年达到峰值，峰值分别为 1.92 亿 t、1.73 亿 t 和 1.62 亿 t。其中基准情景下，2020—2028 年上海市碳排放呈缓慢增长趋势，于 2028 年达到排放峰值；2028—2050 年碳排放量开始缓慢下降，到 2050 年达到 1.54 亿 t。低碳情景下，2020—2025 年安徽省碳排放量呈缓慢增长趋势，于 2025 年达到排放峰值；2025—2050 年碳排放开始迅速降低。强化低碳情景下，上海市碳排放于 2022 年达峰，比基准情景下的达峰时间提前了 6 年，2022 年后碳排放迅速下降，至 2050 年降到 0.79 亿 t。

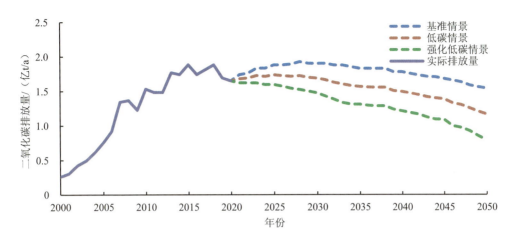

图 9-4　上海市 3 种情景下碳排放峰值预测

9.5　碳排放达峰情景预测分析

从总体情况来看，2020—2050 年，长三角地区温室气体排放总量预计呈先上升、至达峰、后下降的排放趋势。值得关注的是，受疫情影响，经济停摆、工厂停产导致能源需求量随之降低，2020 年温室气体排放较 2019 年的 17.28 亿 t 二氧化碳当量减少 10.76%。而经济受阻带来的减排只是暂时的，温室气体排放将经济恢复后出现上升，但在不同情景下，预计均不会超过 2019 年排放数量（图 9-5）。

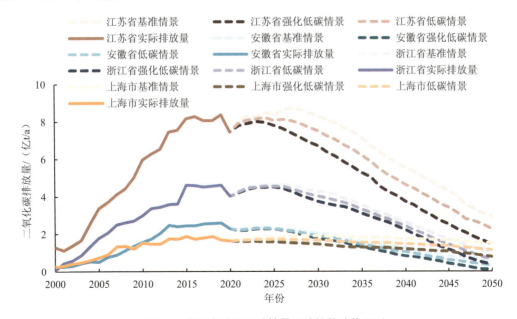

图 9-5　长三角地区 3 种情景下碳排放峰值预测

在基准情景下，长三角地区温室气体排放预计在 2026 年出现峰值，峰值约 17.44 亿 t。在低碳情景下，排放达峰时间早于基准情景，预计将于 2024 年以 16.85 亿 tCO$_2$eq 达到峰值，较基准情景少排放 0.59 亿 t 温室气体。在强化低碳情景下，排放达峰时间更早于基准情景，预计将于 2023 年以 16.43 亿 tCO$_2$eq 达到峰值，较基准情景少排放 1.01 亿 t 温室气体。通过对不同情景的对比可见，长三角地区绿色经济发展模式下有能力、有空间领先于全国实现中国碳达峰目标，可为中国其他欠发达地区腾出合理的发展空间。

9.6 碳排放达峰情景预测结论与建议

情景预测分析结果表明，长三角地区在基准情景、低碳情景和强化低碳情景下分别于 2026 年、2024 年和 2023 年达到二氧化碳排放量峰值，峰值大小排序为基准情景下二氧化碳排放量峰值＞低碳情景二氧化碳排放量峰值＞强化低碳情景二氧化碳排放量峰值。其中，人口、能源结构、人均 GDP、产业结构对碳排放均具有正向促进作用。人口规模效应和人均产出效应促进了长三角地区碳排放的增长，其中人均产出效应对长三角地区碳排放增长的驱动效果更加显著，而工业碳强度效应是长三角地区碳减排的主要驱动力，较大程度地抑制了碳排放的高速增长，不同情景预测的结果表明技术进步对碳减排的促进作用较为显著。

基于以上结论，提出以下建议：

1) 加快能源结构调整，降低煤炭占比，加大生物质能、天然气等低碳能源和核电、水电及其他无碳能源开采利用的技术研发力度，构建多元化的低碳能源体系。有效开发利用低碳环保技术，结合各城市的禀赋资源和发展实际，积极引进国内外先进的低碳环保技术，合理开发利用到长三角地区的生产生活中，增强低碳环保技术进步对各城市绿色发展的促进作用，以争取尽早实现碳达峰发展目标。

2) 人口作为影响长三角地区碳排放的重要驱动力，应从提高人口质量，构建绿色低碳生活方式方面来弱化其影响力。提高人口质量进而促进社会技术进步，减少能源消耗，降低碳排放。增强人民环保意识，倡导全民节能减排，构建绿色低碳生活方式。

3) 优化产业结构，降低第二产业比例。加大科技创新研发力度来助力产业转型升级，完善配套的政策措施来加强政府的宏观调控和引领作用。持续改善长三角地区的产业结构，应充分发挥长三角地区在区位优势、经济发展和科技教育等领域的禀赋资源，促进第二产业的高质量发展和第三产业的规模增长，进一步增强第三产业发展对经济增长的贡献度；同时结合长三角地区碳排放驱动因素的分解结果发现，工业碳强度效应对碳排放增长的抑制作用较大,因此可进一步提升工业碳强度的减排效应,从产业结构优化的角度加强长三角地区的低碳发展。

4)提升长三角地区之间的协同减排力度。由于碳排放的流动性和外部性特征,相较于单一城市的碳减排工作,城市群之间的协同减排效果往往更加显著。长三角地区在经济、科技和教育等领域作为我国重要的发展高地,应当进一步加强长三角地区的一体化发展水平和协同治理能力,率先制定并实现碳达峰目标,为我国的碳达峰工作提供长三角地区的样板案例,同时可积极吸取国外相关科技创新城市群的发展经验,将其应用到长三角地区的协同减排规划中。

第 10 章

长三角地区碳源/碳汇的时空演变特征及碳达峰对策建议

内容摘要

2000—2015 年，长三角地区碳汇量总体呈上升增长，2000 年碳汇量为 $33.15×10^6$ t，2015 年上升到 $45.58×10^6$ t，增加了 1 243 万 t。从碳汇的组成结构来看，碳汇主要来源于植被净生态系统生产力（NEP），核算包括森林 NEP、草地 NEP、城市绿地 NEP 3 种，来自森林 NEP 的贡献最多。长三角地区的碳源整体呈急剧增长的趋势，由 2000 年的 2.3 亿 t 碳增长为 2015 年的 8.03 亿 t 碳，增长了 249%。通过研究分析长三角地区碳达峰相关工作，发现长三角地区碳达峰存在的主要问题为：生态环境保护结构性、根源性、趋势性压力总体上尚未根本缓解，部分地方和行业对碳达峰工作的内涵和要求认识不到位、执行有偏差，部分领域和产业发展政策措施不完善、核心技术掣肘。并据此提出长三角地区碳达峰对策建议，一是强化区域能源和产业统筹布局，二是强化绿色低碳科技联合攻关，三是强化政府和市场两手发力。

10.1 长三角地区的碳汇时序特征

2000—2015 年，长三角地区碳汇量总体呈上升增长，2000 年碳汇量为 $33.15×10^6$ t，2015 年上升到 $45.58×10^6$ t，增加了 1 243 万 t。较 2000 年增长了 37.5% 左右，增幅较大，说明长三角地区的碳汇能力在逐年增长。从碳汇的组成结构来看，碳汇主要来源于植被净生态系统生产力（NEP），核算包括森林 NEP、草地 NEP、城市绿地 NEP 3 种，来自森林 NEP 的贡献最多。

长三角地区碳汇总量比重最大的省份是浙江省，约占碳汇总量的 75%；而上海市是碳汇量增长最快的地区，增长率达到 8.2%。从浙江省的林地面积来看，占全省土地面积的 64%以上，林地面积较多是浙江省碳汇量贡献大的主要原因。而上海市由于城市绿地面积的不断扩张，成为长三角地区碳汇增率最快的地区（图 10-1）。

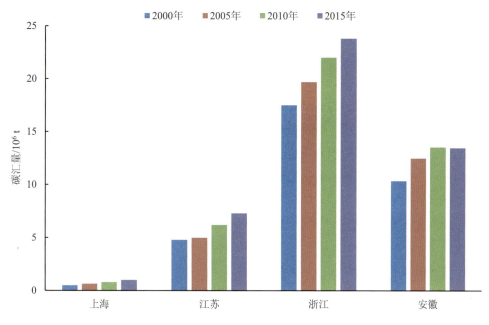

图 10-1　长三角地区碳汇特征

10.2　长三角地区的碳源核算及特征

长三角地区的碳源整体呈急剧增长的趋势，由 2000 年的 2.3 亿 t 碳增长到 2015 年的 8.03 亿 t 碳，增长了 249%。由图 10-2 可以看出，江苏省是长三角地区碳源比重最大的地区，占碳源排放总量的 35%，而江苏省同样也是增长最快的地区，年增长率为 8.6%。从碳源内部结构来看，能源消费引起的碳排放是比重最大的部分，比重从 2000 年的 83.5% 变为 2015 年的 87%。

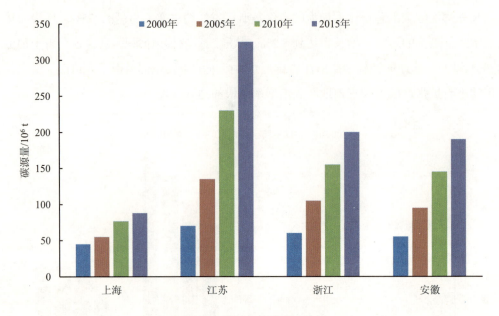

图 10-2　长三角地区碳源特征

10.3　长三角地区的净碳排放强度

净碳排放强度是指单位面积上的某种土地利用类型的净碳排放（义白瑞，2015）。长三角地区的空间净碳排放，需要先建立起核算结果与对应的一一关系，对应关系如下表所示。净碳排放强度的计算公式如下：

$$I_{it} = \frac{(C_{source} - C_{sink})_{it}}{A_{it}} \quad (10\text{-}1)$$

式中，I——空间净排放强度，表示净排放量；

　　　A——土地类型的面积；

　　　i——土地利用类型；

　　　t——年份。

城市等人口集中的区域，由能源碳排放变化带来的净碳排放强度的变化主要会体现在耕地、建设用地等人为活动剧烈的地方上。林地、草地、水体 3 种土地利用类型的碳源/碳汇都和面积直接相关，所以净碳排放强度不变（表 10-1）。

表 10-1 土地利用碳排放类型

土地利用类型	碳汇	碳源
耕地	—	能源消费（农业）、农业活动
林地	NEP	自然过程（土壤呼吸）
草地	NEP	自然过程（土壤呼吸）
水体	水域碳吸收	自然过程（水域碳排放）
城乡建设用地、未利用土地	—	能源消费（除农业、交通外）、工业过程、废水及固体废物
道路网	—	能源消费（交通）

注：由于如沙地、戈壁、盐碱地等未利用土地类型在长三角地区数量极微，因此默认把未利用土地等同于城乡建设用地。

碳源排放的贡献主要来自能源消费的部分，而能源消费碳排放主要发生在空间净碳排放强度的变化主要是在以上海市为中心的周边耕地和建设用地上，如江苏省南部和浙江省北部，而这部分地区也是长三角地区城市化程度较高、能源消费多的地区。长三角地区2010—2015 年的变化相对显著，空间净碳排放强度整体都有不同程度的增长，这表明净碳排放的增长速度要大于城市扩张的速度。2010—2015 年，江苏省的空间净碳排放强度增长最快（7.44%），远大于上海市、浙江省和安徽省的年增长率（表 10-2）。

表 10-2 长三角地区空间净碳排放强度结果　　　　　单位：t/(hm²·a)

地区	土地利用类型	2000	2005	2010	2015	2000—2015 年增长率/%
上海	耕地	2.42	2.19	1.99	1.82	1.40
	建设用地	247.49	299.84	304.72	309.95	
江苏	耕地	0.93	0.86	0.85	0.84	7.44
	建设用地	46.17	85.98	126.87	166.34	
浙江	耕地	1.34	1.49	1.65	1.69	3.83
	建设用地	130.88	164.56	191.34	224.17	
安徽	耕地	1.14	1.18	1.25	1.27	3.12
	建设用地	88.53	125.27	159.11	195.26	

10.4 碳源/碳汇计算的不确定分析

核算结果的不确定性主要来自三方面：核算方法、排放系数和数据来源。

（1）核算方法

区域尺度的核算是基于 IPCC 指南的核算方法进行核算。IPCC 的方法主要是针对国家层面，主要采用其中从上而下的计算方法，采用该方法通常会导致计算结果与实际情况之间存在一定误差，但从总体上可以反映碳源/碳汇量，可作为一定参考，也可检验其他算法的准确性。城市尺度的核算则采取的国际地方环境行动理事会（ICLEI）给出的核算范围，与 IPCC 类似，也采用了自上而下的方法进行核算。但城市是一个综合自然、社会、经济的生态系统，对于城市的物流能流的情况更加复杂，从自上而下的方法自然没有自下而上的实际采集数据来得准确，这也加大了城市这部分排放存在的不确定性。

（2）排放系数

总体来说，本书采用自上而下的核算方法，采用了大量的排放系数。这些系数主要参考了之前已有的研究，有些排放因子能够找到适合本研究区域的因子，但有些因子则采用了 IPCC 的缺省值，或者是国家层面研究得出的经验参数。由于国内外能源消费效率、产品制作过程、指标测定标准等有所差异，省份之间也存在差异，因此在排放系数的选择上不能完全符合长三角地区的实际排放系数。本研究尽可能地采取华东地区的相关研究参数进行计算，相对而言比全部采用缺省参数要精确。另外，对于同一个参数，不同的研究得出的参数值会有一些出入，这取决于前学者在研究时的细微差异，那么在选择此类参数本身的适合，也存在一定的不确定性。

（3）数据来源

本书研究中涉及的主要有统计数据、遥感数据以及夜间灯光数据。本研究碳汇核算的部分主要是依赖土地利用数据提取出来的用地类型的面积数据，然而由于遥感图像分类的手段问题，可能导致面积数据存在精度上的差异，所以在碳汇的部分会有微小影响，但不至影响整体趋势。由于区域尺度的碳源核算的基础数据大多依赖统计数据，涉及的种类繁多复杂，因此有些类别，如工业产品石灰石的数据缺失无法进行核算。此外，研究的时序较长，数据存在年份缺失，缺失部分通过数据内插方法进行补全，会对结果产生一定的不确定性。

10.5 长三角地区碳排放的因素分析

10.5.1 空间政策影响

长三角地区碳汇能力自 2000 年以来一直平稳上升，主要由于森林 NEP 的增加，而森林 NEP 的增长是由于森林面积的增加。退耕还林政策的实施，在一定程度上促进了长三角地区碳汇能力的增加。退耕还林工程是始于 1999 年的一项生态工程。2002 年退耕还林工程全面启动，2003 年《退耕还林条例》正式施行。2000—2010 年，长三角地区耕地转为林地的面积约 845.33 km^2，比 1999—2000 年的转化多 285.62 km^2，政策效果明显，转化率增加了 33.79%。森林面积的增加直接影响了长三角地区碳汇的能力，在减少碳排放方面的意义重大，同时也表明森林在碳汇功能方面的巨大作用，应避免森林的滥伐和锐减。

10.5.2 宏观经济政策影响

长三角地区碳源排放则是呈现急剧增长的态势，其中江苏省不仅在规模上，在速度上、空间强度上都表现为最突出的地区，因此重点探究江苏省的碳排放结构和产业体系，研究江苏省国民经济和社会发展规划将有效了解江苏省高碳排放的内部结构影响，对长三角地区减少碳排放具有一定指导意义。

"三省一市"中，江苏省的碳排放最为突出。江苏省的能源碳排放占总碳排放的 65.4%~74.3%，高于长三角地区的平均水平，而从能源消费的内部结构来看，江苏省第二产业的能源消费远大于第一产业和第三产业，说明江苏省的第二产业能源消费是引起江苏省高碳排放的主要原因。自 1995 年以来，江苏省的产业结构一直保持"二三一"的格局，第二产业是江苏省的主导产业。

从江苏省国民经济和社会发展"十五"（2000—2005 年）、"十一五"（2005—2010 年）和"十二五"（2010—2015 年）规划纲要可以看出，政府一直在对产业结构进行优化调整，其中第三产业比重不断加大，而第一产业比重逐年减小，但第二产业的比重依然高居不下。具体而言，1995 年以来，江苏省的五年规划指出要提高和优化第二产业，形成机械、电子、化工、汽车、建筑业为主的新格局，可以看出制造业是江苏省的支柱产业。然而，江苏省制造业能源消耗主要依赖煤炭，由于煤炭的二氧化碳排放强度较高，致使江苏能源消耗排放量十分大。根据文献可知，近年来在一次能源中煤炭的比重不降反增，占了近 80%，而石油、天然气等其他能源比重增长缓慢。因此，江苏能源消费以煤为主，"高碳"特征突出。《江苏省国民经济和社会发展第十一个五年规划纲要》指出要进一步优化产业结构，改变单一能源消耗，大力促进新兴能源的开发和利用，形成新的产业发展格局。限制了不符合条件的产品、产业和技术，淘汰了落后的、污染环境的装备和产品，包括铝、钢铁、水泥等产品生产设备等。整合过剩的生产力，鼓励技术改造。这一系列的措施，使 2005—2010 年江苏省第二产业所占能源碳排放中的比重有微降。而大力发展第三产业的政策导向使得江苏省第三产业的比重在持续上升。由此可以表明，调整产业结构，优化产业技术，发展可再生能源、提高传统能源效率的政策对于缓和第二产业的能源消耗有促进作用。然而江苏省的能源碳排放总量依然逐年上升，表明江苏省还有待进一步提高能源使用效率，优化内部产业结构，旨在实现"低碳经济"的目标。

10.6　长三角地区碳达峰路径选择与对策研究

实现碳达峰碳中和是一场广泛而深刻的经济社会系统性变革。习近平总书记在党的二十大报告中强调，积极稳妥推进碳达峰碳中和，立足我国能源资源禀赋，坚持先立后破，有计划、分步骤实施碳达峰行动。"双碳"目标提出以来，国家"1+N"政策陆续出台，各地方、行业和企业积极响应中央决策部署。长三角地区作为国家重大战略区域，深入贯彻落实党中央、国务院关于碳达峰碳中和的重大战略决策，扎实推进区域碳达峰工作，在实现碳达峰战略目标的顶层设计、分领域落实、碳市场建设、区域统筹等方面取得积极进展，但是部分领域、行业、地方推动碳达峰工作仍存在诸多问题，必须强化区域能源和产业的统筹布局、低碳科技的攻关合作、政府和市场的两手发力，积极稳妥实施长三角地区碳达峰行动，高起点协同推进"双碳"目标。

10.6.1　长三角地区积极推动碳达峰工作迈上新台阶

（1）顶层设计不断完善

"三省一市"分别成立本地区碳达峰碳中和工作领导小组，建立工作协调机制，明确责任单位和任务分工，制定出台碳达峰实施方案，构建"1+N"政策体系以完善顶层设计，推行新形势下的能源生产和消费革命战略，出台相关政策。目前上海、浙江、江苏碳达峰实施方案已经发布，安徽已将方案报批国家审核衔接，正按程序印发。同时，南京、杭州、合肥等低碳试点城市积极开展碳减排，编制碳达峰行动方案。

（2）重点领域减污降碳积极推进

长三角地区重点围绕能源、产业、建筑、交通等方面积极推动碳达峰工作。坚决遏制区域"两高"项目盲目发展，推进落后产能淘汰，2021年以来，关停"小化工"企业1 477家。绿色低碳产业不断培育壮大，战略性新兴产业增加值明显提升，环保产业规模占全国的30%左右，成为降碳成效最显著的地区之一。严格落实煤炭消费总量控制，加快推进燃煤锅炉淘汰工作，实施清洁能源替代，煤炭在一次能源消费中的占比和能源消费强度均不断下降。着力推动运输结构调整，加快区域铁水联运、江海联运发展，沿海主要港口的煤炭集港已全部改由铁路或水路运输，完成船舶岸电设施改造3 100余套，岸电覆盖率约76%，岸电使用电量5 015万 kW·h，处于全国领先水平。

（3）碳市场制度体系逐步构建

根据国家总体安排，在生态环境部指导下，上海依托碳市场试点经验和金融中心优势，全力推进全国碳排放权交易系统建设。2021年7月16日，全国碳市场正式启动上线交易，第一个履约周期纳入发电行业重点排放单位2 162家，成为全球覆盖温室气体排放量最大的碳市场。此外，"三省一市"签署《长三角地区碳普惠机制联动建设工作备忘录》，共同推动区域碳普惠机制联动建设，探索开展碳普惠试点；印发实施《长三角生态绿色一体化发展示范区绿色金融发展实施方案》，构建跨区域绿色金融合作机制，打造气候投融资和碳金融应用的实践区。

（4）区域统筹协作持续深化

位于沪苏浙交界处的长三角生态绿色一体化发展示范区发布《长三角生态绿色一体化发展示范区碳达峰碳中和工作的实施方案》和《水乡客厅近零碳专项规划》，大力探索减源、增汇、替代的近零碳路径，着力打造长三角低碳零碳引领区，为探索一体协同落实碳达峰目标提供可复制、可推广的经验。研究制定《绿色制造第三方评价机构能力等级评价》《绿色制造第三方评价服务规范》团体标准，以汽车、电子、装备行业为主开展长三角绿色供应链创建试点示范。长三角地区30多家企业共同成立国内首个氢能基础设施产业联盟，促进清洁能源联动发展。开展《长三角地区超低能耗建筑关键技术研究与示范》《零碳建筑关键技术与标准》等研究和标准编制工作。深入推进长三角高新区工业污水近零排放科技创新行动。

10.6.2　长三角地区碳达峰存在的问题

（1）生态环境保护结构性、根源性、趋势性压力总体尚未根本缓解

近年来，长三角地区绿色低碳发展成效逐步显现，但是保护与发展长期矛盾和短期问题交织，结构性、根源性、趋势性矛盾总体上尚未根本解决。煤炭等化石能源消费量占区域能源消费总量的比重虽有下降，但仍占主导地位，且煤炭消费总量总体呈增长态势。区域每平方公里煤炭消费量是全国平均水平的 6 倍，柴油消耗总量是全国平均水平的 5 倍。清洁能源总体比重不高，且受资源禀赋、基础设施、体制机制、技术研发等多方面约束进一步发展。2020年，长三角中心区第一产业、第二产业、第三产业占比为2.9%∶39.8%∶57.3%，但非中心区的第三产业占比低于 50%。同时，长三角地区以重化工、劳动密集型传统产业为主，钢铁、石化等行业在产业结构占比仍较高，产能削减阻力大、新项目增压、突破性低碳技术落地难。先导产业产能提升迅猛，但配套低碳管理技术还不成熟。

（2）部分地方和行业对碳达峰工作的内涵和要求认识不到位、执行有偏差

长三角地区各领域、各行业、各地区积极贯彻党中央、国务院决策部署，政治站位和认识不断提升，但部分地方"两高"项目违规问题依然存在。中央生态环境保护督察发现，江苏省"十四五"期间拟投产达产"两高"项目 20 个，其中 17 个存在设备能效不达标、未批先建、污染物区域减量替代未落实等问题。安徽省淮北、宿州、淮南、安庆、马鞍山等市部分耗煤项目存在煤炭减量虚假替代问题。有的地方采取限电限产"一刀切"、关停煤炭企业、大幅削减煤炭产能等简单化的短期措施推动降碳，搞"运动式"降碳。不少企业和机构争相抢占"双碳"投资机遇，积极布局新能源汽车、氢能、储能等热门产业，如多地规划建设氢能产业集群和示范应用，但缺少氢能产业链上下游环节的统筹布局、缺少攻克关键材料和核心技术的统筹安排，势必会造成无序竞争和资源浪费。

（3）部分领域和产业发展政策措施不完善、核心技术掣肘

"三省一市"已制订碳达峰实施方案，但是与其配套的实施路径、政策措施、保障体系等仍需逐步探索推进并在实践中不断完善。碳交易相关制度机制亟须进一步完善，法律层级不足，对相关违法违规行为处罚力度也不够。碳减排的市场化手段应用不足，当前全国碳市场仅纳入发电行业，交易方式仅限于控排企业对配额进行现货交易，部分企业参与交易存在观望心态，市场活跃度不足。在绿色低碳技术方面，关键技术突破和推广的步伐偏缓。工业领域关键降碳技术仍处于研发设计阶段，如氢能冶炼等技术运用于

钢铁行业处在研发示范阶段，高效碳捕集技术运用于石化行业还处在试点阶段。建筑节能改造的标准偏低，绿色建筑发展不足，如上海市大规模的建筑节能改造主要以用能设备的更替升级方式为主，缺乏系统性、整体性的能效提升。交通领域绿色出行模式替代仍存在困难，由于续驶里程、安全性、寿命等方面的技术"瓶颈"，新能源车仍存在"新增多、替代少"的问题。

10.6.3　长三角地区碳达峰对策建议

（1）强化区域能源和产业统筹布局

一是进一步加强生态环境分区管控，以"三线一单"（生态保护红线、环境质量底线、资源利用上线和生态环境准入清单）为基础，长三角地区在环境准入、监管执法等方面进行统一部署，引导产业优化布局调整，促进能源结构绿色低碳转型。二是深入推动长三角地区生态环境共同保护规划实施情况跟踪评估，总结提炼"一体化"和"高质量"典型案例。大力推进区域减污降碳协同增效，加强城市生态环境治理，将减污降碳协同增效融入城市规划建设和管理、生产生活各领域。三是加快皖电东送、三峡水电沿江输送通道的建设，提高区域整体清洁能源的供电比例。大力推进新能源、智能网联汽车、绿色制造等产业在沿江沿海地区集聚发展。强力推动苏北皖北高质量承接发达地区产业转移，加快构筑经济社会发展新动能。

（2）强化绿色低碳科技联合攻关

一是围绕低碳、零碳、负碳和储能新材料等重点领域，开展重大科技联合攻关，加快先进实用技术研发和推广。深入推进碳捕集、利用与封存（CCUS）技术，零碳工业流程再造技术，清洁生产技术等绿色低碳技术研发，共同打造长三角地区绿色低碳技术创新高地。二是充分发挥上海在新能源技术研发、国际交流等方面，江苏和浙江在光伏和风电整机制造业、零部件制造业方面，安徽在生物质能发电等方面的现有优势，提升合作深度和广度，形成长三角地区优势互补的新能源发展格局。三是因地制宜推动低碳技术集成示范，推动低碳技术在多领域、多层级、多方位的应用推广，探索低碳技术试点示范和创新模式，为减排行动的落地提供可复制、可推广的经验。

（3）强化政府和市场两手发力

一是增强各地领导干部抓好绿色低碳发展的本领，树立正确的发展观和政绩观，科学制定细化的碳达峰目标和实施路径。依托长三角地区生态环境保护协作机制，促进长三角地区"三省一市"通力合作，加强相关部门工作联动，共同推动区域碳排放相关法律法规、标准计量、统计监测等方面的统筹协同。二是完善全国碳排放权交易市场，有序扩大覆盖范围，丰富交易品种和交易方式。建立完善碳排放统计核算体系，开展碳排放连续在线监测技术规范体系试点。三是推动建立与"双碳"相适应的绿色金融标准体系和统计制度，合作开发更多的绿色低碳金融产品，推进浦东气候投融资试点和区域碳普惠机制试点示范。加大环境基础设施补短板、清洁能源推广、传统产业转型、绿色产业培育等金融支持力度，更好地服务长三角地区全面绿色发展。

参考文献

曹吉鑫,田赟,王小平,等,2009. 森林碳汇的估算方法及其发展趋势[J]. 生态环境学报,18(5):2001-2005.

陈泮勤,黄耀,于贵瑞,2004. 地球系统碳循环[M]. 北京:科学出版社.

陈庆,2012. 武汉市环境影响因素实证分解研究[J]. 生态经济,12(1):22-29.

陈文颖,高鹏飞,何建坤,2004. 用 MARKAL-MACRO 模型研究碳减排对中国能源系统的影响[J]. 清华大学学报(自然科学版),44(3):342-346.

陈晓鹏,尚占环,2011. 中国草地生态系统碳循环研究[J]. 中国草地学报,33(4):99-110.

崔高阳,陈云明,曹扬,等,2015. 陕西省森林生态系统碳储量分布格局分析[J]. 植物生态学报,39(4):333-342.

单永娟,张颖,2015. 我国陆地生态系统碳汇核算研究[J]. 林业经济,6:102-107.

邓小乐,孙慧,2016. 基于 STIRPAT 模型的西北五省区碳排放峰值预测研究[J]. 生态经济,32(9):36-41.

邓宣凯,喻艳华,刘艳芳. 2014. "十二五"各省区 CO_2 排放控制及减排压力评价[J]. 经济地理,34(5):155-161.

董成仁,郗敏,李悦,等,2015. 湿地生态系统 CO_2 源/汇研究综述[J]. 地理与地理信息科学,31(2):109-114.

杜强,陈乔,陆宁,2012. 基于改进 IPAT 模型的中国未来碳排放预测[J]. 环境科学学报,32(9):2294-2302.

方精云,郭兆迪,朴世龙,等,2007. 1981—2000 年中国陆地植被碳汇的估算[J]. 中国科学,37(6):804-812.

方精云,柯金虎,唐志尧,等,2001. 生物生产力的"4P"概念、估算及其相互关系[J]. 植物生态学报,25(4):414-419.

方精云,刘国华,徐嵩龄,1996. 我国森林植被的生物量和净生产量[J]. 生态学报,16(5):497-508.

方精云,杨元合,马文红,等,2010. 中国草地生态系统碳库及其变化[J]. 中国科学:生命科学,40(7):566-576.

方精云,2000. 北半球中高纬度的森林碳库可能远小于目前的估算[J]. 植物生态学报,24(5):635-638.

冯浩,刘晶晶,张阿凤,等,2017. 覆膜方式对小麦-玉米轮作农田生态系统净碳汇的影响[J]. 农业机械学报，48（4）：180-189.

冯仲科，罗旭，石丽萍，2005. 森林生物量研究的若干问题及完善途径[J]. 世界林业研究，18（3）：25-28.

冯宗炜，王效科，吴刚，1999. . 中国森林生态系统的生物量和生产力[M]. 北京：科学出版社.

冯宗宪，王安静，2016. 陕西省碳排放因素分解与碳峰值预测研究[J]. 西南民族大学学报（人文社会科学版），（8）：112-119.

冯宗宪，王安静，2016. 中国区域碳峰值测度的思考和研究——基于全国和陕西省数据的分析[J]. 西安交通大学学报（社会科学版），36（4）：96-104.

付加锋，刘小敏，2010. 基于情景分析法的中国低碳经济研究框架与问题探索[J]. 资源科学，2：205-210.

甘海华，2003. 广东土壤有机碳储量及空间分布特征[J]. 应用生态学报，14（9）：1499-1502.

高阳，金晶炜，程积民，等，2014. 宁夏回族自治区森林生态系统固碳现状[J]. 应用生态学报，25（3）：639-646.

龚维，李俊，何宇，等，2009. 发展林业碳汇推动三北防护林体系建设[J]. 生态学杂志，28（9）：1691-1695.

关晋宏，杜盛，程积民，等，2016. 甘肃省森林碳储量现状与固碳速率[J]. 植物生态学报，40（4）：304-317.

郭朝先，2010. 中国碳排放因素分解：基于 LMDI 分解技术[J]. 中国人口·资源与环境，（20）：116-120.

郭海强，顾永剑，李博，等，2007. 全球碳通量塔东滩野外观测站的建立[J]. 湿地科学与管理，3（1）：30-33.

郭沛，连慧君，丛建辉，2016. 山西省碳排放影响因素分解——基于 LMDI 模型的实证研究[J]. 资源开发与市场，32（3）：308-312.

郭睿，2011. 陆地生态系统碳汇估算相关研究综述[J]. 北京规划建设，137（2）：27-32.

韩冰，王效科，逯非，等，2008. 中国农田土壤生态系统固碳现状和潜力[J]. 生态学报，（2）：612-619.

胡启武，吴琴，刘影，等，2009. 湿地碳循环研究综述[J]. 生态环境学报，18（6）：2381-2386.

黄从德，张健，杨万勤，等，2009. 四川省森林植被碳储量的空间分异特征[J]. 生态学报，29：5115-5121.

黄从德，2008. 四川森林生态系统碳储量及其空间分布特征[D]. 成都：四川农业大学.

黄蕊，王铮，2013. 基于 STIRPAT 模型的重庆市能源消费碳排放影响因素研究[J]. 环境科学学报，33（2）：602-608.

黄晓琼，辛存林，胡中民，等，2016. 内蒙古森林生态系统碳储量及其空间分布[J]. 植物生态学报，40（4）：327-340.

黄耀，孙文娟，2006. 近 20 年来中国大陆农田表土有机碳含量的变化趋势[J]. 科学通报，51（7）：750-763.

黄耀，周广胜，等，2008. 中国陆地生态系统碳收支模型[M]. 北京：科学出版社.

姜克隽，贺晨旻，庄幸，等，2016. 我国能源活动 CO_2 排放在 2020—2022 年之间达到峰值情景和可行性研究[J]. 气候变化研究进展，3：167-171.

姜克隽, 胡秀莲, 庄幸, 等, 2008. 中国2050年的能源需求与CO_2排放情景[J]. 气候变化研究进展, 5: 296-302.

姜克隽, 胡秀莲, 庄幸, 等, 2009. 中国2050年低碳情景和低碳发展之路[J]. 中外能源, 6: 1-7.

焦燕, 胡海清, 2005. 黑龙江森林植被碳储量及其动态变化[J]. 应用生态学报, 16: 2248-2252.

金峰, 杨浩, 蔡祖聪, 等, 2001. 土壤有机碳密度及储量的统计研究[J]. 土壤学报, 38: 522-528.

康文星, 赵仲辉, 田大伦, 等, 2008. 广州市红树林和滩涂湿地生态系统与大气二氧化碳交换[J]. 应用生态学报, 19（12）: 2605-2610.

黎夏, 叶嘉安, 王树功, 等, 2006. 红树林湿地植被生物量的雷达遥感估算[J]. 遥感学报, （3）: 387-396.

李国璋, 王双, 2008. 中国能源强度变动的区域因素分解分析——基于LMDI分解方法[J]. 财经研究, 34（8）: 23-29.

李国志, 李宗植, 2010. 中国二氧化碳排放的区域差异和影响因素研究[J]. 中国人口·资源与环境, 20（5）: 22-27.

李虹, 娄雯, 2016. 二氧化碳排放强度预测与"十三五"减排路径分析——基于STIRPAT模型的构建[J]. 科技管理研究, 36（5）: 233-240.

李金全, 李兆磊, 江国福, 2016. 中国农田耕层土壤有机碳现状及控制因素[J]. 复旦学报（自然科学版）, 55（2）: 247-256, 266.

李克, 王绍强, 曹明奎, 2003. 中国植被和土壤碳贮量[J]. 中国科学, 33（1）: 72-80.

李凌浩, 1998. 土地利用变化对草原生态系统土壤碳贮量的影响[J]. 植物生态学报, 22（4）: 300-302.

李姝, 喻阳华, 袁志敏, 等, 2015. 碳汇研究概述[J]. 安徽农业科学, 43（34）: 136-139.

李银, 陈国科, 林郭梅, 等, 2016. 浙江省森林生态系统碳储量及其分布特征[J]. 植物生态学报, 40（4）: 354-363.

李玉强, 赵哈林, 陈银萍, 2005. 陆地生态系统碳源与碳汇及其影响机制研究进展[J]. 生态学杂志, 24（1）: 37-42.

林伯强, 刘希颖, 2010. 中国城市化阶段的碳排放: 影响因素和减排策略[J]. 经济研究, 45（8）: 66-78.

林虹, 马旭, 何再华, 等, 2014. 江苏省森林生态系统碳汇现状研究[J]. 林业资源管理, 1: 89-97.

刘欢, 武曙红, 于天飞, 2018. 森林保护碳汇项目方法学研究[J]. 世界林业研究, 31（5）: 7-12.

刘慧屿, 2011. 辽宁省农田土壤有机碳动态变化及固碳潜力估算[D]. 沈阳: 沈阳农业大学, 2011.

刘佳, 2010. 草地碳汇、草地治理与中国减排目标的实现[J]. 内蒙古农业大学学报, 12（53）: 105-108.

刘晶晶, 张阿凤, 冯浩, 等, 2017. 不同灌溉量对小麦-玉米轮作农田生态系统净碳汇的影响[J]. 应用生态学报, 28（1）: 169-179.

刘明达, 蒙吉军, 刘碧寒, 2014. 国内外碳排放核算方法研究进展[J]. 热带地理, 34（2）: 248-258.

刘晴川，李强，郑旭煦，2017. 基于化石能源消耗的重庆市二氧化碳排放峰值预测[J]. 环境科学学报，37（4）：1582-1593.

刘曦乔，梁萌杰，陈龙池，等，2017. 湖南省森林生态系统碳储量、碳密度及其空间分布[J]. 生态学杂志，36（9）：2385-2393.

刘宪锋，任志远，林志慧，2013. 青藏高原生态系统固碳释氧价值动态测评[J]. 地理研究，32（4）：663-670.

刘学东，陈林，李学斌，等，2016. 草地生态系统土壤有机碳储量的估算方法综述[J]. 江苏农业科学，44（8）：10-16.

刘源，吴丽华，杨超，2010. 中国经济发展中碳排放增长的驱动因素研究[J]. 经济研究，2（6）：123-136.

吕超群，孙书存，2004. 陆地生态系统碳密度格局研究概述[J]. 植物生态学报，28：692-703.

吕铭志，盛连喜，张立，2013. 中国典型湿地生态系统碳汇功能比较[J]. 湿地科学，11（1）：114-120.

马超群，2010. 中国能源消费与经济增长的协整与误差校正模型研究[J]. 系统工程，10：47-50.

马文红，韩梅，林鑫，等，2006. 内蒙古温带草地植被的碳储量[J]. 干旱区资源与环境，20（3）：192-195.

马学威，熊康宁，张俞，等，2019. 森林生态系统碳储量研究进展与展望[J]. 西北林学院学报，34（5）：62-72.

孟豪，梅丹兵，邓璟菲，等，2022. 北京市污染场地土壤修复工程实证分析[J]. 中国环境科学，43（2）：764-771.

孟豪，梅丹兵，邓璟菲，等，2023. 天津市污染地块土壤与地下水修复实证分析[J]. 中国环境科学，43（9）：4760-4767.

孟伟庆，吴绽蕾，王中良，2011. 湿地生态系统碳汇与碳源过程的控制因子和临界条件[J]. 生态环境学报，20（8-9）：1359-1366.

尼古拉斯-斯特恩. 斯特恩报告[R]. 2006.

潘勇军，王兵，陈步峰，等，2013. 江西大岗山杉木人工林生态系统碳汇功能研究[J]. 中南林业科技大学学报，33（10）：120-125.

彭俊铭，吴仁海，2012. 不同工业化阶段环境库兹涅茨曲线研究——以广州、佛山与肇庆市为例[J]. 资源科学，（1）：189-195.

彭智敏，向念，夏克郁，2018. 长江经济带地级城市金融发展与碳排放关系研究[J]. 湖北社会科学，32（11）：32-38.

朴世龙，方精云，贺金生，等，2004. 中国草地植被生物量及其空间分布格局[J]. 植物生态学报，28（4）：491-498.

朴世龙，方精云，黄耀，2010. 中国陆地生态系统碳收支[J]. 中国基础科学研究进展，2010：20-23.

乔斐，王锦国，郑诗钰，等，2022. 重点区域建设用地污染地块特征分析[J]. 中国环境科学，42（11）：

5265-5275.

钱志权，杨来科. 东亚地区的经济增长、开放与碳排放效率——来自贸易部门的面板数据研究[J]. 世界经济与政治论坛，2015（3）：134-149.

邵月红，潘剑君，2006. 浅谈土壤有机碳密度及储量的估算方法[J]. 土壤通报，37（5）：1007-1011.

佘玮，黄璜，官春云，等，2016. 我国典型农作区作物生产碳汇功能研究[J]. 中国工程科学，18（1）：106-113.

史小红，赵胜男，孙标，等，2015. 呼伦贝尔市湿地生态系统固碳量与碳汇潜力评估[J]. 中国农村水利水电，（10）：26-30，34.

宋杰鲲，2012a. 基于LMDI的山东省能源消费碳排放因素分解[J]. 资源科学，34（1）：35-41.

宋杰鲲，2012b. 基于支持向量回归机的中国碳排放预测模型[J]. 中国石油大学学报（自然科学版），1：182-187.

宋长春，2003. 湿地生态系统碳循环研究进展[J]. 地理科学，23（5）：622-629.

孙宁，徐怒潮，李静文，等，2021. 2020年我国土壤修复行业发展概况及"十四五"时期行业发展态势展望[J]. 环境工程学报，15（9）：2858-2867.

索安宁，赵冬至，张丰收，2010. 我国北方河口湿地植被储碳、固碳功能研究——以辽河三角洲盘锦地区为例[J]. 海洋学研究，28（3）：67-71.

陶波，葛全胜，李克让，等，2001. 陆地生态系统碳循环研究进展[J]. 地理研究，20（5）：564-575.

田大伦，2005. 马尾松和湿地松生态系统结构和功能[M]. 北京：科学出版社.

王丙文，2013. 保护性耕作农田碳循环规律和调控研究[D]. 泰安：山东农业大学.

王伯炜，牟长城，王彪，2019. 长白山原始针叶林沼泽湿地生态系统碳储量[J]. 生态学报，39（9）：3344-3354.

王金南，蔡博峰，严刚，等，2010. 排放强度承诺下的CO_2排放总量控制研究[J]. 中国环境科学，30（11）：1568-1572.

王凯，邵海琴，周婷婷，等，2017. 基于STIRPAT模型的中国旅游业碳排放影响因素分析[J]. 环境科学学报，37（3）：1185-1192.

王莉丽，王安建，王高尚，2009. 全球能源消费碳排放分析[J]. 资源与产业，11（4）：6-14.

王梁，赵杰，陈守越，2016. 山东省农田生态系统碳源、碳汇及其碳足迹变化分析[J]. 中国农业大学学报，（7）：133-141.

王宁，2014. 山西森林生态系统碳密度分配格局及碳储量研究[D]. 北京：北京林业大学.

王文，2010. 草地对碳汇的作用[J]. 青海草业，19（4）：16-10-19.

王雯，2013. 黄土高原旱作麦田生态系统CO_2通量变化特征及环境响应机制[D]. 杨凌：西北农林科技大学.

王晓荣，张家来，庞宏冬，等，2015. 湖北省森林生态系统碳储量及碳密度特征[J]. 中国林业科技大学学报，35（10）：93-100.

王新闯，齐光，于大炮，等，2011. 吉林省森林生态系统的碳储量、碳密度及其分布[J]. 应用生态学报，22（8）：2013-2020.

王兴昌，王传宽，2015. 森林生态系统碳循环的基本概念和野外测定方法评述[J]. 生态学报，35（13）：4241-4256.

王雪军，黄国胜，孙玉军，等，2008. 近20年辽宁省森林碳储量及其动态变化[J]. 生态学报，28：4757-4764.

王泳璇，2016. 城镇化与碳减排目标背景下能源—碳排放系统建模研究[D]. 长春：吉林大学.

王勇，王恩东，毕莹，2017. 不同情景下碳排放达峰对中国经济的影响——基于CGE模型的分析[J]. 资源科学，39（10）：1896-1908.

王兆峰，杜瑶瑶. 基于SBM-DEA模型湖南省碳排放效率时空差异及影响因素分析[J]. 地理科学，2019，39（5）：797-806.

魏一鸣，刘兰翠，范英，等，2008. 中国能源报告（2008）碳排放研究[M]. 北京：科学出版社.

温景光，2010. 江苏省碳排放的因素分解模型及实证分析[J]. 华东经济管理，24（2）：29-32.

吴立军，田启波，2016. 中国碳排放的时间趋势和地区差异研究——基于工业化过程中碳排放演进规律的视角[J]. 山西财经大学学报，38（1）：25-35.

吴青龙，王建明，郭丕斌，2018. 开放STIRPAT模型的区域碳排放峰值研究——以能源生产区域山西省为例[J]. 资源科学，40（5）：1051-1062.

薛成杰，方战强，2022. 土壤修复产业碳达峰碳中和路径研究[J]. 环境工程，40（8）：231-238.

杨富亿，李秀军，刘兴土，2012. 沼泽湿地生物碳汇扩增与碳汇型生态农业利用模式[J]. 28（19）：156-162.

杨洪晓，吴波，张金屯，等，2005. 森林生态系统的固碳功能和碳储量研究进展[J]. 北京师范大学学报：自然科学版，41（2）：172-177.

杨慧，2012. 基于公式的中国碳排放影响因素的分析与预测[D]. 广州：暨南大学.

杨嵘，常恒宇，2012. 西部地区碳排放特征及发展低碳经济途径分析[J]. 西南石油大学学报：社会科学版，14（1）：18-21.

杨秀，付琳，丁丁，2015. 区域碳排放峰值测算若干问题思考：以北京市为例[J]. 中国人口·资源与环境，25（10）：39-44.

叶金盛，佘光辉，2010. 广东省森林植被碳储量动弹研究[J]. 南京林业大学学报，34（4）：7-12.

叶玉瑶，苏泳娴，张虹鸥，等，2014. 基于部门结构调整的区域减碳目标情景模拟——以广东省为例[J]. 经济地理，34（4）：159-165.

于贵瑞，孙晓敏，等，2006. 陆地生态系统通量观测的原理与方法[M]. 北京：高等教育出版社.

于贵瑞, 2003. 全球变化与陆地生态系统碳循环与碳蓄积[M]. 北京: 气象出版社.

余建清, 吕拉昌, 2012. 广东省化石燃料碳排放的地域差异[J]. 经济地理, 32 (7): 100-106.

袁凯华, 梅昀, 陈银蓉, 等. 中国建设用地集约利用与碳排放效率的时空演变与影响机制[J]. 资源科学, 2017, 39 (10): 1882-1895.

袁鹏, 2012. 辽宁省碳排放增长的驱动因素分析——基于LMDI分解法的实证[J]. 大连理工大学学报(社会科学版), 33 (1): 35-40.

岳曼, 常庆瑞, 王飞, 等, 2008. 土壤有机碳储量研究进展[J]. 土壤通报, 39 (5): 1173-1178.

云雅如, 王淑兰, 胡君, 等, 2012. 情景分析法在我国环境保护相关领域管理决策中的现状与展望[J]. 中国人口·资源与环境, (2): 131-135.

张兵, 王洋, 2011. 芦苇湿地的碳汇功能研究[J]. 现代农业科技, (16): 287-288.

张陈俊, 章恒全, 张丽娜, 2016. 基于多层次LMDI方法的中国水资源消耗变化分析[J]. 统计与决策, (3): 98-103.

张德英, 张丽霞, 2005. 碳源排碳量估算办法研究进展[J]. 内蒙古林业科技, (1): 20-23.

张广帅, 蔡悦萌, 闫吉顺, 等, 2021. 滨海湿地碳汇潜力研究及碳中和建议[J]. 环境影响评价, 43 (5): 18-22.

张桂芹, 王兆军, 2011. 基于3S的济南湿地资源调查及碳汇功能研究[J]. 环境科学与技术, 34 (12): 212-216.

张乐勤, 陈素平, 王文琴, 等, 2013. 安徽省近15年建设用地变化对碳排放效应测度及趋势预测——基于STIRPAT模型[J]. 环境科学学报, 33 (3): 950-958.

张莉, 郭志华, 李志勇, 2013. 红树林湿地碳储量及碳汇研究进展[J]. 应用生态学报, 24 (4): 1153-1159.

张林, 2007. 雀儿山西南坡植被碳储量与土壤有机碳储量估算[D]. 雅安: 四川农业大学.

张明, 2010. 基于指数分解的我国能源相关CO_2排放及交通能耗分析与预测[D]. 大连: 大连理工大学.

张树伟, 2010. 能源经济环境模型研究现状与趋势评述[J]. 能源技术经济, 22 (2): 43-49.

张英俊, 杨高文, 刘楠, 等, 2013. 草原碳汇管理对策[J]. 草业学报, 22 (2): 290-299.

赵成义, 2004. 陆地不同生态系统土壤呼吸及土壤碳循环研究[D]. 北京: 中国农业科学院.

赵杰, 2014. 临沂市农田生态系统碳源/碳汇时空变化及其影响因素分析[C]//2014年中国农业资源与区划学会学术年会论文集. 北京: 中国农业资源与区划学会.

赵玲, 滕应, 骆永明, 2018. 我国有机氯农药场地污染现状与修复技术研究进展[J]. 土壤, 50 (3): 435-445.

赵敏, 周广胜, 2004b. 基于森林资源清查资料的生物量估算模式及其发展趋势[J]. 应用生态学报, 15: 1468-1472.

赵敏, 周广胜, 2004a. 中国森林生态系统的植物碳贮量及其影响因子分析[J]. 地理科学, 24: 50-53.

赵娜，邵新庆，吕进英，等，2011. 草地生态系统碳汇浅析[J]. 草原与草坪，31，149（6）：75-82.

赵巧芝，闫庆友，2017. 基于投入产出的中国行业碳排放及减排效果模拟[J]. 自然资源学报，32（9）：1528-1541.

赵荣钦，秦明周，2007. 中国沿海地区农田生态系统部分碳源/碳汇时空差异[J]. 生态与农村环境学报，（2）：1-6，11.

赵荣钦，2004. 农田生态系统碳源/碳汇的时空差异及增汇技术研究[D]. 开封：河南大学.

赵息，齐建民，刘广为，2013. 基于离散二阶差分算法的中国碳排放预测[J]. 干旱区资源与环境，1：63-69.

赵云泰，黄贤金，钟太洋，彭佳雯，2011. 1999—2007年中国能源消费碳排放强度空间演变特征[J]. 环境科学，32（11）：3145-3150.

郑海涛，胡杰，王文涛，2016. 中国地级城市碳减排目标实现时间测算[J]. 中国人口·资源与环境，26（4）：48-54.

钟悦之，2011. 江西省碳排放时空变化特征研究[D]. 南昌：江西师范大学.

周广胜，2003. 全球碳循环[M]. 北京：气象出版社.

周国模，刘恩斌，余光辉，2006. 森林土壤碳库研究方法进展[J]. 浙江林学院学报，23（2）：207-216.

周实际，孙慧洋，李颖臻，等，2022. 污染土壤稳定化碳排放计算方法及案例研究[J]. 中国环境科学，42（10）：4840-4848.

周玉荣，于振良，赵士洞，2000. 我国主要森林生态系统碳贮量和碳平衡[J]. 植物生态学报，24（5）：518-522.

朱婧，刘学敏，初钊鹏，2015. 低碳城市能源需求与碳排放情景分析[J]. 中国人口·资源与环境，7：48-55.

朱勤，邱婷婷，2015. 中国能源二氧化碳峰值方案及政策建议[J]. 中国环境管理，（5）：78-80.

朱燕茹，王梁，2019. 农田生态系统碳源/碳汇综述[J]. 天津农业科学，25，161（3）：27-32.

Alexeyev V，Birdsey R，Stakannov V，et al.，1995. Carbon in vegetation of Russian forests：Methods to estimate storage and geographical distribution[J]. Water，Air and Soil Pollution，82：271-282.

Amponsah N Y，Wang J，Zhao L，2018. A review of life cycle greenhouse gas（GHG）emissions of commonly used ex-situ soil treatment technologies[J]. Journal of Cleaner Production，186：514-525.

Ang B W，Liu F L，Chung H S，2004. A generalized fisher index approach to energy decomposition analysis[J]. Energy Economics，（26）：757-763.

Ang B W，Zhang F Q，Choik H，1998. Factoring changes in energy and environmental indicators through decomposition[J]. Energy，23（6）：489-495.

B. W. Ang，2005. The LMDI approach to decomposition analysis：A practical guide[J]. Energy Policy，（33）：

867-871.

Batjes N H, 2010. Total carbon and nitrogen in the soils of the world[J]. European Journal of Soils Science, 47: 151-163.

Bayer P, Finkel M, 2006. Life cycle assessment of active and passive groundwater remediation technologies [J]. Journal of Contaminant Hydrology, 83（3-4）: 171-199.

Bingjie Lin, Yuting Huang, 2017. Index decomposition of greenhouse gas emissions and prospect of electricity demand in China, Russia and India[J]. Sustainable Development, （1）: 859-869.

Birdsal N, 1992. Another look at population and global warning: Population, health and nutrition policy research[A]. World Bank Working Paper, Washington.

Brown S, Lugo A E, 1982. The storage and production of organic mater in tropical forest and their role in the global carbon cycle[J]. Biotropica, 14: 161-187.

Brown S, Pearson T, 2005. Methods manual for measuring terrestrial carbon[M]. Winrock International.

C Beer, M Reichstein, E Tomelleri, et al., 2010. Terrestrial gross carbon dioxide uptake: global distribution and covariation with climate[J]. Science, 329（5993）: 834-8.

Cadotte M, Deschenes L, Samson R, 2007. Selection of a remediation scenario for a diesel-contaminated site using LCA[J]. Int. J. Life Cycle Assess, 12（4）: 239-251.

Chen H, Jia B, Lau S S Y, 2008. Sustainable urban form for Chinese compact cities: Challenges of a rapid urbanized economy[J]. Habitat International, 32: 28-40.

Chung U, Choi J, Yun J I, 2004. Urbanization effect on the observed change in mean monthly temperatures between 1951-1980 and 1971-2000 in Korea[J]. Climate Change, 66: 127-136.

Corradi C, Kolle O, Walter K, et al., 2005. Carbon dioxide and methane exchange of north-east Siberian tussock tundra[J]. Global Change Biology, 11: 1910-1925.

D. W. Tester et al., 2005. Sustainable Energy: Choosing among Option[M]. US: MIT Press.

Declercq I, Cappuyns V, Duclos Y. 2012. Monitored natural attenuation（MNA）of contaminated soils: State of the art in Europe-A critical evaluation [J]. Science of the Total Environment, 426: 393-405.

Ding D, Song X, Wei C, et al., 2019. A review on the sustainability of thermal treatment for contaminated soils[J]. Environmental Pollution, 253: 449-463.

Ding D, Jiang D, Zhou Y, et al., 2022. Assessing the environmental impacts and costs of biochar and monitored natural attenuation for groundwater heavily contaminated with volatile organic compounds [J]. Science of the Total Environment, 846: 157316.

Dong F, Wang Y, Su B, et al., 2019. The process of peak CO_2 emissions in developed economies: A perspective of industrialization and urbanization[J]. Resources, Conservation & Recycling, 141: 61-75.

Falkwski P, Scholes R J, Boyle E, et al., 2000. The carbon cycle: A test of our knowledge of earth as a system[J]. Science, 290: 291-296.

Fan J W, Zhong H P, Harris W, et al., 2008. Carbon storage in the grasslands of China based on field measurements of above-and below-ground biomass[J]. Climatic Change, 86 (3-4): 375-396.

Fang J Y, Guo Z D, Piao S L, et al., 2007. Terrestrial vegetation carbon sinks in China, 1981-2000[J]. Science in China Series D: Earth Science, 50 (7): 1341-1250.

Feng C, Zhang H, Huang J B. The approach to realizing the potential of emissions reduction in China: An implication from data envelopment analysis[J]. Renewable and Sustainable Energy Reviews, 2017, 71: 859-872.

Giri C, Ochieng E, Tieszen LL, et al., 2011. Status and distribution of mangrove forests of the world using earth observation satellite data[J]. Global Ecology and Biogeography, 20: 154-159.

Gorham E, 1991. Northern peatlands: Role in the carbon cycle and probable responses to climatic warming[J]. Ecological Applications, 1: 182-195.

Green C, 2000. Potential in estimating the costs of CO_2 scale-related problems mitigation policies[J]. Climatic Change, 44 (3): 331-349.

Greening L A, Davis W B, Schipper L, 2012. Decomposition of aggregate carbon Intensity for the manufacturing sector: Comparison of declining trends from 10 DECD countries for the period 1971-1991[J]. Enemy Economics, 20 (1): 43-65.

Hansen B E. 1999. Threshold effect in non-dynamic panels: Estimation, testing, and inference[J]. Journal of Econometrics, 93: 345-368.

Higgins M R, Olson T M, 2009. Life-cycle case study comparison of permeable reactive barrier versus pump-and-treat remediation [J]. Environmental Science & Technology, 43 (24): 9432-9438.

Hongguang Nie, René Kemp, 2014. Index decomposition analysis of residential energy consumption in China: 2002-2010[J]. Applied Energy, 121: 410-419.

Hou D, Al-Tabbaa A, Guthrie P, Hellings J, Gu Q, 2014. Using a hybrid LCA method to evaluate the sustainability of sediment remediation at the London Olympic Park[J]. J. Clean. Prod., 83: 87-95.

Hou D, Gu Q, Ma F, et al., 2016. Life cycle assessment comparison of thermal desorption and stabilization/solidification of mercury contaminated soil on agricultural land[J]. Journal of Cleaner Production, 139: 949-956.

Houghton J T, Meira L G, Filho, Callander B A, et al., 1995. IPCC 1996. Climate change. The science of climate change. Contribution of working group I to the secondary assessment report of the intergovernmental panel on climate change[R]Cambridge：Cambridge University Press.

Huijbregts M A J，Steinmann Z J N，Elshout P M F，et al.，2017. ReCiPe2016：A harmonised life cycle impact assessment method at midpoint and endpoint level [J]. The International Journal of Life Cycle Assessment，22（2）：138-147.

IPCC. Intergovernmental Panel on Climate Change. Climate Change 2013. The Scientific Basis. [M]. United Kingdom：Cambridge University Press.

J. M. O. Scurlock，D. O. Hall，1998. The global carbon sink：A grassland perspective[J]. Global Change Biology，4（2）：229-233.

Jiang Y，Huang M，Chen X，et al.，2022. Identification and risk prediction of potentially contaminated sites in the Yangtze River Delta[J]. Science of The Total Environment，815：151982.

Jin Y，Wang L，Song Y，et al.，2021. Integrated life cycle assessment for sustainable remediation of contaminated agricultural soil in China [J]. Environmental Science & Technology，55（17）：12032-12042.

Jin Y，Wang L，Song Y，et al.，2021. Integrated life cycle assessment for sustainable remediation of contaminated agricultural soil in China [J]. Environmental Science & Technology，55（17）：12032-12042.

Kang W X，Zhao Z H，Tian D L，et al.，2008. CO_2 exchanges between mangrove and shoal wetland ecosystems and atmosphere in Guangzhou[J]. Chinese Journal of Applied Ecology，19（12）：2605-2610.

Khan MNI，Rempei S，Akio H，2007. Carbon and nitrogen pools in a mangrove stand of *Kandelia obovata* （S，L. ）Yong：Vertical distribution in the soil-vegetation system[J]. Wetlands Ecology and Management，15：141-153.

Kirue B，Kairo J G，Karachi M，2007. Allometric equations for estimating above ground biomass of *Rhizophora mucronata* Lamk.（Rhizophoraceae）mangroves at Gazi Bay，Kenya[J]. Western Indian Ocean Journal of Marine Science，5：27-34.

Knapp T，R. Mookerjee，1996. Population growth and global CO_2 emissions[J]. Energy Policy，24：31-37.

Komiyama A，Poungparn A，Kato S，2005. Common allometric equations for estimating the tree weight of mangrove[J]. Journal of Tropical Ecology，21：471-477.

Kuenzer C，Bluemel A，Gebhardt S，et al.，2011. Remote sensing of mangrove ecosystems：A review[J]. Remote Sensing，3：878-928.

Lal R，2002. Soil carbon sequestration in China through agricultural intensification and restoration of degraded and desertified ecosystems [J]. Land Degradation and Development，13（6）：469-478.

Lemming G，Friis-Hansen P，Bjerg P L，2010b. Risk-based economic decision analysis of remediation options at a PCE-contaminated site[J]. J. Environ. Manag., 91 (5): 1169-1182.

Lemming G, Hauschild M Z, Chambon J, et al., 2010c. Environmental impacts of remediation of a trichloroethene-contaminated site: Life cycle assessment of remediation alternatives [J]. Environmental Science & Technology, 44 (23): 9163-9169.

Lemming G, Hauschild M Z, Bjerg P L, 2010a. Life cycle assessment of soil and groundwater remediation technologies: Literature review[J]. Int. J. Life Cycle Assess, 15 (1): 115-127.

Lester R K, Finan A, 2009. Quantifying the impact of proposed carbon emission reductions on the US energy infrastructure[R]. MTT-IPC-Energy Innovation Working Paper.

Li X, Ye J A, Wang S G, et al., 2006. Estimating mangrove wetland biomass using radar remote sensing[J]. Journal of Remote Sensing, 10 (3): 387-396.

Li X, Zhang L, Yang Z, et al., 2020. Adsorption materials for volatile organic compounds (VOCs) and the key factors for VOCs adsorption process: A review [J]. Separation and Purification Technology, 235: 116213.

Liddle B, 2004. Demographic dynamics and per capita environmental impact: Using panel regressions and household decompositions to examine population and transport[J]. Population and Environment, 26: 23-39.

Lieth F H. Patterns of productivity in the biosphere[M]. Stroudsberg, PA: Hutchinson Ross, 1978: 342.

Lin B, Zhang Z, 2016. Carbon emissions in analysis[J]. Renewable & Sustainable Chinas Cement Energy Reviews Industry: A Sector and Policy, 58 (1): 1387-1394.

Lin J Y, Kang J F, Khanna N, et al., 2018. Scenario analysis of urban GHG peak and mitigation co-benefits: A case study of Xiamen City, China[J]. Journal of Cleaner Production, 171: 972-983.

Liu C, Hatton J, Arnold W A, et al., 2020. In situ sequestration of perfluoroalkyl substances using polymer-stabilized powdered activated carbon [J]. Environmental Science & Technology, 54 (11): 6929-6936.

Liu K, Fang L, Li F, et al., 2022. Sustainability assessment and carbon budget of chemical stabilization based multi-objective remediation of Cd contaminated paddy field [J]. Science of the Total Environment, 819, 152022.

Lofgren A, Muller A, 2010. Swedish CO_2 emissions 1993-2006: An application of decompostion analysis and some methodological insights[J]. Environmental and Resource Enconomics, 47 (2): 221-239.

Lu Q, Yang H, Huang X, et al., 2015. Muti-sectoral decomposition in decoupling industrial growth from carbon emisssions in the developed Jiangsu Province, China[J]. Energy, 82: 414-425.

Machado G, Schaeffer R, Worrell E, 2001. Energy and carbon embodied in the international trade of Brazil: An input-output approach[J]. Eclo Econ., 39（3）：409-424.

McGuire T M, Newell C J, Looney B B, et al., 2004. Historical analysis of monitored natural attenuation: A survey of 191 chlorinated solvent sites and 45 solvent plumes [J]. Remediation Journal, 15（1）: 99-112.

Michael Dalton, Brian O'Neill, Alexia Prskawetz, et al., 2008. Population aging and future carbon emissions in the united states[J]. Energy Economics, 30: 642-675.

Mingkui Cao, F Ian Woodward, 1998. Net primary and ecosystem production and carbon stocks of terrestrial ecosystems and their responses to climate change[J]. Global Change Biology, 4（2）：185-198.

Ni J, 2002. Carbon storage in grasslands of China[J]. Journal of AridEnvironments, 50（2）：205-218.

Ni Z, Wang Y, Wang Y, et al., 2020. Comparative life-cycle assessment of aquifer thermal energy storage integrated with in situ bioremediation of chlorinated volatile organic compounds [J]. Environmental Science & Technology, 54（5）：3039-3049.

Nunes L M, Gomes H I, Teixeira M R, et al., 2016. Life cycle assessment of soil and groundwater remediation: Groundwater impacts of electrokinetic remediation. In: Electrokinetics across Disciplines and Continents. Springer International Publishing, Cham, 173-202.

Olsen J S, Watts J A, Allison L J, 1983. Carbon in live vegetation of major world ecosystems[M]. Oak Ridge: Oak Ridge National Laboratory, 50-51.

Ong J E, Gong W K, Wong C H, 2004. Allometry and partitioning of the mangrove, Rhizophora apiculata[J]. Forest Ecology and Management, 188: 395-408.

P. Friedlingstein, P. Cox, R. Betts, et al., 2006. Climate-carbon cycle feedback analysis: Results from the C4 MIP Model Intercomparison[J]. Journal of Climate, 19（14）：3337-3353.

Page C A, Diamond M L, Campbell M, et al., 1999. Life-cycle framework for assessment of site remediation options: Case study[J]. Environ. Toxicol. Chem., 18（4）：801-810.

Piao S L, Ciais P, Friedlingstein P, et al., 2008. Net carbon dioxide losses of northern ecosystems in response to autumn warming[J]. Nature, 451（7174）：49.

Post W M, Emanuel W R, Zinke P J, et al., 1982. Soil carbon pools and world life zones[J]. Nature, 298: 156-159.

Potter C S, Randerson J T, Field C B, et al., 1993. Terrestrial ecosystem production: A process model based on global satellite and surface data[J]. Global Biogeochemical Cycles, 7（4）：811-841.

PRé, About SimaPro, in, PRé Sustainability, Amersfoort, 2023.

Prentice I C, Heimann M, Sitch S, 2000. The carbon balance of the terrestrial biosphere: Ecosystem models and atmospheric observations[J]. Ecological Applications, 10 (6): 1553-1573.

Proisy C, Couteron P, Fromard F, 2007. Predicting and mapping mangrove biomass from canopy grain analysis using Fourier-based textural ordination of IKONOS images[J]. Remote Sensing of Enviroment, 109: 379-392.

R. A. Houghton, 2005. Aboveground Forest Biomass and the Global Carbon Balance[J]. Global Change Biology, 11 (6): 945-958.

Reap J, Roman F, Duncan S, et al., 2008. A survey of unresolved problems in life cycle assessment: Part 2: Impact assessment and interpretation[J]. The International Journal of Life Cycle Assessment, 13: 374-388.

Sandilyan S, Kathiresan K, 2012. Mangrove conservation: A global perspective[J]. Biodiversity and Conservation, 21: 3523-3542.

Sehlesinger W C, Lai R E A, 1995. Soils and global change[M]. Boca Raton: CRC Press.

Seto K C, 2007. Mangrove conversion and aquaculture development in vietnam: A remote sensing-based approach for evaluating the ramsar convention on wetlands[J]. Global Environmental Change, 17: 486-500.

Sheinbaum C, Ozawa L, Castillo D, 2010. Using logarithmic mean Divisia index to analyze changes in energy use and carbon dioxide emissions in Mexico's iron and steel industry[J]. Energy Economics, (32): 1337-1344.

Shi A, 2003. The impact of population pressure on global carbon dioxide emission, 1975-1996: Evidence from pooled cross-country data[J]. Ecological Economics, 44: 29-42.

Shi P, Sun X, Xu L, et al., 2006. Net ecosystem CO_2 exchange and controlling factors in a steppe-Kobresia meadow on the Tibetan Plateau[J]. Science in China Series D-Earth Sciences, 49: 207-218.

Simard M, Zhang K Q, Rivera-Monroy V H, et al., 2006. Mapping height and biomass of mangrove forests in Everglades National Park with SRTM elevation data[J]. Photo-grammetric Engineering & Remote Sensing, 72: 299-311.

Sissiqi T A, 2000. The Asia financial crisis: Is it good for the global environment[J]. Global Environmental Change, 10: 12-28.

Song J K, Song Q, Zhang D, 2013. Study on influencing factors of carbon emissions from energy consumption of Shandong Province of China from 1995 to 2009[J]. International Journal of Global Energy Issues, (36): 130-148.

Song Y, Hou D, Zhang J, et al., 2018. Environmental and socio-economic sustainability appraisal of contaminated land remediation strategies: A case study at a mega-site in China [J]. Science of the Total

Environment, 610: 391-401.

Suer P, Andersson-Skold Y, 2011. Biofuel or excavation? - Life cycle assessment (LCA) of soil remediation options. Biomass Bioenergy, 35 (2): 969-981.

Thomas S C, Martin A R, 2012. Carbon content of tree tissues: A synthesis[J]. Forests, 3 (2): 332-352.

Tolonen K, Turunen J, 1996. Accumulation rates of carbon in mires in Finland and implications for climate change[J]. Holocene, 6: 171-178.

Turner D P, Koepper G J, Harmon M E, et al., 1995. A carbon budget for forests of the conterminous United States[J]. Ecological Applications, 5: 421-436.

Twilley RR, Chen RH, Hargis T. 1992. Carbon sinks in man-grove forests and their implications to the carbon budget of tropical coastal ecosystems[J]. Water, Air & Soil Pollution, 64: 265-288.

Visentin C, da Silva Trentin A W, Braun A B, et al., 2019. Application of life cycle assessment as a tool for evaluating the sustainability of contaminated sites remediation: A systematic and bibliographic analysis [J]. Science of the Total Environment, 672: 893-905.

Visentin C, Trentin A W d S, Braun A B, et al. 2019. Lifecycle assessment of environmental and economic impacts of nano-iron synthesis process for application in contaminated site remediation [J]. Journal of Cleaner Production, 231: 307-319.

Volkwein S, Hurtig H W, Klopffer W, 1999. Life cycle assessment of contaminated sites remediation[J]. Int. J. Life Cycle Assess, 4 (5): 263-274.

Wang S. J, Fang C, Guan X, et al., 2014. Urbanisation energy consumption, and carbon dioxide emissions in China: A panel data analysis of China's provinces[J]. Applied Energy, 136 (9): 738-749.

Wernet G, Bauer C, Steubing B, et al., 2016. The ecoinvent database version 3 (part I): Overview and methodology [J]. The International Journal of Life Cycle Assessment, 21 (9): 1218-1230.

Wilfrid Bach, 1998. 气候保护战略的重新审视[J]. AMBIO, 27 (7): 498-505.

Woodwell G M, Whittaker R H, Reiners W A, et al., 1978. The biota and world carbon budget[J]. Science, 199: 141-146.

Wu C B, Huang G H, Xin B G, et al., 2018. Scenario analysis of carbon emissions' anti-driving effect on Qingdao's energy structure adjustment with an optimization model, Part Ⅰ: Carbon emissions peak value prediction[J]. Journal of Cleaner Production, 172: 466-474.

Xu J. H, Tobias F, Wolfgang E, Fan Y, 2012. Energy consumption and CO_2 emissions in China's cement industry: A perspective from LMDI decomposition analysis[J]. Energy Policy, 50: 821-832.

Xu X, Sherry R A, NIU SL, et al., 2013. Net primary productivity and rain-use efficiency as affected by warming, altered precipitation, and clipping in a mixed-grass prairie[J]. Global Change Biology, 19(9): 2753-2764.

Ying Fan, Lan-Cui Liu, Gang Wu, et al., 2006. Analyzing impact factors of CO_2 emissions using the STIRPAT model[J]. Environmental Impact Assessment Review, 26: 377-395.

York R, Rosa E, Di et al., 2003. STIRPAT, IPAT and IMPACT: Analytic Tolls for Unpacking the Driving Forces of Environmental Impact[J]. Ecological Economics, 3: 351-365.

York R, 2007. Demographic trends and energy consumption in european union nations: 1960-2025[J]. Social Science Research, 36(3): 855-872.

Yu G R, Chen Z, Piao S L, et al., 2014. High carbon dioxide uptake by subtropical forest ecosystems in the East Asian monsoon region[J]. Proceedings of the National Academy of Sciences of the United States of America, 111(13): 4910-4915.

Yu G R, Wen X F, Sun X M, et al., 2006. Overview of ChinaFLUX and evaluation of its eddy covariance measurement[J]. Agricultural and Forest Meteorology, 137(3-4): 125-137.

Yu H, Pan S, Tang B, et al., 2015. Urban energy consumption and CO_2 emissions in Beijing: current and future[J]. Energy Efficiency, 8: 527-543.

Zhang Y, Yu Q, Jiang J, et al., 2008. Calibration of Terra/MODIS gross primary production over an irrigated cropland on the North China Plain and an alpine meadow on the Tibetan Plateau[J]. Global Change Biology, 14(4): 757-767.

Zhou G Y, Liu S G, Li Z, et al., 2006. Old-growth forests can accumulate carbon in soils[J]. Science, 314 (5804): 1417-1417.

Zhu J, Song Y, Wang L, et al., 2022. Green remediation of benzene contaminated groundwater using persulfate activated by biochar composite loaded with iron sulfide minerals [J]. Chemical Engineering Journal, 429: 132292.

Zhu Z L, Sun X M, Wen X F, et al., 2006. Study on the progressing method of nighttime CO_2 eddy covariance flux data in Chinaflux[J]. Science in China series D: Earth Science, 49(S2): 36-46.